**"十三五"职业教育规划教材**

电气安全技术
（第三版）

编著　乔新国

主审　张　峻

中国电力出版社

CHINA ELECTRIC POWER PRESS

内 容 提 要

本书分上下两篇：上篇为电气安全技术理论知识，包括第一至第五章，第一章为安全生产法律法规常识，第二章为电工理论及电力系统运行知识，第三章为电气安全基本知识，第四章为低压运行维修安全技术理论，第五章为高压运行维修安全技术理论；下篇为电气操作技能，包括第六至第八章，第六章为安全技术基本操作技能，第七章为低压电器安装操作技能，第八章为高压电器运行操作技能。

本书可作为电力技术类专业和相关专业的高职高专教材，也可作为电力行业职工技能鉴定、电工进网作业许可的培训教材，还可供从事电力管理工作的人员阅读和参考。

图书在版编目（CIP）数据

电气安全技术/乔新国编著. —3 版. —北京：中国电力出版社，2015.5（2022.6重印）

"十三五"职业教育规划教材

ISBN 978-7-5123-7407-2

Ⅰ.①电…　Ⅱ.①乔…　Ⅲ.①电气设备－安全技术－高等职业教育－教材　Ⅳ.①TM08

中国版本图书馆 CIP 数据核字（2015）第 054891 号

中国电力出版社出版、发行

（北京市东城区北京站西街 19 号　100005　http://www.cepp.sgcc.com.cn）

北京天宇星印刷厂印刷

各地新华书店经售

*

2007 年 1 月第一版

2015 年 5 月第三版　2022 年 6 月北京第十二次印刷

787 毫米×1092 毫米　16 开本　16 印张　390 千字

定价 32.00 元

前 言

　　本书内容体现了职业教育的性质、任务和培养目标；符合职业教育的课程教学基本要求和有关岗位资格和技术等级要求；具有思想性、科学性、适合国情的先进性和教学适应性；符合职业教育的特点和规律，具有明显的职业教育特色；符合国家有关部门颁发的技术质量标准。本书既可以作为学历教育教学用书，也可作为职业资格和岗位技能培训教材。

　　本教材是参照教育部职成司组织制定的该课程教学基本要求，结合我国高职高专教育的现状和发展趋势，坚持以就业为导向、以能力为本位的思路，遵循教育部提出的"以应用为目的，以必须、够用为度"的原则编写。本书可作为目前高等职业技术学院、高等专科学校和成人高等学校各专业、电工特种作业安全技术等课程的教材；可作为电力企业从业人员电力安全规程学习的教材；可作为电气类技术工人岗位培训、农村劳动力转移培训和农村实用技术培训的教材，并可供有关工程技术人员安全技术理论和实际操作技能培训。

　　本书第三版根据 2014 年全国人大十二届十次会议修订的《中华人民共和国安全生产法》，对原有第一章章节内容进行了修订；部分章节内容按照 2013 年颁布的 Q/GDW 国家电网公司企业标准《电力安全工作规程》予以修订；对教材有关章节的部分插图进行了修订完善。教材分别对安全技术理论知识和实际操作技能进行阐述，反映最新的标准规范，突出安全技术和技能操作，做到知识够用、技能必备；做到专业性、系统性和实用性相结合。在注重理论教育的同时，突出实训技能和培养能力教学，力图做到深入浅出，层次分明，详略得当。教材可用于各类院校相关专业电气特种作业电气安全理论与操作知识学习；也可作为各类企事业单位对从事电工特种作业安全技术培训、考核和准备取得电工作业许可资格的培训教材。希望这本教材同时在全国电工特种作业电工人员安全技术培训工作中，起到有力的促进作用。

　　由于高职高专各类专业对电气安全技术课程的教学要求有一定的差异，因此教材的编写力求同时满足这些专业的不同需要，各专业的教学可根据需要进行选择。该教材附有配套习题练习，具有很强的适用性。

　　本教材由教授、高级工程师乔新国编著，第三版由高级工程师张峻主审。吴萍同志参加了本书第三版下篇第六、七章的编写。本书编写过程中得到编写人员单位和有关单位的大力支持和帮助，得到了中国电力出版社的大力支持和帮助，在此一并表示感谢。

　　由于编者水平有限，虽经反复修改，仍难免有疏漏不足，恳请广大读者批评指正。

编 者

2014 年 8 月

第二版前言

本书内容体现了职业教育的性质、任务和培养目标；符合职业教育的课程教学基本要求和有关岗位资格和技术等级要求；具有思想性、科学性、适合国情的先进性和教学适应性；符合职业教育的特点和规律，具有明显的职业教育特色；符合国家有关部门颁发的技术质量标准。本书既可以作为学历教育教学用书，也可作为职业资格和岗位技能培训教材。

本书参照教育部高教司最新组织制定的该课程教学基本要求，并结合我国高职高专教育的现状和发展趋势，按照"三教统筹、综合发展"和坚持以就业为导向、以能力为本位的思路，遵循教育部提出的"以应用为目的，以必需、够用为度"的原则编写。本书可作为目前高等职业技术学院，高等专科学校和成人高等学校各专业电工特种作业安全技术等课程的教材；可作为电力企业从业人员学习电力安全规程的教材；可作为电气类技术工人岗位培训、农村劳动力转移培训和农村实用技术培训的教材，并可供有关工程技术人员参考。电工特种作业人员安全技术培训分为安全技术理论和实际操作技能培训。

本书第二版按照教学大纲的要求，对原有章节内容进行了调整，部分章节内容按照新颁布的电力安全规程进行修订。本书分别对安全技术理论知识和实际操作技能进行阐述，反映最新的技术标准规范，突出安全技术和技能操作，做到知识够用、技能必备，专业性、系统性和实用性相结合；在注重理论教育的同时，突出训练技能和培养能力教学，力图做到深入浅出，层次分明，详略得当；可用于各类院校相关专业电气特种作业电气安全理论与操作知识学习，使其在校期间便具有与电工特种作业相适应的安全观念和熟练的操作水平、取得电工特种作业许可资格，毕业后即可从事电工特种作业；同时也可作为各类企事业单位从事电工特种作业安全技术培训、考核和准备取得电工作业许可资格的培训教材。希望本书在全国电工特种作业人员安全技术培训工作中，起到有力的促进作用。

由于高职高专各类专业对电气安全技术课程的教学基本要求有一定的差异，因此教材的编写力求同时满足这些专业的不同需要，各校可根据专业教学的需要进行选择。本书附有配套习题练习，具有很强的适用性。

本书由副教授、高级工程师乔新国编著，由高级工程师、注册安全工程师王金槐和高级工程师康勇主审。邓双华、徐卉芳同志分别参加了本书第二版上篇第三、四章的编写。本书编写过程中得到编写人员单位和有关单位的大力支持和帮助，得到了中国电力出版社的大力支持和帮助。在此一并表示感谢。

在编写本书的过程中参考和辑录了部分书刊中的有关资料，谨向这些书籍、刊物的作者致谢。由于编写时间仓促、经验不足、水平和资料有限，虽经反复修改，仍难免有疏漏和不当之处，恳请广大读者批评指正。

编 者

2009 年 8 月

目 录

下篇　电气操作技能

第一章　安全生产法律法规常识

第一节　我国安全生产方针及内容

一、我国的安全生产方针

2002 年由中华人民共和国第九届全国人民代表大会常务委员会第二十八次会议颁布施行的《中华人民共和国安全生产法》(以下简称《安全生产法》)制定了相关安全生产的法律制度。2005 年 10 月党的十六届五中全会通过的"十一五"规划《建议》，明确要求坚持安全发展，并提出了"坚持安全第一、预防为主、综合治理"的安全生产方针。中华人民共和国第十二届全国人民代表大会常务委员会第十次会议对《安全生产法》进行了修订，于 2014 年 12 月 1 日施行。新修订的《安全生产法》由原 2002 年版的 97 条增加到 114 条，"安全第一、预防为主、综合治理"的安全生产方针以立法形式颁布，这是我国安全生产工作应遵循的最高准则。新修订的《安全生产法》明确了立法目的和调整范围；完善了安全工作方针和机制；完善了建设项目"三同时"制度；补充了安全文化建设的内容；补充了生产安全事故应急救援的规定；强化了生产经营单位安全生产的主体责任；完善了安全生产投入的规定；强化了安全监管行政执法的措施；加大了对安全生产违法行为的处罚力度；对注册安全工程师制度作了原则规定；对安全生产相关的重要概念作了明确规定。

"安全第一、预防为主、综合治理"基本方针的主要内容：

《安全生产法》第三条规定："安全生产工作应当以人为本，坚持安全发展，坚持安全第一、预防为主、综合治理的方针，强化和落实生产经营单位的主体责任，建立生产经营单位负责、职工参与、政府监管、行业自律和社会监督的机制。"

坚持安全第一。安全第一，就是在生产过程中把安全放在第一重要的位置上，切实保护劳动者的生命安全和身体健康。这是我国长期以来一直坚持的安全生产工作方针，充分表明了我国政府对安全生产工作的高度重视、对人民群众根本利益的高度重视。在新的历史条件下坚持安全第一，是贯彻落实以人为本的科学发展观、构建社会主义和谐社会的必然要求。以人为本，就必须珍爱人的生命；科学发展，就必须安全发展；构建和谐社会，就必须构建安全社会。坚持安全第一的方针，对于捍卫人的生命尊严、构建安全社会、促进社会和谐、实现安全发展具有十分重要的意义。因此，在安全生产工作中贯彻落实科学发展观，就必须始终坚持安全第一。

坚持预防为主。预防为主，就是把安全生产工作的关口前移，超前防范，建立预教、预测、预想、预报、预警、预防的递进式、立体化事故隐患预防体系，改善安全状况，预防安全事故。在新时期，预防为主的方针又有了新的内涵，即通过建设安全文化、健全安全法制、提高安全科技水平、落实安全责任、加大安全投入，构筑坚固的安全防线。具体地说，就是促进安全文化建设与社会文化建设的互动，为预防安全事故打造良好的"习惯的力量"；建立健全有关的法律法规和规章制度，如《安全生产法》，安全生产许可制度，"四同时"制度，隐患排查、治理和报告制度等，依靠法制的力量促进安全事故防范；大力实施"科技兴安"战略，把安全生产状况的根本好转建立在依靠科技进步和提高劳动者素质的基础上；强化安全生产责任制和问责制，创新安全生产监管体制，严厉打击安全生产领域的腐败行为；健全和完善中央、地方、企业共同投入机制，提升安全工作投入水平，增强基础设施的安全保障能力。

坚持综合治理。综合治理，是指适应我国安全生产形势的要求，自觉遵循安全生产规律，正视安全生产工作的长期性、艰巨性和复杂性，抓住安全生产工作中的主要矛盾和关键环节，综合运用经济、法律、行政等手段，人管、法治、技防多管齐下，并充分发挥社会、职工、舆论的监督作用，有效解决安全生产领域的问题。实施综合治理，是由我国安全生产中出现的新情况和面临的新形势决定的。在社会主义市场经济条件下，利益主体多元化，不同利益主体对待安全生产的态度和行为差异很大，需要因情制宜、综合防范；安全生产涉及的领域广泛，每个领域的安全生产又各具特点，需要防治手段的多样化；实现安全生产，必须从文化、法制、科技、责任、投入入手，多管齐下，综合施治；安全生产法律政策的落实，需要各级党委和政府的领导、有关部门的合作以及全社会的参与；强化和落实生产经营单位的主体责任，建立生产经营单位负责、职工参与、政府监管、行业自律和社会监督的机制。

"安全第一、预防为主、综合治理"的安全生产方针是一个有机统一的整体。安全第一是预防为主、综合治理的统帅和灵魂，没有安全第一的思想，预防为主就失去了思想支撑，综合治理就失去了整治依据。预防为主是实现安全第一的根本途径。只有把安全生产工作的重点放在建立事故隐患预防体系上，超前防范，才能有效减少事故损失，实现安全第一。综合治理是落实安全第一、预防为主的手段和方法。只有不断健全和完善综合治理工作机制，才能有效贯彻安全生产方针，真正把安全第一、预防为主落到实处，才能建立生产经营单位负责、职工参与、政府监管、行业自律和社会监督的机制。

二、发生事故的基本原因

（1）违章作业。不遵守安全工作规程和操作规程，无工作票作业、搭票作业；擅自扩大工作范围；安全措施不全，安全监督不到位；高空作业无安全防护；开工时不交代安全注意事项，收工时不检查设备状态；在运行设备上违章清理和检修或违章跨越运行设备等。

（2）违章操作。违章操作包括：不检查设备状况，开出错误操作票；不看运行图和运行记录、不核实现场设备状况，凭记忆填写停电申请票；不按调度令操作，不按操作票命令，漏项越项操作；擅自解除闭锁，违规操作；不模拟操作，无票操作；无操作票，无人监护操作；监护不严，监护人和操作人同时操作；不唱票、不复诵、不核对设备编号操作；不先验电而装设接地线或合接地隔离开关；群体违章，不模拟、不开操作票、不验电。

（3）工作不负责任，违反劳动纪律，纪律松弛，迟到早退，擅自离开岗位，上班串岗，工作不负责任造成事故。如运行人员当班不做记录，交班不交代清楚；操作时思想不集中，操作马虎；工作时不服从监护，不按规定穿工作服、戴安全帽，严重违章违纪；工作时间离开岗位，在不安全的地方打瞌睡；班前酗酒，酒后工作无人制止等。

（4）人员素质低。低素质的人员主要表现在：缺乏高度的事业心和强烈的责任感；缺乏良好的安全意识和娴熟的职业技能；缺乏遵章守纪和严肃认真、一丝不苟的工作作风。

（5）忽视安全生产。安全管理工作上存在严重偏差，忽视抓安全保证体系的工作，没有切实抓好安全教育和安全培训，没有落实各级人员安全责任制和各项安全措施。

（6）安全工作松懈。未建立健全完善的安全工作规章制度、规程；不认真执行规章制度和规程；没有健全的安全监察和质量检验机构，使规章制度和标准无法落实，不注意安全宣传和安全教育，不进行有效的安全工作等，导致安全工作混乱。

（7）设备未定期检修或检修质量差。电力生产设备应严格执行定期检修和轮换制度，不定期检修消除缺陷，会使设备潜伏的缺陷引起事故。或检修不注意质量，不符合检验标准，则投入运行很可能达不到预期运行时间和效果或发生事故。

（8）设备存在隐患造成误动或拒动。

第二节　安全生产法律法规与法律制度

我国以《安全生产法》为代表的一系列法律法规，形成了以"安全第一、预防为主、综合治理"为方针的一系列法律法规制度，如安全生产监督管理制度、生产安全事故报告制度、事故应急救援与调查处理制度、事故责任追究制度等，电业安全工作规程、安全生产工作规定等，保证了安全生产的顺利进行。

一、安全生产主要法律法规

1.《安全生产法》相关知识

《安全生产法》适用于各个行业的生产经营活动。它的根本宗旨是保护从业人员在生产经营活动中应享有的保证生命安全和身心健康的权利。

从事电力生产特种作业人员需要掌握《安全生产法》中的以下主要内容：

（1）从业人员享有五项权利。

1）知情、建议权。《安全生产法》第五十条规定："生产经营单位的从业人员有权了解其作业场所和工作岗位存在的危险因素、防范措施及事故应急措施，有权对本单位的安全生产工作提出建议。"

2）批评、检举、控告权。《安全生产法》第五十一条规定："从业人员有权对本单位安全生产工作中存在的问题提出批评、检举、控告；……生产经营单位不得因从业人员对本单位安全生产工作提出批评、检举、控告……而降低其工资、福利等待遇或者解除与其订立的劳动合同。"

3）合法拒绝权。《安全生产法》第五十一条规定："从业人员……有权拒绝违章指挥和强令冒险作业。……生产经营单位不得因从业人员……拒绝违章指挥、强令冒险作业而降低其工资、福利等待遇或者解除与其订立的劳动合同。"

4）遇险停止、撤离权。《安全生产法》第五十二条规定："从业人员发现直接危及人身安全的紧急情况时，有权停止作业或者在采取可能的应急措施后撤离作业场所。

生产经营单位不得因从业人员在前款紧急情况下停止作业或者采取紧急撤离措施而降低其工资、福利等待遇或者解除与其订立的劳动合同。"

5）保（险）外索赔权。《安全生产法》第五十三条规定："因生产安全事故受到损害的从业人员，除依法享有工伤社会保险外，依照有关民事法律尚有获得赔偿的权利的，有权向本单位提出赔偿要求。"

（2）从业人员义务。从业人员还应该依法履行下列义务：

1）遵章作业的义务。《安全生产法》第五十四条规定："从业人员在作业过程中，应当严格遵守本单位的安全生产规章制度和操作规程，服从管理……"。

2）佩戴和使用劳动防护用品的义务。《安全生产法》第五十四条规定："从业人员在生产过程中，应当正确佩戴和使用劳动防护用品。"

3）接受安全生产教育培训的义务。《安全生产法》第五十五条规定："从业人员应当接受安全生产教育和培训，掌握本职工作所需的安全生产知识，提高安全生产技能，增强事故预防和应急处理能力。"

4）安全隐患报告义务。《安全生产法》第五十五条规定："从业人员发现事故隐患或者其他不安全因素，应当立即向现场安全生产管理人员或者本单位负责人报告；接到报告的人员应当及时予以处理。"

（3）对特种作业人员的规定。《安全生产法》第二十七条规定："生产经营单位的特种作业人员必须按照国家有关规定经专门的安全作业培训，取得相应资格，方可上岗作业。"

2. 《中华人民共和国劳动法》（简称《劳动法》）相关知识

特种作业人员需要掌握的《劳动法》中的主要内容是：

（1）第五十四条："用人单位必须为劳动者提供符合国家规定的劳动安全卫生条件和必要的劳动防护用品，对从事有职业危害作业的劳动者应当定期进行健康检查。"

（2）第五十五条："从事特种作业的劳动者必须经过专门培训并取得特种作业资格。"

（3）第五十六条："劳动者在劳动过程中必须严格遵守安全操作规程。劳动者对用人单位管理人员违章指挥、强令冒险作业，有权拒绝执行；对危害生命安全和身体健康的行为，有权提出批评、检举和控告。"

从以上规定中可知，特种作业人员必须取得两证才能上岗：一是特种作业资格证（技术等级证）；二是特种作业操作资格证（即安全生产培训合格证）。两证缺一即可视为违法上岗或违法用工。

3. 《中华人民共和国矿山安全法》（以下简称《矿山安全法》）相关知识

《矿山安全法》第九条规定："矿山设计下列项目必须符合矿山安全规程和行业技术规范：

（一）矿井的通风系统和供风量、风质、风速；

（二）露天矿的边坡角和台阶的宽度、高度；

（三）供电系统；

（四）提升、运输系统；

（五）防水、排水系统和防火、灭火系统；

（六）防瓦斯系统和防尘系统；

（七）有关矿山安全的其他项目。"

《矿山安全法》第二十六条规定："矿山企业必须对职工进行安全教育、培训；未经安全教育、培训的，不得上岗作业。"

矿山企业安全生产的特种作业人员必须接受专门培训，经考核合格取得操作资格证书的，方可上岗作业。

4. 相关电力企业有关规定

电力生产需要大批电力从业人员，有关电力企业在认真贯彻国家安全生产法的同时，结合电力生产的实际，依据原能源部颁布的《电业安全工作规程》（简称《安规》），制定了结合自己企业实际的有关安全工作规程，如国家电网公司颁布的《电力安全工作规程》（变电部分、线路部分），保证了电力企业在生产中执行《安规》的适时性、实用性和全面性。

二、安全生产监督管理制度

《安全生产法》从不同的方面规定了安全生产的监督管理，政府及其有关部门和社会力量的监督如下：

（1）国务院负责安全生产监督管理部门的监督管理。

（2）县级以上地方各级人民政府负责安全生产监督管理部门的监督管理。

（3）负有安全生产监督管理职责部门的监督管理。

（4）负有安全生产监督管理职责的部门。

（5）社会公众的监督。

（6）新闻媒体的监督。

1. 安全生产法律的事故报告制度

《安全生产法》以及国务院（302号令）《关于特大安全事故行政责任追究的规定》等法律法规都构成我国安全生产法律的事故报告制度。

（1）事故隐患报告。生产经营单位一旦发现事故隐患，应立即报告当地安全生产综合监督管理部门和当地人民政府及其有关主管部门。

对重大事故隐患，经确认后，生产经营单位应编写重大事故隐患报告书，报送省级安全生产综合监督管理部门和有关主管部门，并同时报送当地人民政府及有关部门。

重大事故隐患报告书应包括七部分内容：①事故隐患类别；②事故隐患等级；③影响范围；④影响程度；⑤整改措施；⑥整改资金来源及其保障措施；⑦整改目标。

《安全生产法》第七十一条明确规定："任何单位或个人对事故隐患或者安全生产的违法行为，均有权报告或者举报。"第七十三条特别规定："县级以上各级人民政府及其有关部门对报告重大事故隐患或者举报安全生产违法行为的有功人员，给予奖励。"

（2）生产安全事故报告。生产安全事故报告必须坚持及时准确、客观公正、实事求是、尊重科学的原则，以保证事故调查处理的顺利进行。

1）生产经营单位内部的事故报告。《安全生产法》第八十条第一款规定："生产经营单位发生生产安全事故后，事故现场有关人员应当立即报告本单位负责人。"

2）生产经营单位的事故报告。《安全生产法》第八十条第二款规定："（生产经营）单位负责人接到事故报告后……按照有关规定立即如实报告，对负有安全生产监督管理职责的部门，不得隐瞒不报、谎报或者迟报……"。

2. 事故应急救援与调查处理制度

为了防止和减少生产安全事故，遏制生产安全事故的频繁发生，减少事故中的人员伤亡和财产损失，建立生产安全事故应急救援体系是必要的。

（1）事故应急救援制度的要求。有关地方人民政府和负有安全生产监督管理职责的部门的负责人接到生产安全事故报告后，应当按照生产安全事故应急救援预案的要求立即赶到事故现场，组织事故抢救。

参与事故抢救的部门和单位应当服从统一指挥，加强协同联动，采取有效的应急救援措施，并根据事故救援的需要采取警戒、疏散等措施，防止事故扩大和次生灾害的发生，减少人员伤亡和财产损失。

事故抢救过程中应当采取必要措施，避免或者减少对环境造成的危害。

（2）生产安全事故的调查处理制度。事故调查处理应当按照科学严谨、依法依规、实事求是、注重实效的原则，及时、准确地查清事故原因，查明事故性质和责任，总结事故教训，提出整改措施，并对事故责任者提出处理意见。事故调查报告应当依法及时向社会公布。事故调查和处理的具体办法由国务院制定。

事故发生单位应当及时全面落实整改措施，负有安全生产监督管理职责的部门应当加强监督检查。

事故的具体调查处理必须坚持"四不放过"：事故原因和性质不查清不放过；防范措施不落实不放过；事故责任者和职工群众未受到教育不放过；事故责任者未受到处理不放过。

3. 事故责任追究制度

《安全生产法》明确规定：国家实行生产安全事故责任追究制度。任何生产安全事故的责任人都必须受到相应的责任追究。

生产安全事故责任人员既包括生产经营单位中对造成事故负有直接责任的人员，也包括生产经营单位中对安全生产负有领导责任的单位负责人，还包括有关人民政府及其有关部门对生产安全事故的发生负有领导责任或有失职、渎职情形的有关人员。

正确贯彻这一制度应当注意：①客观上必须有生产安全事故的发生；②承担责任的主体必须是事故责任人；③必须依法追究责任。

目前，关于追究生产安全事故责任除有关法律、行政法规外，还包括一些地方性法规和规章及相应企业规程等也对责任追究作了相应的规定。在法律责任种类上，不仅包括行政责任，而且包括民事责任和刑事责任。

4. 特种作业人员持证上岗制度

特种作业是指容易发生人员伤亡事故，对操作者本人、他人及周围设施的安全可能造成重大危害的作业。直接从事特种作业的人员称为特种作业人员。安全生产法律法规对特种作业人员的上岗条件作了详细而明确的规定，特种作业人员必须持证上岗。

(1) 电工特种作业及人员范围。电工作业属特种作业，其作业人员范围包括发电、送电、变电、配电工，电气设备的安装、运行、检修（维修）、试验工，矿山井下电钳工。

(2) 特种作业电工人员基本条件。其基本条件主要有三个：①年龄满18周岁；②无妨碍从事电工作业的病症和生理缺陷（应经医生鉴定）；③初中以上文化程度。对煤矿井下电工作业人员另有规定。

(3) 电工特种作业人员技术要求。

1) 熟练掌握现场电击急救方法和保证安全的技术措施、组织措施；熟练、正确使用常用电工仪器、仪表；掌握安全用具的检查内容并正确使用；会正确选择和使用灭火器材。

2) 低压运行维修作业人员应熟练掌握异步电动机的控制接线，如单方向运行、可逆运行等；熟练掌握异步电动机启动方法及接线（自耦减压启动、Y/D启动等）；能够安装使用剩余电流保护装置；熟练进行常用灯具的接线、安装和拆卸；能够正确选择导线截面、接线导线。

3) 高压运行维修作业人员应熟练掌握变压器巡视检查内容和常见故障的分析方法；熟练掌握10kV断路器的巡视检查项目并能处理一般故障；能够进行仪用互感器运行要求、巡视检查和维护作业；能正确进行户外变压器安装作业；能安装、操作高压隔离开关和高压负荷开关，并能够进行巡视检查和一般故障处理；熟练掌握高压断路器的停、送电操作顺序；能分析与处理继电保护动作、跳闸故障；能安装阀型避雷器并进行巡视检查；熟练掌握本岗位电力系统接线图、运行方式；能正确填写倒闸操作票；能熟练执行停、送电倒闸操作。

4）矿山电工作业人员除具备上述一般技术要求外，则应注重矿山电工作业特点。

5）电工作业人员应掌握电击急救技术。

（4）培训与考核。《特种设备作业人员监督管理办法》规定："用人单位应当加强作业人员安全教育和培训，保证特种设备作业人员具备必要的特种设备安全作业知识、作业技能和及时进行知识更新。没有培训能力的，可以委托发证部门组织进行培训。"

特种作业电工人员必须积极主动参加培训与考核，这既是法律法规规定的，也是自身工作、生产及生命安全的需要。

三、特种作业人员安全生产职业规范与岗位职责

安全生产职业规范与职业道德是密切联系的。对于特种作业人员，由于其工作的特殊性与危险性，严格按照岗位责任职责的要求做好本职工作，是遵守职业道德的起码要求。

（一）基本职业道德要求

1. 爱岗、尽责

爱岗就是热爱自己的岗位，热爱自己的职业；尽责就是按照岗位的职业道德要求尽职尽责地完成自己的工作任务。爱岗与尽责是统一的。爱岗不仅表现在情感上、语言上，更应该表现在工作过程中。对自己所承担的工作、加工的产品认真负责、一丝不苟，这就是尽责。

2. 文明、守则

文明是一种内在的品质，表现在各个方面，工作、劳动中更能体现一个人的文明程度；守则是指遵守上下班制度、遵守操作规程等。文明与守则是统一的，现代社会要求人们不管以前是否熟悉，都要互相协作，遵守必要的规则。作为一个特种作业人员，应当自觉严格按制度和规程办事。

（二）特种作业人员应当具备的职业道德

1. 安全为公的道德观念

特种电工作业不仅对操作者本人有较大危险，对周围的人和物都有较大危险，一旦发生事故，殃及的人和财物范围广、损害大，所以每个特种电工作业人员不仅要保证自身的安全，还要有安全为大家的道德观念。

2. 精益求精的道德观念

产品性能是否安全可靠，与加工质量、操作精度密切相关。一个特种作业人员对自己加工的产品在质量、精度上应有更高的标准，精益求精是每一个特种作业人员应有的工作态度和道德观念。

3. 好学上进的道德观念

好学上进、勇于钻研是特种作业人员应当具备的又一道德品质。特种作业多具有危险性、重要性和复杂性的特点，为了保证长期胜任本职工作，特种作业人员还必须好好学习、善于钻研。通过学习一方面尽快掌握现有的设备、技术，为保证生产安全打下坚实的基础；另一方面在允许的条件下，还可以进一步改进设备，使其达到本质安全型设备的要求。

（三）特种作业人员安全生产岗位职责

（1）认真执行有关安全生产规定，对所从事工作的安全生产负直接责任。

（2）各岗位专业人员必须熟悉本岗位全部设备和系统，掌握构造原理、运行方式和特性。

（3）在值班、作业中严格遵守安全作业的有关规定，并认真落实安全生产防范措施，不准违章作业。

（4）严格遵守劳动纪律，不迟到、不早退，提前进岗做好班前准备工作，值班中未经批准，不得擅自离开工作岗位。

（5）工作中不做与工作任务无关的事情，不准擅自乱动与自己工作无关的机具设备和车辆。

（6）经常检查作业环境及各种设备、设施的安全状态，保证运行、备用、检修设备的安全，设备发生异常和缺陷时，应立即进行处理并及时联系汇报，不得让事态扩大。

（7）定期参加班组或有关部门组织的安全学习，参加安全教育活动，接受安全部门或人员的安全监督检查。

（8）发生因工伤亡及未遂事故要保护现场，立即上报，主动积极参加抢险救援。

除了明确岗位职责外，还应该加强监督检查考核，以便促进岗位职责的落实，促进安全生产。

四、做好安全生产工作，防止事故发生

安全工作关系到国家财产和人民生命的安全，关系到企业的经济效益和人民群众的切身利益，关系到社会的稳定和安定团结。因此，必须做好生产的安全工作，防止事故发生。

（1）坚持"安全第一、预防为主、综合治理"的基本方针。

"安全第一、预防为主、综合治理"是我国安全生产的基本方针。为了避免安全事故的发生，扎扎实实、认真细致地做好安全预防工作，要防患于未然，把工作的重点放在预测、预控、预防上。

（2）认真执行有关法律、法规，落实各级安全生产责任制。

认真贯彻执行《安全生产法》及与之配套的各项法律、法规，防止各类事故的发生，为安全生产提供良好条件。

（3）建立、健全安全生产管理机构，加强安全监察工作。

根据安全生产的需要，建立、健全安全监察和安全生产管理体系，建立各级安全管理机构。各企业设置由企业安全监督人员、车间安全员、班组安全员组成的三级安全网。安全受理机构和安全网均应下级接受上级的安全监督。

要加强安全监察体系的建设，安全监察人员要熟悉业务，实事求是，作风正派，勇于坚持原则，秉公办事，自觉和模范地执行有关法律、法规、规程、规定、制度，尽职尽责地做好本职工作。

（4）治理隐患，落实反事故措施，提高设备完好率。

提高设备完好率是提高安全生产工作水平的硬件基础。抓紧治理隐患，特别是治理重大隐患是有效防止重大、特大事故发生的重要环节。加强设备维护，提高检修质量，及时消除事故隐患，要把重大事故隐患的辨识、评价、整改列入重要议事日程，对随时可能发生的重大隐患，必须采取果断措施，坚决整改，不能存有任何侥幸心理和麻痹思想。要注意改善设备性能，增加和完善保证安全的技术手段，使设备经常保持良好状态。

（5）提高安全生产管理水平。

1）提高安全生产水平，必须强化管理，必须从"严、细、实"三个字做起。"严"就是要严格管理。"细"就是要深入实际，从细微处做起，控制轻伤，防止重伤，杜绝死亡，以

控制异常，减少障碍，防止事故，杜绝重大、特大事故。"实"就是踏踏实实，从实际出发，一切工作必须讲实效，狠抓落实。

2）提高安全生产水平，必须实行科学管理。一是实施科学兴安，积极采用新技术、新工艺、新装备，提高作业装备水平，保证安全生产工作的投入，提高技术防范能力和作业装备水平；二是实行科学管理，积极应用先进科学的管理手段，开展安全性评价和风险评估，提高防范能力；三是建立应急机制，制定事故应急预案，提高事故的处置能力。

3）提高安全水平，必须思想教育和机制建设双管齐下，做到安全意识与安全责任和奖罚同时到位。一方面要加强对职工的安全思想教育，提高职工的安全意识；另一方面要重点加强安全管理的机制建设，强化安监工作。要严格监督与考核，真正体现以责论处、重奖重罚，实现责权利的相互统一，充分调动全体职工的积极性，真正使职工从要我安全到我要安全的思想转变。

复 习 思 考 题

（1）我国为什么要贯彻"安全第一、预防为主、综合治理"的安全生产方针？

（2）从业人员的安全生产权利和义务有哪些？

（3）特种作业人员应当具备的职业道德观念有哪些？

（4）简要说明特种作业电工人员应如何遵守岗位职责。

第 二 章

电工理论及电力系统运行知识

第一节 电 工 基 础

一、直流电路

电流的通路称为电路，直流电源构成的电路称直流电路。图 2-1 所示的简单电路由直流电源、负载（指示灯）、连接导线及开关四个基本部分组成。

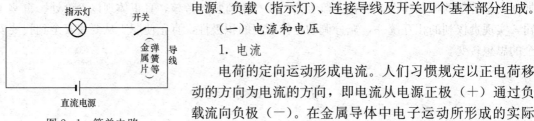

图 2-1 简单电路

（一）电流和电压

1. 电流

电荷的定向运动形成电流。人们习惯规定以正电荷移动的方向为电流的方向，即电流从电源正极（＋）通过负载流向负极（－）。在金属导体中电子运动所形成的实际方向，与电流方向相反。

电流的大小用单位时间内通过导体截面的电荷来表示。若在 t（秒）内有 Q（库仑）的电荷通过导线截面，则电流的大小为

$$I = \frac{Q}{t} \tag{2-1}$$

式中 I——电流强度，A；

Q——电荷量，C；

t——通过导体横截面电荷量为 Q 所用的时间，s。

电流的单位是 A（安培），还有 kA（千安）、mA（毫安）等，它们的换算关系为

$$1kA = 10^3 A, \quad 1A = 10^3 mA$$

2. 电压

电源内具有电能。电流是在电源两端的电动势差的推动下产生的，该两点的电位之差称为这两点之间的电压，符号为 U。

电压的单位为 V（伏特）。除此之外，还有 kV（千伏）、mV（毫伏）等，它们的换算关系为

$$1kV = 10^3 V, \quad 1V = 10^3 mV$$

若选电路中某点为参考点，则在该电路中任意一点到参考点之间的电动势差数值，称为该点的电位，用符号 U 表示。工程上常选电气设备的外壳或大地作为参考点，则大地的电位为零。

任意两点间的电位之差称为电位差，即为两点间的电压。因此，电位的单位与电压的单位均为 V。

（二）电阻电路

1. 欧姆定律

欧姆定律表明了在有恒稳电流的电路中电流、电压和电阻三者之间关系的客观规律。欧姆定律的内容是电路中的电流与电压成正比，与电阻成反比。若在电阻 R（Ω）上施加电压 U（V），则由欧姆定律，电流 I（A）可表示为

$$I = \frac{U}{R} \tag{2-2}$$

式（2-2）还可表示为 $U = RI$，$R = U/I$。即已知式中任意两个量，可求得未知的第三个量。

2. 电阻的性质

电工材料包括导体、半导体和绝缘材料。有良好导电性能的物体叫导体。几乎不导电的物体叫绝缘体。导电能力介于导体和绝缘体之间的物体称为半导体。

电流在导体中流动时所受到的阻力，称为电阻，用字母 R 或 r 表示。常用的电阻单位有 Ω（欧姆）、$k\Omega$（千欧）、$M\Omega$（兆欧），它们之间的换算关系为

$$1k\Omega = 10^3\Omega, \qquad 1M\Omega = 10^3 k\Omega$$

金属导体的电阻与导体的材料性质及其尺寸有关，即

$$R = \rho \frac{L}{S} \tag{2-3}$$

式中　R——导体的电阻，Ω；

　　　L——导体的长度，m；

　　　S——导体截面积，mm^2；

　　　ρ——导体的电阻率，$\Omega \cdot mm^2/m$。

式（2-3）说明，导体的电阻 R（Ω）与长度 L（m）成正比，与截面积 S（mm^2）成反比，且与电阻率 ρ（$\Omega \cdot mm^2/m$）有关。

电阻率 ρ 是指长为 1m、截面积为 $1mm^2$ 的导体，在 20℃温度下的电阻值。常用导电材料的电阻率见表 2-1。

表 2-1　　　　　　　　　　　　常用导电材料的电阻率

材料名称	银	铜	铝	低碳钢	铅	铸铁
电阻率 ρ（20℃）（$\Omega \cdot mm^2/m$）	0.016 5	0.017 5	0.028 3	0.13	0.20	0.50

【例 2-1】　求长为 1km，截面积为 $50mm^2$ 的铝导线在 20℃时的电阻。

解　按式（2-3），查表 2-1 知铝导线在 20℃时的电阻率 $\rho = 0.028\ 3\Omega \cdot mm^2/m$，则

$$R = \rho \frac{L}{S} = 0.028\ 3 \times \frac{1000}{50} = 0.566(\Omega)$$

3. 电阻的连接

将若干相互连接的电阻，用一个具有相同作用的电阻来替代，该电阻称为等效电阻。

（1）电阻的串联。将电阻首尾依次相连，使电流只有一条通路的连接方式叫做电阻的串联，如图 2-2 所示。其中，图 2-2（b）为图 2-2（a）的等效电路图。

电阻串联电路具有以下特点：

1）串联电路中各电阻流过的电流都相等，即

$$I = I_1 = I_2 \tag{2-4}$$

2）电路两端的总电压等于各电阻两端电压之和，即

$$U = U_1 + U_2 \tag{2-5}$$

3）串联电路的等效电阻（即总电阻）等于各串联电阻之和，即

$$R = R_1 + R_2 \tag{2-6}$$

4）各电阻上分配的电压与各电阻值成正比，即

$$U_1 = \frac{R_1}{R}U, \quad U_2 = \frac{R_2}{R}U \tag{2-7}$$

（2）电阻的并联。两个或两个以上电阻一端连在一起，另一端也连在一起，使每一电阻两端都承受同一电压的作用，电阻的这种连接方式叫做电阻的并联，如图 2-3 所示。其中，图 2-3（b）为图 2-3（a）的等效电路图。

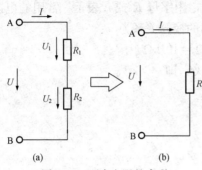

图 2-2　两个电阻的串联
（a）电阻的串联；（b）等效电路

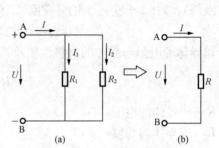

图 2-3　两个电阻的并联
（a）电阻的并联；（b）等效电路

电阻并联电路具有以下特点：

1）并联电路中各电阻两端的电压相等，且等于电路两端的电压，即

$$U = U_1 = U_2 \tag{2-8}$$

2）并联电路中的总电流等于各电阻中的电流之和，即

$$I = I_1 + I_2 \tag{2-9}$$

3）并联电路中的等效电阻（即总电阻）的倒数，等于各并联电阻的倒数之和，即

$$\frac{1}{R} = \frac{1}{R_1} + \frac{1}{R_2} \tag{2-10}$$

4）并联电路中，各支路分配的电流与各支路电阻值成反比，即

$$I_1 = \frac{R}{R_1}I, \quad I_2 = \frac{R}{R_2}I \tag{2-11}$$

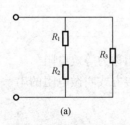
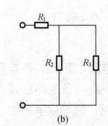

图 2-4　电阻的混联
（a）电阻先串后并；（b）电阻先并后串

（3）电阻的混联。在一个电路中，既有电阻的串联，又有电阻的并联，这种连接方式称为电阻的混联。图 2-4（a）所示是电阻 R_1 和 R_2 串联后再与 R_3 并联的电路，为"先串后并"的结构，其等效电阻可写成

$$R = (R_1 + R_2)//R_3$$

图 2-4（b）所示是 R_2 和 R_3 并联后再与 R_1 串联的电路，为"先并后串"的结构，其等效电阻可写成

$$R = R_1 + R_2//R_3$$

（三）基尔霍夫定律

对于较复杂的电路，要应用基尔霍夫定律进行计算。

1. 基尔霍夫电流定律

基尔霍夫电流定律定义为：流入节点的电流之和等于从节点流出的电流之和，即

$$\sum I_i = \sum I_o \qquad\qquad (2-12)$$

式中 I_i——流入电流；

$\quad I_o$——流出电流。

如图 2-5 所示，支路电流 I_1 和 I_4 流入节点，I_2、I_3 和 I_5 从节点流出，有电流方程

$$\sum I_i = I_1 + I_4 = \sum I_o = I_2 + I_3 + I_5$$

2. 基尔霍夫电压定律

基尔霍夫电压定律定义为：在任何闭合回路中的电源电压及各分电压的代数和等于零，即

$$\sum U = \sum E \qquad\qquad (2-13)$$

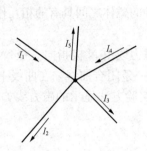

图 2-5 节点电流

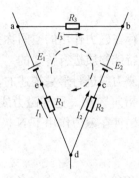

图 2-6 回路电压

如图 2-6 所示电路，有电压方程

$$I_3 R_3 - I_2 R_2 + I_1 R_1 = -E_2 + E_1$$

该定律的使用方法如下：

(1) 设定各支路电流的正方向。

(2) 电源电压方向是从（＋）极指向（－）极。

(3) 任意选定回路的绕行方向。

(4) 各电压方向与回路绕行方向一致的取"＋"，反之取"－"号，建立电压方程。

对较复杂的电路列方程，以上两定律可以结合起来使用，并联立求解。

（四）电功率与电能

1. 电功率

电流在单位时间内所做的功称作电功率，用符号 P 表示，用公式表示为

$$P = \frac{W}{t} \qquad\qquad (2-14)$$

式中 P——电功率，W；

$\quad W$——电功，J；

$\quad t$——时间，s。

电功率的常用单位除了 W（瓦特）外，还有 kW（千瓦）、MW（兆瓦）。其换算关系为

$$1kW = 10^3 W, \qquad 1MW = 10^3 kW$$

2. 电能

一段时间 t 内，电路消耗（或电源提供）的电功率 P 称为该电路的电能，符号用 W 表

示，单位是 W·s（瓦·秒），电能可表示为

$$W = Pt \tag{2-15}$$

以 1kW 的电功率使用 1h（小时）为 1kW·h（度）为电能的单位，即 1kW·h＝1度电。

二、电磁和电磁感应

（一）电流的磁场

1. 磁的性质

具有磁性的物体叫做磁体。磁铁具有 N 极和 S 极，称为磁极。磁极附近区域的磁性最强。如图 2-7 所示，用细条线把条形磁铁悬挂起来进行实验，可知同性磁极互相排斥、异性磁极互相吸引。

2. 磁场和磁力线

磁体周围存在磁力作用的空间称为磁场。互不接触的磁体之间具有的相互作用力，就是通过磁场这一特殊物质进行传递的。

磁场是用磁力线进行形象描述的，在磁体外部，磁力线由 N 极指向 S 极；在磁体内部，磁力线由 S 极指向 N 极。这样磁力线在磁体内外形成一条闭合曲线，在曲线上任何一点的切线方向就是磁针在磁力作用下 N 极所指的方向。用实验方法显示的磁力线如图 2-8 所示的线条形状。

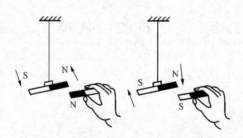

图 2-7　磁铁的同性相斥、异性相吸

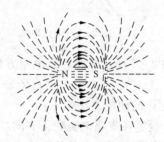

图 2-8　磁力线

（二）电流产生磁场

电流周围存在着磁场，产生磁场的根本原因是电流。磁场总是伴随着电流而存在，而电流则永远被磁场所包围。电流产生磁场的现象称为电流的磁效应。

通电导线（或线圈）周围磁场（磁力线）的方向，可用右手螺旋定则来判断。

（1）通有电流的直导线周围的磁场，可以用同心圆环的磁力线来表示。电流越大，线圆环越密，磁场越强。磁场的方向可用右手螺旋定则来描述：用右手握直导线，大拇指伸直，指向电流的方向，则其余四指弯曲所指方向即为磁场的方向，如图 2-9 所示。

直导线通过电流时产生磁场的方向也可以用图 2-10 的平面图来表示，⊗表示电流的方向对准拇指内，⊙表示电流的方向从拇指内指向读者。导线周围的磁力线呈圆环状，其方向如箭头所示。如电流方向改变，则磁场方向也改变。

（2）对于通有电流的线圈产生磁场的方向也可用右手螺旋定则来描述。将右手大拇指伸直，其余四指沿着电流方向围绕线圈，大拇指所指方向即为线圈内部轴向的磁场

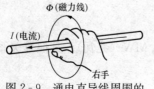

图 2-9　通电直导线周围的磁场方向（右手螺旋定则之一）

方向，也就是线圈内部沿轴向的磁力线方向，如图 2-11 所示。

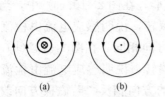

图 2-10　单根通电导线周围的磁场

(a) 通电导线电流方向为垂直指向纸面；

(b) 通电导线电流方向为由纸面垂直向外

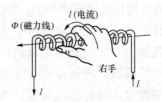

图 2-11　通有电流的线圈磁场方向的
判断（右手螺旋定则之一）

通有电流的线圈的磁场强弱，与线圈匝数和线圈内电流的大小有关。电流越大，磁场越强；匝数越多，磁场也越强。

（三）磁场对电流的作用——电动机原理

将通电导体置于磁场中，电流方向如图 2-12 所示时，则导体受到箭头所指方向的力，称为电磁力。

通电导体在磁场中受力的方向，可以用左手定则来确定。如图 2-12 所示，将左手平伸，拇指与四指垂直并在一个平面上，使掌心迎着磁力线，磁力线垂直穿过手心，四指指向电流方向，则拇指所指的方向就是导线受力的方向，即电磁力方向。

图 2-13 所示为直流电动机工作原理。从图中可知，直流电源的正极接电刷 A，负极接电刷 B，电流经换向片 1，线圈 a、b、b′、a′，换向片 2 和电刷 B 回到负极。这时 ab 边和 b′a′边导线中的电流分别受到电磁力的作用，线圈向逆时针方向旋转。当线圈转到磁极中性面时，此时电刷与换向片的绝缘物接触，线圈中电流等于零，电磁力也等于零。由于机械转动的惯性作用，线圈很快离开中性面，电刷也离开换向片中间绝缘物，于是换向片 1 转到电刷 B 处，线圈 ab 边转到 S 极下时，电流通过电源正极，电刷 A、换向片 2、线圈 a′b′ba、换向片 1、电刷 B 和电源负极，线圈又有电流流过，经过 ab 边，电源反向，但由于磁极改变，使电磁转矩的方向保持不变。因此，线圈仍按逆时针方向旋转。

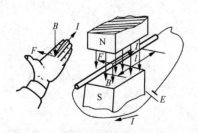

图 2-12　电动机左手定则

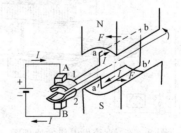

图 2-13　直流电动机工作原理

（四）电磁感应定律——发电机原理

当导体与磁力线之间有相对切割运动时，这个导体中就有电动势产生。当导体放在变化的磁场中时，导体中就有电动势产生。以上现象称为电磁感应现象。由电磁感应现象所产生的电动势叫做感应电动势，由感应电动势所产生的电流叫做感应电流。

导体与磁力线间做相对切割运动时，所产生的感应电动势的方向可用右手定则来确定。如图 2-14 所示，伸平右手，拇指与其余四指垂直，让磁力线垂直穿过手心，拇指的指向代表导线运动的方向，则其余四指的指向就是感应电动势的方向。磁通变化时，线圈中感应电动势的方向可用楞次定律来判别。如图 2-15 所示的实验，在图 2-15（a）中，当条形磁铁自线圈中拔出时，磁通中 Φ 减小，检流计指针向右偏转，说明感应电流由检流计的正端流入、负端流出。此时感应电流产生的磁通 Φ' 与 Φ 方向相同。在图 2-15（b）中，当条形磁铁插入线圈时，磁通 Φ 增加，检流计指针向左偏转，说明感应电流由检流计的负端流入，正端流出，此时感应电流产生的磁通 Φ' 与 Φ 的方向相反。若磁极方向改变，如图 2-15（c）、（d）所示，感应电流和磁通的方向也随着发生变化。由上述情况可知：由线圈中的感应电流所产生的磁通，其方向总是力图阻碍原有磁力线的变化。这个规律就称为楞次定律。

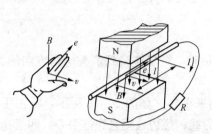

图 2-14　导线与磁力线相对运动时

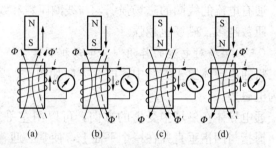

图 2-15　磁通变化时感应电动势方向的判别

图 2-16 所示为一直流发电机的原理图，磁场固定不动，线圈在外力作用下按顺时针方向旋转，此时，导体 AB、CD 在磁场中运动切割磁力线，产生感应电动势和感应电流，其方向可按右手定则进行判断。

三、单相交流电路

（一）交流电

电压、电流、电动势等的大小和方向均按正弦波形状周期性变化的叫做交流电。图 2-17 所示为一正弦交流电压波形图。

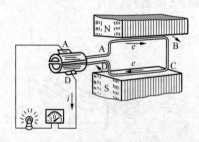

图 2-16　直流发电机的原理图

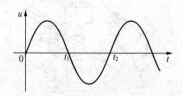

图 2-17　正弦交流电压波形图

（二）瞬时值和最大值

交流电的大小是随时间变化的。我们把交流电在某一时刻的大小称为交流电的瞬时值。瞬时值一般用小写字母 e、u、i 表示。

最大的瞬时值称为最大值。最大值也称为振幅或峰值。在公式 $e = E_m \sin \omega t$ 中，由于 $\sin \omega t$ 的最大值等于 1，所以 $\sin \omega t$ 前面的 E_m 即为电动势的最大值。最大值常用符号 E_m、U_m、I_m 表示。

（三）周期、频率与角频率

交流电每循环一次所需要的时间叫周期。周期用符号 T 来表示，单位是 s。

频率是指 1s 内交流电重复变化的次数，用字母 f 表示，单位是 Hz（赫兹）。周期和频率互为倒数，即

$$f = \frac{1}{T} \qquad (2-16)$$

在 $e = E_m \sin \omega t$ 这个式子中，ω 通常称为角频率，单位是 rad/s（弧度/秒）。交流电变化一个周期 T，其角度 $\omega t = 2\pi$，因此角频率与周期的关系为

$$\omega = \frac{2\pi}{T} = 2\pi f \qquad (2-17)$$

（四）相位与相位差

图 2-18 所示为两个相位不同的交流电动势

$$e_1 = E_m \sin(\omega t + \varphi)$$

$$e_2 = E_m \sin \omega t$$

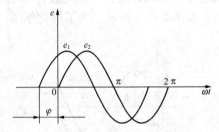

图 2-18　两正弦电动势的波形和初相位

其中，$(\omega t + \varphi)$ 及 ωt 是表示正弦交流电瞬时变化的一个量，称为相位或相角，$t=0$ 时的相位，称为初相位或初相角。如图 2-18 所示的 e_1，其初相位为 φ，e_2 的初相位为 0。

两个同频率交流电的相位之差叫相位差，用字母 φ 表示，即

$$\varphi = (\omega t + \varphi_1) - (\omega t + \varphi_2) = \varphi_1 - \varphi_2 \qquad (2-18)$$

交流电的频率、最大值、初相位称为交流电的三要素。

（五）正弦交流电有效值和平均值

1. 有效值

一个交流电通过一个电阻在一个周期时间内所产生的热量和某一直流电流通过同一电阻在相同的时间内产生的热量相等，这个直流电的量值就称为交流电的有效值。

正弦交流电的有效值等于交流电的电流、电压、电动势最大值 I_m、U_m、E_m 的 $\frac{1}{\sqrt{2}}$，即

$$I = \frac{I_m}{\sqrt{2}} = 0.707 I_m \text{ 或 } I_m = \sqrt{2} I \qquad (2-19)$$

$$U = \frac{U_m}{\sqrt{2}} = 0.707 U_m \text{ 或 } U_m = \sqrt{2} U \qquad (2-20)$$

$$E = \frac{E_m}{\sqrt{2}} = 0.707 E_m \text{ 或 } E_m = \sqrt{2} E \qquad (2-21)$$

2. 平均值

平均值是指交流电在半个周期内所有瞬间平均值的大小。交流电流、电压、电动势的平均值分别用字母 I_{av}、U_{av}、E_{av} 表示。电流的平均值与最大值之间的关系为

$$I_{av} = \frac{2}{\pi} I_m \qquad (2-22)$$

（六）正弦交流电表示法

常用的正弦交流电的表示方法有以下三种。

1. 瞬时值式子

如 $u = U_m \sin(\omega t + \varphi_i)$ V、$i = I_m \sin(\omega t + 30°)$ A 等。

2. 波形图

图 2-19 所示波形图直观地体现了交流电的最大值、频率或角频率及周期、初相位。波形图中横坐标表示时间 t 或电角度 ωt，以纵坐标表示交流电压、电流等电量。瞬时值式子和波形图之间可以相互转换。

3. 相量图

取一相量（带箭头的线段），其长度与正弦量的最大值成比例，相量的大小等于正弦交流的有效值。在开始旋转的那一瞬间，相量与横坐标轴正方向的夹角表示初相角，并让相量以角速度 ω 反时针旋转，则此旋转相量每个瞬间在纵坐标轴上的投影便是正弦量的各个瞬时值，如图 2-20 所示。为了简化作图，其直角坐标和旋转方向可不画出。

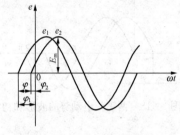

图 2-19　波形图

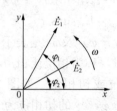

图 2-20　正弦量的旋转相量表示法

（七）纯 RLC 交流电路

1. 单一电阻电路

图 2-21 所示为单一电阻电路。在实际生活中，由白炽灯、电烙铁、电阻炉或电阻器组成的交流电路都可近似地看成是单一电阻电路。

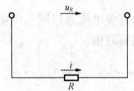

图 2-21　单一电阻电路

图 2-22 所示为在电阻 R 上施加交流电压 $u = \sqrt{2} U \sin \omega t$ 的情形，按欧姆定律，电阻中流过的电流为

$$i_R = \frac{U}{R} = \sqrt{2}\,\frac{U}{R}\sin\omega t = \sqrt{2}\,I_R\sin\omega t \qquad (2-23)$$

从式（2-23）中可以看出，电阻的电压 u 与电流 i_R 同相。

2. 单一电感电路

图 2-23 所示为单一电感电路。电感 L 的线圈上施加交流电压，若在线圈产生的电流为

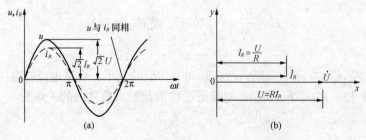

图 2-22　电阻电压、电流的波形图和相量图

(a) 电压、电流的波形图；(b) 电压、电流的相量图

$i_L = \sqrt{2}\,I_L \sin\omega t$，则在 L 两端产生感应电压

$$u_L = \sqrt{2}\,\omega L I_L \sin(\omega t + 90°)\text{V} \qquad (2-24)$$

从式（2-24）中可以看出，电压 u_L 超前电流 i_L 90°。

电感电路电压、电流有效值关系为

$$U = \omega L I_L = X_L I_L$$

$$X_L = \omega L = 2\pi f L \qquad (2-25)$$

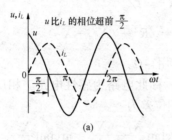

图 2-23 单一电感电路

X_L 表示线圈对交流电流的阻碍作用，称为感抗，单位为 Ω。感抗 X_L 与 f 成正比。图 2-24（a）所示为由一个线圈构成的纯电感电路波形图，图 2-24（b）所示为电感电压、电流相量图。

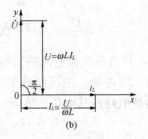

图 2-24 电感电路电压、电流波形图与相量图
（a）波形图；（b）相量图

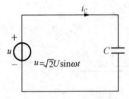

图 2-25 单一电容电路

3. 单一电容电路

图 2-25 所示为为单一电容电路，在电容 C 上加交流电压 $u = \sqrt{2}\,U\sin\omega t$ 的电路。电容电流应为

$$i_C = \sqrt{2}\,\omega C U \sin(\omega t + 90°) = \sqrt{2}\,I_C(\sin\omega t + 90°) \quad (2-26)$$

从式（2-26）中可以看出，电流 i_C 比电压 u 超前 90°。所以 $I_C = \omega C U$，$I_C = \dfrac{U}{X_C}$，$U = X_C I_C$，则

$$X_C = \frac{1}{\omega C} = \frac{1}{2\pi f C} \qquad (2-27)$$

X_C 表示电容器对交流电流的阻碍作用，称为容抗，单位为 Ω。容抗 X_C 与 f 成反比。图 2-26（a）所示为由一个电容构成的纯电容电路波形图，图 2-26（b）所示为电容电压、电流相量图。

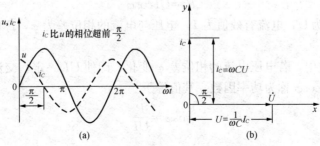

图 2-26 电容电路电压、电流波形图与相量图
（a）波形图；（b）相量图

4. 简单交流电路

图 2 - 27 所示为一电阻、电感、电容串联电路，其 RLC 串联电路的电压、电流的相位关系运用电压定律有

$$\dot{U} = \dot{U}_R + \dot{U}_L + \dot{U}_C$$

根据单一元件电压、电流的相位关系画出该电路的相量图，如图 2 - 28 所示。

由于 $\dot{U}_L$ 与 $\dot{U}_C$ 方向相反，$\dot{U}$ 的大小可以用勾股定理求得

$$
\begin{aligned}
U &= \sqrt{(U_R)^2 + (U_L - U_C)^2} \\
&= \sqrt{(RI)^2 + (X_L I - X_C I)^2} \\
&= I\sqrt{R^2 + X^2} = IZ
\end{aligned}
\tag{2 - 28}
$$

$$Z = \frac{U}{I} = \sqrt{R^2 + X^2} = \sqrt{R^2 + (X_L - X_C)^2} \tag{2 - 29}$$

式中　Z——阻抗，具有对交流电流的阻碍作用，Ω。

另外，从图 2 - 28 可知：电压超前电流，称此电路为感性电路。相反，若电流超前电压，称此电路为容性电路；其电压、电流的相位差为

$$\varphi = \arctan\frac{U_L - U_C}{U_R} = \arctan\frac{X_L - X_C}{R} = \arctan\frac{X}{R} \tag{2 - 30}$$

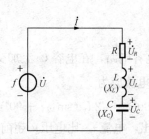 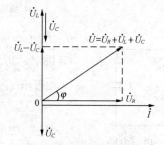

图 2 - 27　RLC 串联电路图　　　　图 2 - 28　RLC 串联电路相量图（$X_L > X_C$）

（八）交流电路的功率和功率因数

由于交流电路中的电压、电流随时间变化，电路各种元件对交流电所呈现的性质不同。常用到的交流电路功率有以下四种。

1. 有功功率

单相交流电路的有功功率 P 的计算式为

$$P = UI\cos\varphi \tag{2 - 31}$$

其中，电压有效值为 U，电流有效值为 I，电压与电流的相位差为 φ，P 的单位为 W。

2. 功率因数

在式（2 - 31）中，若电压电流的相位差 φ 变化，即使 UI 一定，交流功率也会与 $\cos\varphi$ 成正比变化，所以 $\cos\varphi$ 称为功率因数，其值等于

$$\cos\varphi = \frac{P}{UI} \tag{2 - 32}$$

3. 视在功率

UI 的乘积称为视在功率，单位为 VA，可表示为

$$S = UI \tag{2 - 33}$$

4. 无功功率

对于储能元件或设备，如线圈等储存且不消耗的功率，称为无功功率，单位为 var，可表示为

$$Q = UI\sin\varphi \tag{2 - 34}$$

四、三相交流电路

由三相交流电源和三相负载组成的电路，叫做三相交流电路。三相交流电源是由三个最大值相等、频率相同、相互的相位差为 120° 的电动势作为供电的体系。目前发电、输电、配电等采用三相交流电传输功率。

（一）三相对称交流电动势表示方法

三相电动势可由三相发电机提供，它们的三相电动势的瞬时表达式为

$$\left. \begin{aligned} e_U &= E_m\sin\omega t \\ e_V &= E_m\sin(\omega t - 120°) \\ e_W &= E_m\sin(\omega t + 120°) \end{aligned} \right\} \tag{2 - 35}$$

它们的波形图如图 2 - 29 (a) 所示，若以 $\dot{E}_V$ 为基准，可以画出三相电动势的相量图，如图 2 - 29 (b) 所示。从相量图上可知，对称三相交流电动势之和为零，对于对称三相电流也成立。

三相电动势到达最大值的先后次序叫做相序。如图 2 - 29 所示，最先到达最大值的是 e_U，其次是 e_V，再次是 e_W，它们的相序就是 U—W—V—U，

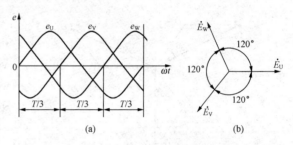

图 2 - 29　三相对称交流电动势的波形图和相量图
(a) 波形图；(b) 相量图

称为正序。若最大值出现的次序为 U—V—W—U，恰恰与正序相反，则称为负序或逆序。

（二）三相的连接

从三相绕组的三个端头引出的三根导线叫做相线，而从星形接法的三相绕组的中性点 N 引出的导线叫做中性线。每相绕组两端的电压叫相电压，通常规定从始端指向末端为电压的正方向。相线与相线间的电压称为线电压。

1. Y（星）连接

将三个产生三相电压电源的一端作为公共端，再由另一端引出线与负载相连（公共点 N 称为中性点），称为星形连接或 Y 连接。每相绕组两端的电压称为相电压，用 $\dot{U}_U$、$\dot{U}_V$、$\dot{U}_W$ 表示，统记为 U_{ph}。在有中性线时，相电压就是各相线与中性线之间的电压。两根相线之间的电压称为线电压，用 $\dot{U}_{UV}$、$\dot{U}_{VW}$、$\dot{U}_{WU}$ 表示，统记为 U_l。如图 2 - 30 所示，有中性线的三相制叫三相四线制，无中性线的三相制叫做三相三线制。

当忽略电源绕组的内阻时，相电压等于相电动势，即

$$\left. \begin{aligned} \dot{U}_{UV} &= \dot{U}_U - \dot{U}_V = \sqrt{3}\dot{U}_U e^{j30°} \\ \dot{U}_{VW} &= \dot{U}_V - \dot{U}_W = \sqrt{3}\dot{U}_V e^{j30°} \\ \dot{U}_{WU} &= \dot{U}_W - \dot{U}_U = \sqrt{3}\dot{U}_W e^{j30°} \end{aligned} \right\} \tag{2 - 36}$$

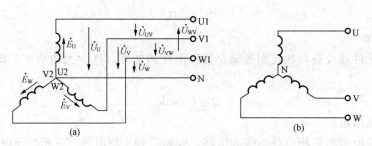

图 2-30　电源绕组的星形连接
(a) 三相四线制；(b) 三相三线制

根据式（2-36）可在相量图上画出各线电压，利用三角和几何知识求出 Y 形连接时线电压和相电压的大小关系和相位关系，如图 2-31 所示。

从式（2-36）和图 2-31 所示可得出 U_l 与 U_{ph} 的数量关系为

$$U_l = \sqrt{3}U_{ph} \tag{2-37}$$

两者的相位关系是：线电压超前对应的相电压 30°。

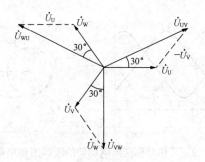

图 2-31　线电压与相电压的关系

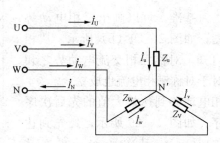

图 2-32　三相负载的星形连接

星形负载接上电源后，就有电流产生。我们把流过每相负载的电流叫做相电流，用 $\dot{I}_u$、$\dot{I}_v$、$\dot{I}_w$ 表示，统记为 I_{ph}。把流过相线的电流叫做线电流，用 $\dot{I}_U$、$\dot{I}_V$、$\dot{I}_W$ 表示，统记为 I_l。以上各电流均示于图 2-32 中。线电流的大小等于相电流，即 Y 形连接的线电流与相电流相等。

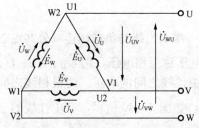

图 2-33　电源绕组的三角形连接

2. △连接（三角形连接）

将三相发电机每一相绕组的末端和另一相绕组的始端依次相接的连接方式，称为电源绕组的三角形连接，如图 2-33 所示。

采用三角形连接时，线电压等于相电压，即 $U_l = U_{ph}$。

把三相负载分别接在三相电源每两根相线之间的接法称为负载的三角形连接，如图 2-34 所示。

在三角形连接中，由于各相负载是接在两根相线之间，因此负载的相电压就是电源的线电压，即 $U_{l\triangle} = U_{ph\triangle}$。

三角形负载接上电源后，也会产生相电流和线电流，图 2-34 中所标的 $\dot{I}_U$、$\dot{I}_V$、$\dot{I}_W$ 为线电流，$\dot{I}_u$、$\dot{I}_v$、$\dot{I}_w$ 为相电流。

当三相负载对称时，负载中的电流大小一样、相位不同，三相电流可表示为

$$\left.\begin{aligned}
\dot{I}_U &= \dot{I}_u - \dot{I}_w = \dot{I}_u\sqrt{3}\,e^{-j30°} \\
\dot{I}_V &= \dot{I}_v\sqrt{3}\,e^{-j30°} \\
\dot{I}_W &= \dot{I}_w\sqrt{3}\,e^{-j30°}
\end{aligned}\right\} \tag{2-38}$$

由式（2-38）可得，当负载接成三角形时，若负载对称，那么线电流的大小为相电流的 $\sqrt{3}$ 倍，即

$$I_{l\triangle} = \sqrt{3}\,I_{ph\triangle} \tag{2-39}$$

如图 2-35 所示，线电流在相位上比对应的相电流滞后 30°。

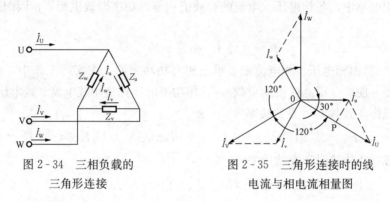

图 2-34 三相负载的
三角形连接

图 2-35 三角形连接时的线
电流与相电流相量图

3. 对称三相电路的计算

在对称三相电路中，各负载的数值和性质是相同的，因而计算起来比较方便，三相电路的计算，一般是已知电源电压和各相的阻抗，求出线电流或相电流。

（1）负载星形连接时计算。对于三相电路中的每一相来说，就是一个单相电路，所以相电流与相电压的数量关系和相位关系都可用单相电路的方法来讨论。设相电压为 U_{ph}，该相的阻抗为 Z_{ph}，那么按欧姆定律可得每相电流 I_{ph} 的数值均为

$$I_{ph} = U_{ph}/Z_{ph} \tag{2-40}$$

对于感性负载来说，各相电流滞后对应电压的角度，可计算为

$$\varphi = \arctan\frac{X}{R} \tag{2-41}$$

式中 X、R——分别为该相的感抗和电阻。

由图 2-36 可以看出，负载星形连接时，中性线电流为各相电流的相量和。在三相对称电路中，流过各相负载的电流应相等，而且每相电流间的相位差为 120°，其相量图以 U 相电流为参考。

（2）负载三角形连接时计算。在三相对称电路中，各相电流的数值均相同，都等于该相的电压除以该相的阻抗，负载三角形连接时也是如此，即

$$I_{ph} = U_{ph}/Z_{ph} \tag{2-42}$$

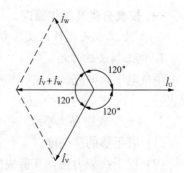

图 2-36 星形负载的电流相量图

对感性负载来说，各相电流滞后对应电压的角度，由该相负载的感抗与电阻的比值决定，即

$$\varphi = \arctan \frac{X}{R} \qquad (2-43)$$

（三）三相电路功率计算

在三相交流电路中，三相负载消耗的总功率（有功功率）为各相负载消耗功率之和

$$P = P_u + P_v + P_w = U_u I_u \cos\varphi_u + U_v I_v \cos\varphi_v + U_w I_w \cos\varphi_w \qquad (2-44)$$

式中　　U_u、U_v、U_w——各相电压；

　　　　I_u、I_v、I_w——各相电流；

　$\cos\varphi_u$、$\cos\varphi_v$、$\cos\varphi_w$——各相功率因数。

在对称三相电路中，各相电压、电流的有效值相等，功率因数也相等，因而式（2-44）变为

$$P = 3U_{ph} I_{ph} \cos\varphi = 3P_{ph} \qquad (2-45)$$

式（2-45）是由相电压、相电流来表示三相有功功率的。在实际工作中，测量线电流比测量相电流要方便些（指△连接的负载），三相功率的计算常用线电流、线电压来表示。

当对称负载作 Y 连接时，有功功率为

$$P_Y = 3U_{ph}I_{ph}\cos\varphi = 3(U_l/\sqrt{3})I_l\cos\varphi = \sqrt{3}U_l I_l \cos\varphi$$

当对称负载作△连接时，有功功率为

$$P = 3U_{ph} I_{ph} \cos\varphi = 3U_l(I_l/\sqrt{3})\cos\varphi = \sqrt{3}U_l I_l \cos\varphi$$

因此，对称负载不论是连成星形还是连成三角形，其总的有功功率均为

$$P = U_l I_l \cos\varphi \qquad (2-46)$$

式（2-46）中的 φ 仍是相电压与相电流之间的相位差，而不是线电压与线电流间的相位差。同理，对称三相负载的无功功率为

$$Q = \sqrt{3}U_l I_l \sin\varphi \quad 或 \quad Q = \sqrt{3}U_{ph} I_{ph} \sin\varphi \qquad (2-47)$$

三相负载的视在功率为

$$S = \sqrt{3}U_l I_l \quad 或 \quad S = \sqrt{3}U_{ph} I_{ph} \qquad (2-48)$$

第二节　电　工　测　量

一、仪表分类及工作原理

（一）电工仪表的作用及其分类

1. 电工仪表的作用

测量电压、电流、功率、频率、电能、电阻、电容等电气量或电气参数的仪表称电工仪表。

2. 对电工仪表基本要求

（1）有足够的准确度。

（2）抗干扰能力强，其造成的误差应在允许的范围之内。

（3）仪表本身的功率损耗小。

（4）仪器应有足够的绝缘强度，以保证仪表的正常和使用的安全。

（5）仪表要便于读数，测量数值应能直接读出，表盘刻度应尽可能均匀。

（6）使用维护方便，应有一定的机械强度。

3. 电工仪表分类

（1）按工作原理不同分类，电工仪表可分为磁电式、电磁式、电动式、感应式、整流式、静电式、电子式等。

（2）按被测量电学量性质不同分类，电工仪表可分为电流表、电压表、功率表、电能表、频率表、欧姆表、绝缘电阻表和多种用途的万用表。

（3）按被测物理量性质分类，电工仪表可分为直流电表、交流电表和交直流电表。交流电表一般都是按正弦交流电的有效值标度的。

（4）按安装方式分类，电工仪表可分为携带式和固定安装式两类。

（5）按结构和用途不同，电工仪表可分为指示仪表、比较仪表、数字仪表和智能仪表四大类。指示仪表能将被测量转化为仪表可动部分的机械偏转角，并通过指示器直接指示出被测量的大小，称为直读式仪表。比较仪表是在测量过程中，通过被测量与同类标准量进行比较，然后根据比较结果确定被测量的大小，如直流电桥。数字式仪表采用数字测量技术并以数码形式直接显示出被测量的大小，如数字式万用表。智能仪表是利用微处理器的控制和计算功能的仪器，可实现程控、记忆、自动校正、自诊断故障、数据处理和分析运算等功能，如数字式存储示波器。

（6）按使用条件分类，根据温度、湿度、尘砂、霉菌等使用环境条件的不同，国家专业标准把仪表分为 P、S、A、B 四组。

（7）按防御外界磁场或电场影响能力分类，电工仪表可分为 Ⅰ、Ⅱ、Ⅲ、Ⅳ 四个等级。

（8）电工仪表的准确度等级分为 0.1、0.2、0.5、1.0、1.5、2.5、5.0 级共七级。其中，1.5 级及以下的大多为安装式配电盘表；0.1 级和 0.2 级仪表常用作为校验标准表；0.5 级和 1.0 级仪表供实验室和工厂作较精确的测量用；1.5～5.0 级仪表多用于一般工程上。此外，有功电能表还有 2.0 级的，无功电能表还有 2.0、3.0 级的。

4. 仪表的标志及其含义

电工仪表的产品型号是按规定的标准编制的。安装式仪表型号的基本组成形式如下所示：

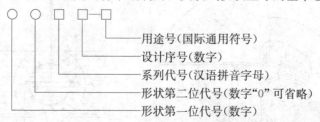

形状第一位代号按仪表面板形状最大尺寸编，形状第二位代号按外壳形状尺寸特征编（方形 1，槽形 16，圆形 81，矩形 51）；系列代号表示仪表的不同系列（电磁系用 T，电动系用 D，感应系用 G，整流系用 L，静电系用 Q，磁电系用 C 表示等）。如 42C3-A 型直流电流表，42 为形状代号（按形状代号可从有关标准中查出仪表的外形和尺寸），C 表示磁电系仪表，3 为设计序号，A 表示用来测量电流。

对于可携式仪表，则不用形状号。第一位为组别号，用来表示仪表的不同系列，以下部分的形式和固定式仪表相同。如 T19-V 型交流电压表，T 表示电磁系，19 为设计序号，V 表示用来测量电压。

除了上面所说的指示仪表外，其他各类仪表的型号，还应在组别号前面再加上一个类别号，以汉语拼音字母表示，如电能表用 D、电桥用 Q、数字电表用 P 等。这些仪表的组别号所代表的意义也和指示仪表不同。

（二）电工仪表测量误差和准确度

实际测量中由于测量工具不准确，测量方法不完善以及各种因素的影响，都会使测量结果失真，这种失真叫做误差。对于电工仪表或仪器而言，显然误差越小，仪表的准确度越高，说明仪表指示值和实际值越接近。

1. 仪表误差分类

（1）基本误差。仪表在正常工作条件下，由于结构、工艺等方面而产生的误差，称为仪表的基本误差。

（2）附加误差。当仪表的工作偏离了规定的正常工作条件，如温度、频率、波形等的变化超出了许可范围，工作位置不正或存在外电场影响时会造成额外误差。这种由于外界工作条件的改变而造成的额外误差，称作仪表的附加误差。

2. 仪表准确度

仪表的准确度等级是指仪表的最大绝对误差与仪表最大量限比值的百分数。

二、常用指示仪表

（一）常用指示仪表工作原理

1. 磁电系仪表工作原理

磁电系仪表基本构造由固定部分和可动部分组成，如图 2-37（a）所示。其工作原理如图 2-37（b）所示，当电流通入转动线圈后，线圈在磁场中受到电磁力 F_1 和 F_2 的作用，力的方向按左手定则确定，可知产生顺时针方向的转动力矩 M，其大小与通电线圈的电流成正比。在转动力矩 M 的作用下，线圈和转轴上的指针一起转动。当转动力矩与反作用弹簧的反抗力矩平衡时，可动部分即停留在某一位置，指针偏转的角度与通过线圈电流的大小成正比。因此，磁电系测量机构可以制成电流表。

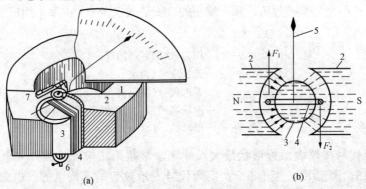

图 2-37　磁电系仪表的基本构造及工作原理示意图

（a）基本构造图；（b）工作原理图

1—永久磁铁；2—极掌；3—圆柱铁芯；4—转动线圈；

5—指针；6—反作用弹簧；7—零位调节器

由欧姆定律可知，由于线圈的电阻值是固定的，通过线圈的电流与加在线圈两端的电压成正比。因此只要把刻度盘的电流刻度值改成对应的电压值，就构成磁电系电压表。

2. 电磁系仪表工作原理

交流电流和电压的测量，通常采用电磁系（也称动铁式）仪表。电磁系仪表的磁场不是由被测量的电流通过固定线圈产生。电磁系仪表的测量机构有吸入式和推斥式两种。

（1）吸入式（扁线圈式）测量机构及工作原理。如图 2-38 所示为吸入式测量机构的构造和工作原理。当固定线圈 1 通入电流后产生磁场，并对可动铁片 2 产生吸力。由于可动铁片 2 是偏心地装在轴上，所以在磁场吸力的作用下，铁片带动转轴和指针偏转。当通入线圈的电流方向改变时，线圈磁场的极性及被磁化铁片的极性同时改变，因此磁场对铁片的吸力方向不变，如图 2-38（b）所示。所以，这种测量机构既可以测量直流电流，也可以测量交流电流。

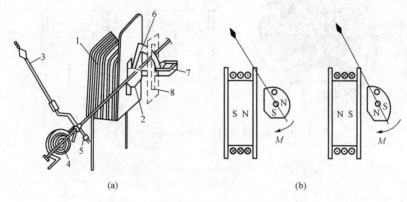

图 2-38　吸入式测量机构的构造和工作原理

（a）构造；（b）工作原理

1—固定线圈；2—可动铁片；3—指针；4—反作用弹簧；

5—平衡锤；6—阻尼器铝片；7—永久磁铁；8—磁屏

（2）推斥式（圆线圈式）测量机构及工作原理。图 2-39 所示为推斥式测量机构的构造和工作原理。当固定线圈通入电流后产生磁场，使固定铁片 2 和可动铁片 3 同时被磁化。这两个铁片的同一侧为同性磁极，如图 2-39（b）所示。根据磁极同性相斥的特性，可动铁片 3 将由于受到固定铁片 2 的推斥，而带动转轴和指针偏转。如果通入线圈的电流方向改变了，则两个铁片被磁化的极性也将同时改变，它们仍然是相斥的，故可动部分的转动方向不变。所以，推斥式仪表既可测量直流电流，也可测量交流电流和电压。

3. 电动系仪表工作原理

电动系仪表的测量机构的构造如图 2-40（a）所示，固定部分是两个对称的固定线圈 1，可按需要串联或并联；可动部分主要由可

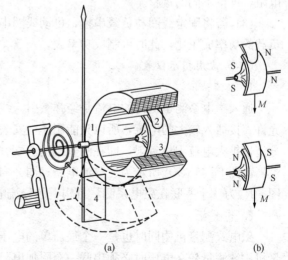

图 2-39　推斥式测量机构的构造和工作原理

（a）构造；（b）工作原理

1—固定线圈；2—固定铁片；

3—可动铁片；4—空气阻尼器

动线圈 2、指针 3、空气阻尼器 4、游丝 5、阻尼盒 6 和转轴 7 组成。图 2 - 40（b）表示电动系仪表的工作原理。固定线圈通过 $\dot{I}_1$ 而产生磁场（磁感应强度为 $\dot{B}_1$），其方向按右手螺旋定则确定。当可动线圈通过电流 $\dot{I}_2$ 时，则 $\dot{B}_1$ 和 $\dot{I}_2$ 产生电磁力 $\dot{F}$，其方向用左手定则确定，它作用于可动线圈的两个有效边上，形成转矩 M 而驱使可动部分转动。当 $\dot{I}_1$ 和 $\dot{I}_2$ 的方向同时改变时，转矩方向不变。假如只改变其中一个线圈中的电流方向，则转矩方向即将改变。

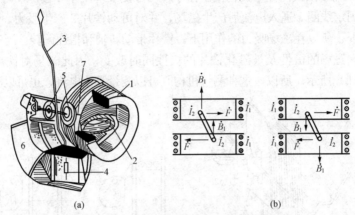

图 2 - 40　电动式系测量机构的构造和工作原理

（a）构造；（b）工作原理

1—固定线圈；2—可动线圈；3—指针；4—空气阻尼器；

5—游丝；6—阻尼盒；7—转轴

（1）将电动系测量机构的固定线圈和可动线圈串联，指针偏转的角度与电流的平方成正比，可作电流表，若将可动线圈的两个部分由串联改为并联，量程扩大一倍。

（2）如果将固定线圈和可动线圈串联后再串接附加电阻，可作电压表，串接不同的附加电阻，可得不同的量程。

（3）若将固定线圈与负载串接，可动线圈串接附加电阻后与负载并联，则其偏转角度与负载的功率成正比，此时可制成功率表。

（二）常用指示仪表

1. 电流表

通入磁电系测量机构的电流是经弹簧引入线圈中的，由于弹簧和线圈的导线都很细，不允许直接通入较大的电流，所以只能用作微安表或毫安表。进行较大电流的测量，一般采用分流器扩大电流测量量限，即在测量机构两端并联一个电阻值很小的分流电阻 R_{di}，又称分流器。图 2 - 41（a）所示为无分流电路；图 2 - 41（b）所示为一个单量程的电流表电路示意图，R_{di} 为一个并联在磁电系测量机构上的分流电阻。

2. 电压表

磁电式测量机构同时也是一个最简单的电压表。其基本电路如图 2 - 42 所示。磁电式测量机构欲测量较高电压时必须串联一个附加电阻 R_{ad}，才能构成电压表。

（三）电能表测量接线

1. 单相有功电能表的接线

（1）单相有功电能表直接接入。单相有功电能表直接接入法如图 2 - 43 所示。单相有功

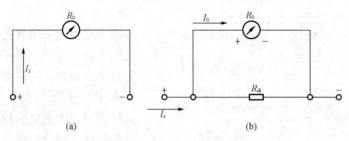

图 2-41 单量程电流表电路

(a) 无分流电路；(b) 有分流电路

电能表一般为本月读数减去上月读数之差，就是该客户本月的用电量。

（2）单相有功电能表经电流互感器接入。若客户负荷电流超过 80A，就要采用电流互感器，把一次电流降低为 5A，以便于测量，其接线如图 2-44 所示。单相有功电能表经电流互感器接入电路时，电流互感器二次侧应接地，以保证工作人员分开接入。客户的用电量计算是本月读数减去上月读数，再乘以电流互感器的变比。

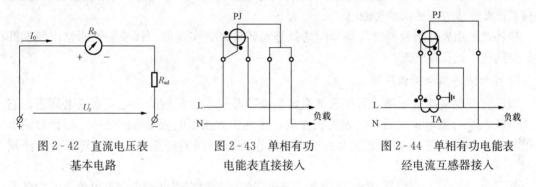

图 2-42 直流电压表
基本电路

图 2-43 单相有功
电能表直接接入

图 2-44 单相有功电能表
经电流互感器接入

2. 三相四线有功电能表的接线

（1）三相四线有功电能表直接接入。三相四线有功电能表直接接入如图 2-45 所示。

（2）三相四线有功电能表经互感器接入。三相四线有功电能表经电流互感器接入时，其用电量计算用电能表两月差数之值再乘以电流互感器变比。三相四线电能表经电流互感器接入时接线如图 2-46 所示；三相四线电能表经电流互感器、电压互感器接入时接线如图 2-47 所示。

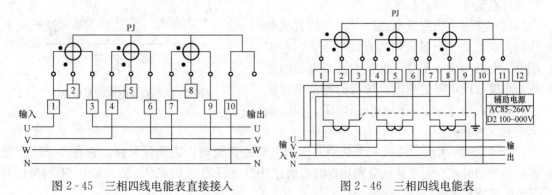

图 2-45 三相四线电能表直接接入

图 2-46 三相四线电能表
经电流互感器接入

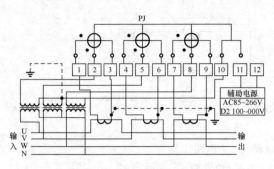

图 2-47　三相四线电能表
经电流、电压互感器接入

（四）万用表

万用表通常用来测量直流电流、直流电压、交流电流、交流电压、电阻及电平等，可分为数字式和指针式两类。

1. 指针式万用表的结构

指针式万用表主要由指示部分、测量电路、转换装置三部分组成。

指示部分用以指示被测电量的数值，通常为磁电系微安表。表头的灵敏度是以满刻度偏转电流来衡量的，满刻度电流越小，表头灵敏度越高。一般指针式万用表的表头灵敏度在 $10\sim100\mu A$。

测量电路是把被测的电量转变成符合表头要求的微小直流电流，它通常包括分流电路、分压电路和整流电路。分流电路将被测的大电流通过分流电阻变换成表头所需的微小电流；分压电路将被测的高电压通过分压电阻变换成表头所需的低电压；整流电路将被测的交流电通过整流转变成表头所需的直流电。

指针式万用表的测量种类及量程的选择是靠转换装置实现的，转换装置通常由转换开关、接线柱、插孔等组成。

2. 指针式万用表工作原理

（1）直流电流测量电路。万用表的直流电流挡是一个多量程的磁电式直流电流表。它应用分流电路与磁电系仪表——表头相并联，达到扩大测量电流量程的目的。根据分流电阻值越小，所得的测量电流值越大的原理，通过配以不同的分流电阻，得到不同的测量量程。

如图 2-48 所示，这是一个采用闭合式分流器的多量程直流电流表测量电路。其中各分流电阻彼此串联，再与表头并联，形成一个闭合环路。当转换开关置于不同位置时，表头所配用的分流电阻不同，它由 5 个固定触点构成，当活动触点 a 与 5 个固定触点分别相连时，由环形金属片 A 构成从 $50\mu A\sim500mA$ 五个不同量程的直流电流测量电路。

（2）直流电压测量电路。万用表的直流电压挡实质上是一个多量程的直流电压表，它应用分压电阻与表头串联，以扩大测量电压的量程。根据分压电阻值越大，所得的测量量程越大的原理，通过配以不同的分压电阻，构成相应的电压测量量程。

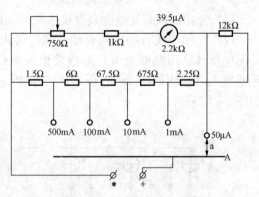

图 2-48　直流电流测量电路

如图 2-49 所示，这是一个共用式附加电阻的直流电压表测量电路。它有 5 个固定触点，当活动触点与固定触点分别相连时，通过环形金属片 A 构成从 $2.5\sim500V$ 不同量程的直流电压测量电路。

（3）交流电流、电压的测量。磁电系仪表本身只能测量直流电流或电压，万用表的交流电流挡、电压挡采用整流电路，将输入的交流电转变成直流电，实现对交流的测量。交流电压表测量电路如图 2-50 所示，测量量程的扩大与直流挡相同。

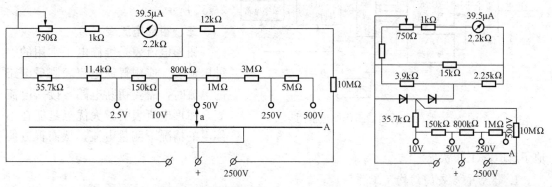

图 2-49　直流电压表测量电路　　　　　　　　图 2-50　交流电压测量电路

（4）电阻的测量。万用表测量电阻电路，是根据欧姆定律，利用通过被测电阻的电流及电压来反映被测电阻大小，它是一个多量程的欧姆表电路。图 2-51 所示为万用表电阻挡测量原理示意图。

由欧姆定律可得回路电流的表达式为

$$I = \frac{E}{R_x + R_m + R_0}$$

式中　I——被测电路的电流；

　　　E——电池电压；

　　　R_0——表头内阻；

　　　R_m——串联电阻；

　　　R_x——被测电阻。

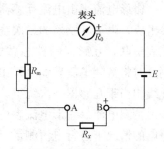

图 2-51　万用表电阻
挡测量原理

E、R_0、R_m 为已知数值，电路中电流 I 的大小取决于被测电阻 R_x，即表头指针偏转角由 R_x 决定，通过欧姆挡的标度尺反映被测电阻值 R_x。

当 $R_x = 0$ 时，电路中电流最大，指针偏转角也最大，定为满刻度值，即零欧姆值点。当 $R_x = \infty$ 时，电路处于开路状态，电流等于零，指针无偏转，定为欧姆值无限大刻度。当 $R_x = R_m + R_0$，电路中的电流恰为最大电流的一半，指针的偏转角为满刻度值的一半，位于标度尺中间，称这时的 R_x 值为欧姆挡的中心值。

由电流计算式可见，电流 I 与被测电阻 R 不成正比关系，因此欧姆挡标度尺刻度分布是不均匀的，它的设计都以中间刻度为标准，然后分别求出其他各点 R_x 的刻度值。

3. 数字万用表工作原理

数字万用表是采用数字化测量技术，各种被测量均转换成电压信号，并以数字形式显示出来，具有测量精确、测量速率快、功能齐全、取值方便等特点。数字多用表面板上的功能一般有液晶显示器、量程开关、输入插孔、h_{EF} 插孔和电源开关。

数字万用表工作时是通过功能选择开关把各种被测量分别通过相应的功能变换，变成直流电压，并按照规定的线路送到量程选择开关，然后将相应的直流电压送到 A/D 转换器，

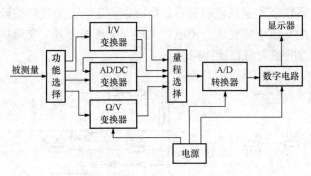

图 2-52　A/D 转换器工作原理框图

再经数字电路处理后通过显示器显示出被测量的数值。A/D 转换器是万用表的核心部分，其工作原理框图如图 2-52 所示。

三、钳形电流表

钳形电流表是维修电工常用的一种电流表。应用普通电流表测量电路的电流时，需要切断电路，接入电流表。钳形电流表的最大优点是能在不停电的情况下测量电流，从而很方便地了解电路工作状况。

1. 钳形电流表的结构及工作原理

钳形电流表有一个可张开和闭合的活动铁芯，如图 2-53 所示，可在不切断电路的情况下可进行电流的测量。捏紧钳形电流表扳手，铁芯张开，被测电路可穿入铁芯；放松扳手，铁芯闭合，被测电路作为铁芯的一组线圈。

钳形电流表由电流互感器和电流表组成，电流互感器的二次绕组与电流表串联，互感器的铁芯做成钳形，测量时将被测电流导线夹入钳口，该导线相当于互感器一次绕组，从而可测出被测电流。钳形电流表可以在不停电的情况下进行电流测量。

2. 使用钳形电流表注意事项

（1）选择合适量程。

（2）测量时将被测载流导线放在钳口内中心位置，并保持钳口结合面接触良好。

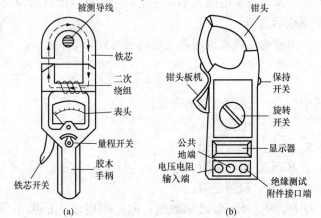

图 2-53　钳形电流表

（a）指示式钳形电流表；（b）数字式钳形表

（3）测量时钳口只夹一根载流导线。

（4）每次测完，将量程开关放在最大挡位。

（5）被测线路的电压不得超过钳形电流表所规定的额定电压，以防绝缘击穿和人身触电。

（6）测量前应估计被测电流的大小，选择合适的量程，不可用小量程挡测大电流。

（7）每次测量只能钳入一根导线；测量时应将被测导线钳入钳口中央位置，以提高测量的准确度；测量结束应将量程开关扳到最大量程位置，以便下次安全使用。

（8）测量 5A 以下小电流时，为得到准确的读数，可将被测导线多绕几圈穿入钳口进行测量，实际电流数值应为钳形表读数除以放进钳口内的导线根数。

（9）测量时应注意相对带电部分的安全距离，以免发生触电事故。

四、绝缘电阻表

绝缘电阻表是用来测量大电阻值、绝缘电阻和吸收比的专用仪表，它的标度尺单位是"MΩ"，所以也称绝缘电阻表。它与其他仪表不同的地方是它本身带有高压电源。

绝缘电阻表按照工作电源分类，可分为自动式和手摇式；按照工作电压可分为500、1000、2500、5000V和10 000V等几种。自动式是用由电池及晶体管直流电压变换器来作电源的，手摇式是用手摇发电机来作电源的。由于手摇式绝缘电阻表的使用方法又涵盖了自动式绝缘电阻表的内容，所以重点介绍手摇式绝缘电阻表的使用。

（一）手摇式绝缘电阻表的工作原理

绝缘电阻表由两大部分构成，一部分是手摇发电机，另一部分是磁电系比率表。手摇发电机的作用是提供一个便于携带的高电压测量电源，电压范围在500～5000V之间。磁电系比率表是测量两个电流比值的仪表，与前面所述的普通磁电系指针仪表结构不同，它不用游丝来产生反作用力矩，而是与转动力矩一样，由电磁力产生反作用力矩。

一般绝缘电阻表有三个接线端子：一个为标有"线路"或"L"的端子（也称相线），接于被测设备的导体上；另一个为标有"地"或"E"的端子，接于被测设备的外壳或接地；第三个为标有"屏蔽"或"G"端子，接于测量时需要屏蔽的电极。

图2-54所示为绝缘电阻表的工作原理示意图。F为手摇发电机，通过摇动手柄产生交流高压，经二极管整流，提供测量用直流高压。磁电系比率表的主要部分是一个磁钢和两个转动线圈。因转动线圈内的圆柱形铁芯上开有缺口，由磁钢构成一个不均匀磁场，中间磁通密度较高，两边较低。两个转动线圈的绕向相反，彼此相交成固定角度，连同指针都固接在同一转轴上。转动线圈的电流采用软金属丝——导丝引入。当有电流通过时，转动线圈1产生转动力矩，转动线圈2产生反作用力矩，两者转向相反。

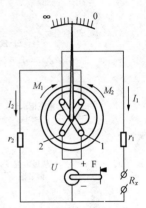

图2-54　绝缘电阻表
工作原理示意图

当被测电阻R_x未接入时，"L"、"E"两端子间开路时，摇动手柄发电机产生供电电压U，这时转动线圈2有电流I_2通过，产生一个反时针方向的力矩M_2。在磁场的作用下，转动线圈2停止在中性面上，绝缘电阻表指针位于"∞"位置，被测电阻呈无限大。

当接入被测电阻R_x时，转动线圈1在供电电压U的作用下，有电流I_1通过，产生一个顺时针方向的转动力矩M_1，转动线圈2产生反作用力矩M_2，在M_1的作用下指针将偏离"∞"点。当转动力矩M_1与反作用力距M_2相等时，指针即停止在某一刻度上，指示出被测电阻的数值。

指针所指的位置与被测电阻的大小有关，R_x越小，I_1越大，转动力矩M_1也越大，指针偏离"∞"点越远；在$R_x=0$时，I_1最大，转动力矩M_1也最大，这时指针所处位置即是绝缘电阻表的"0"刻度；当被测电阻R_x的数值改变时，I_1与I_2的比值将随着改变，M_1、M_2力矩相互平衡的位置也相应地改变。由此可见，绝缘电阻表指针偏转到不同的位置，指示出被测电阻R_x不同的数值。

另外，当绝缘电阻表不工作时，即发电机无输出电压时，线圈中无电流流过，也就不产生转动力矩，此时，绝缘电阻表的指针可停留在任意位置上。也就是说，绝缘电阻表在不工作时，指针是没有固定位置的，这是与一般指示仪表的不同之处。

从绝缘电阻表的工作过程看，仪表指针的偏转角决定于两个转动线圈的电流比率。发电机提供的电压是不稳定的，它与手摇速度的快慢有关。当供电电压变化时，I_1 和 I_2 都会发生相应的变化，但 I_1 与 I_2 的比值不变。所以发电机摇动速度稍有变化，也不致引起测量误差。

（二）多功能绝缘电阻表

多功能绝缘电阻表如图 2‐55 所示，采用电池供电，测置时输出额定电压有 50、100、250、500、1000V 五种，其测量范围分别有 0～10、0～20、0～50、0～100、0～200。输出短路电流不小于 0.5mA。它除作绝缘电阻表外，还可作交流电压表，其测量范围有 0～300V 和 0～600V 两种。这种绝缘电阻表不需要手摇便能准确、稳定、可靠地测置三相电动机、变压器、电缆等各种电气设备及绝缘材料的绝缘电阻。

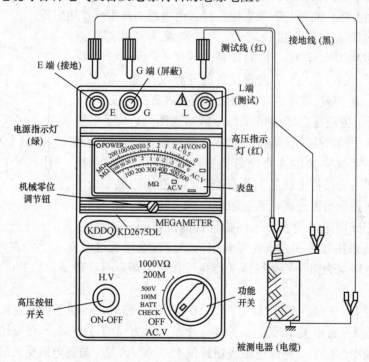

图 2‐55 多功能绝缘电阻表

多功能绝缘电阻表测试线的连接：红色测试线插头插入 "L" 端，黑色测试线插头插入 "E" 端，再将红、黑线的鳄鱼夹接测试品的测试端。

在进行电容器、电缆等测量时，为了消除表面泄露电流的影响，还应使 "G" 端接至被测品的测试端与地之间的绝缘物外表的屏蔽层（屏蔽环）上。

（三）绝缘电阻表的使用和注意事项

（1）正确选择绝缘电阻表的电压等级。

（2）测量绝缘电阻时，必须先将待测电器停电，并用验电笔验电确认无电。对电容器、电缆等测量前须放电。

（3）多功能绝缘电阻表测试前必须校零。操作方法是：将功能开关置予 OFF（关）的位置，调节"机械零位调节钮"，使"表盘"指针校准到标度尺"∞"分度线上。

（4）多功能绝缘电阻表测试前还必须检查电池。将功能开关拨至"BATTCHECK"位置，当指针指在表盘右下方带箭头的标度尺"BATT. GOOD"区域内时，表示电池正常，否则要更换全部电池。

（5）多功能绝缘电阻表测量。按所需测量范围，将功能表旋至适当的测量范围，此时"表盘"右上角绿色指示灯"POWER"亮，表示电源接通。按下高压按钮开关"H. VON-OFF"，这时表盘右上角红色高压指示灯"H·VON"点亮，表示测试高压开启，同时电表指针将在相应标度尺上指示出被测试品的绝缘电阻值。

读数：当功能开关处在"MΩ"挡时，则读数值为 MΩ；功能开关处于"GΩ"挡时，绝缘电阻值在量程指示被点亮的彩色标度尺上读数，单位为 GΩ。

（6）多功能绝缘电阻表当功能开关拨在 AC·V（OFF），黑表笔插入"E"，红表笔插入"L"，即可像万用表那样测量交流电压，在表盘的"V"（AC·V）标度尺上读数。

（7）多功能绝缘电阻表使用完毕，先按高压按钮开关，关断高压，再将功能开关拨至"OFF"，关断表内电源。

（8）手摇式绝缘电阻表须安放平稳。

五、接地电阻测量仪

接地电阻测量仪（接地绝缘电阻表）根据其内部结构不同，一般分为电位计式接地电阻表和流比计式接地电阻表两类。

（1）电位计式接地电阻表（以 ZC-8 型接地电阻表为例）。ZC-8 型接地电阻表由手摇发电机、电流互感器、滑线电阻及检流计等组成。ZC-8 型接地电阻表有三个接线端钮 E、P、C，E 端钮连接接地体，P、C 端钮连接相应的电压极和电流极，测量接地电阻时，以两支接地探针分别作为电压极和电流极，两探针相隔 15～20m 插入土中，然后用导线接入接地电阻表的 P 和 C 端钮，被测的接地体接在 E 端。

（2）流比计式接地电阻表。流比计式接地电阻表的结构类似于流比计式绝缘电阻表，它由手摇发电机和磁电系测量机构组成。

图 2-56 所示测量机构的两个线圈组成磁电系流比计，第一个线圈与电源被测接地体 E 及辅助接地极 C（电流极）相串联；第二个线圈与电阻 RP 串联，接在被测接地体 E 及辅助接地极 P（电位极）之间。

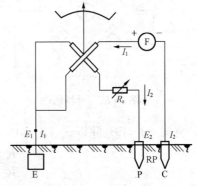

图 2-56　流比式接地
电阻表使用接线

六、直流电桥

直流电桥是一种用来测量电阻与电阻有一定函数关系的参量的比较式仪器。电桥电路由比例臂和比较臂组成。比例臂构成了电桥的倍率，一般为插销式和阶梯调节旋钮结构。直流电桥按线路原理、使用条件、准确度等级可分为以下几种。

直流电桥按线路原理可分为单臂电桥、双臂电桥、单双臂两用电桥以及由双臂电桥线路演变而成的特殊电桥（如三次平衡电桥、直读电桥等）；按使用条件可分为试验室型电桥和携带型电桥两种。

（一）直流电桥一般原理

电桥线路由连接成为环形的四个电阻 R_1、R_2、R_3 和 R_4 组成，如图 2-57 所示。图中，a、b、c 和 d 四个点叫做电桥的顶点，电阻 R_1、R_2、R_3 和 R_4 称为电桥线路桥臂。在顶点 a、c 间接入工作电源 E，ac 支路叫做电源对角线。顶点 b、d 间接入检流计 G，作为电桥平衡指示器，bd 支路称为测量对角线，又叫检流计对角线。这样，四边形 abcd 对电源 E 就形成了 abc 和 adc 两条支路。检流计支路则与 abc 和 adc 两条支路成并联连接，就像在它们之间架起了一座"桥"，由此叫桥式电路。

四个桥臂中，有一个桥臂可为被测量对象，再有一个桥臂可作为比较量而称为比较臂，而另外两个臂则组成比例臂。

（二）单臂电桥工作原理

单臂直流电桥又称惠斯登电桥，其原理线路如图 2-58 所示。

R_1、R_2、R_3 为已知电阻，R_x 为未知电阻，"G"为检流计支路的开关，"B"为电源支路的开关；接通按钮开关"B"后，调节电阻 R_1、R_2、R_3 使检流计电流 I_g 为 0，指针不偏转，这时电桥平衡，说明 b 和 d 点电位相等。则

$$U_{ab} = U_{ad} \quad 即 \quad I_1 R_1 = I_x R_x \tag{2-49}$$

$$U_{bc} = U_{dc} \quad 即 \quad I_2 R_2 = I_3 R_3 \tag{2-50}$$

由于 $I_g = 0$，所以 $\qquad\qquad I_1 = I_2，\ I_3 = I_x$

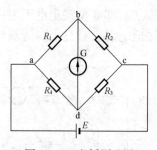

图 2-57　电桥原理图

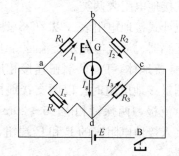

图 2-58　单臂直流电桥原理接线

将式（2-49）除以式（2-50）得

$$\frac{R_1 I_1}{R_2 I_2} = \frac{R_x I_x}{R_3 I_3} \Rightarrow \frac{R_1}{R_2} = \frac{R_x}{R_3}$$

则

$$R_x = \frac{R_1 R_3}{R_2} \tag{2-51}$$

单臂电桥主要用于测量中值电阻。

（三）直流双臂电桥

直流双臂电桥用来测量 1Ω 以下小电阻，其原理接线如图 2-59 所示。

图 2-59 中，电阻 R_1、R_2、R_3、R_4 和 R_5 为标准电阻，R_x 为被测电阻，R 是一根粗连接线的电阻。被测电阻 R_x 必须具备两对接头：电流接头 C1、C2 和电位接头 P1、P2，而且电流接头一定要在电位接头的外边。

由电路的基本原理可以推得，当电桥达到平衡（检流计电流为零）时，被测电阻的计算公式为

$$R_x = \frac{R_2}{R_1}R_5 + \frac{RR_3}{R+R_3+R_4}\left(\frac{R_2}{R_1} - \frac{R_4}{R_3}\right)$$

在双臂电桥中通常采用两个机械联动的转换开关，同时调节 R_1 与 R_3、R_2 与 R_4，使 R_1 与 R_3、R_2 与 R_4 总是保持相等，从而使得电桥在调节平衡的过程中，$R_2/R_1 \equiv R_4/R_3$。这样，上述算式的第 2 项为零，则得

$$R_x = \frac{R_2}{R_1}R_5$$

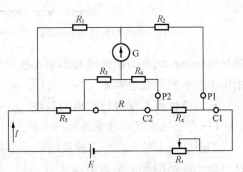

说明双臂电桥调至平衡时，被测电阻值仍等于比率臂的比率乘以比较臂电阻的数值。但这时被测电阻的引线电阻和接触电阻对测量结果的影响却大为减小了。这可由图 2 - 59 和上式加以说明：C1 处的引线电阻和接触电阻只影响总的工作电流 I，对电桥的平衡没有影响，就不会影响测量结果；C2 处的引线电阻和接触电阻可归入 C2 与 R_5 间粗连接线的电阻 R，因为电桥平衡时，R 的大小不会影响 R_5 的数值，对测量结果亦无影响；P1 和 P2 处的接触电阻

图 2 - 59　直流双臂电桥原理接线

$(10^{-3} \sim 10^{-4}\Omega)$ 分别包括在 R_2 和 R_4 中，与 R_1、R_2、R_3 和 R_4（10Ω 以上）相比，它们对测量的结果影响甚微。综上所述，双臂电桥可以排除和减小引线电阻和接触电阻对测量结果的影响。

第三节　电力系统中性点运行方式

一、电力系统中性点接地方式

电力系统的中性点，指的是电力系统中作星形连接的变压器和发电机的中性点。电力系统的中性点通常采用不接地、经消弧线圈接地、直接接地和经低电阻接地四种运行方式。前两种系统发生单相接地时，三个线电压不变，但会使非接地相对地电压升高 $\sqrt{3}$ 倍。因此，规定带接地故障运行不得超过 2h。中性点直接接地系统发生单相接地时，则构成单相对地短路，引起保护装置动作跳闸，切除接地故障。

我国 6~10kV 电力网和部分 35kV 电力网采用中性点不接地方式；110kV 以上电力网和 380/220V 低压电网均采用中性点直接接地方式；20kV 及以上系统中单相接地电流大于 10A 及 3~10kV 电力网中单相接地电流大于 30A，其中性点均采用经消弧线圈接地方式；我国一些大城市的 10kV 系统采用经低电阻接地的方式。低压配电的 380/220V 三相四线制系统，通常接成 TN 系统。因其 N 线和 PE 线的不同形式，又可分为 TN—C、TN—S、TN—C—S 三种系统。

二、中性点不接地的电力系统

中性点不接地的运行方式，即电力系统的中性点不与大地相接。图 2 - 60 所示为电源中性点不接地的电力系统在正常运行时的电路图，图中所示断路器 QF 在正常运行时为合闸状

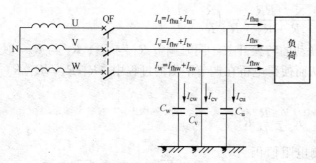

图 2-60　中性点不接地的三相系统

并且对所分析问题的结论没有影响，故可以不予考虑。各相导线对地之间的分布电容，分别用集中参数的等效电容 C_u、C_v 和 C_w 表示。

态。我国 3～66kV 系统，特别是 3～10kV 系统，一般采用中性点不接地的运行方式。

正常运行时，电力系统三相导线之间和各相导线对地之间，沿导线的全长存在着分布电容，这些分布电容在工作电压的作用下，会产生附加的容性电流。各相导线间的电容及其所引起的电容电流较小，

三、中性点直接接地的电力系统

（一）中性点直接接地系统的接线

如图 2-61 所示，当这种系统发生单相接地，即通过接地中性点形成单相短路。单相短路电流比线路的正常负荷电流大许多倍。因此，在系统发生单相短路时保护装置应动作于跳闸，切除短路故障，使系统的其他部分恢复正常运行。

发生单相接地时，其他两完好相的对地电压不会升高，因此，该系统中的供电设备的绝缘只需按相电压考虑，而无需按线电压考虑。

（二）中性点直接接地系统的应用

（1）目前我国 110kV 以上电力网均采用中性点直接接地方式。

（2）我国 380/220V 低压配电系统也采用中性点直接

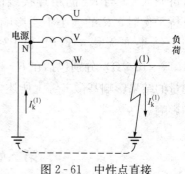

图 2-61　中性点直接接地的三相系统

接地方式，而且引出中性线（N 线）、保护线（PE 线）或保护中性线（PEN 线）这样的系统，称为 TN 系统。

（三）低压配电 TN 系统

（1）中性线（N 线）的作用：①用来接相电压为 220V 的单相用电设备；②用来传导三相系统中的不平衡电流和单相电流；③减少负载中性点的电压偏移。

（2）保护线（PE 线）的作用：保障人身安全，防止触电事故发生。

（3）TN 系统类型。根据 TN 系统中 N 线和 PE 线的不同形式，分为 TN—C 系统、TN—S 系统和 TN—C—S 系统，如图 2-62 所示。

1）TN—C 系统。这种系统的 N 线和 PE 线合用一根导线（PEN 线），所有设备外露可导电部分（如金属外壳等）均与 PEN 线相连，如图 2-62（a）所示。

TN—C 系统的特点：①保护中性线（PEN 线）兼有中性线（N 线）和保护线（PE 线）的功能，当三相负荷不平衡或接有单相用电设备时，PEN 线上均有电流通过；②这种系统一般能够满足供电可靠性的要求，而且投资较省，节约有色金属，但是当 PEN 断线时，可使设备外露可导电部分带电，对人有触电危险。

在安全要求较高的场所和要求抗电磁干扰的场所均不允许采用该系统。

2）TN—S系统。这种系统的N线和PE线是分开的，所有设备的外露可导电部分均与公共PE线相连，如图2-62（b）所示。

TN—S系统的特点：①公共PE线在正常情况下没有电流通过，因此不会对接在PE线上的其他用电设备产生电磁干扰；②由于其N线与PE线分开，因此其N线即使断线也并不影响接在PE线上用电设备的安全。

该系统多应用于环境条件较差，对安全可靠性要求较高及用电设备对抗电磁干扰要求较严的场所。

3）TN—C—S系统。这种系统前一部分为TN—C系统，后一部分为TN—S系统（或部分为TN—S系统），如图2-62（c）所示。

如系统兼有TN—C系统和TN—S系统的优点。

TN—C—S系统常用于配电系统末端环境条件较差并且要求无电磁干扰的数据处理或具有精密检测装置等设备的场所。

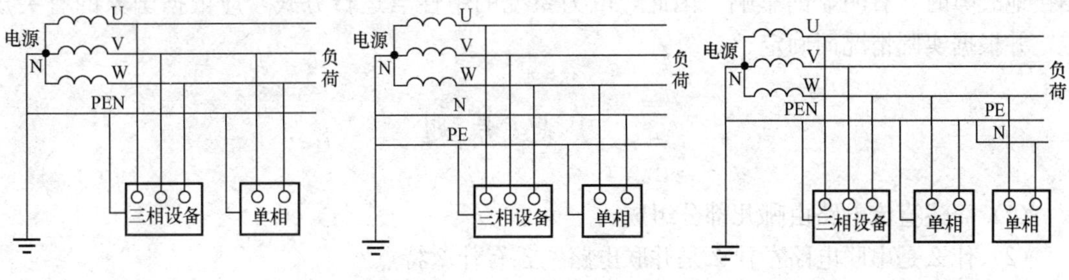

图2-62　TN系统接线

（a）TN—C系统；（b）TN—S系统；（c）TN—C—S系统

四、中性点经消弧线圈接地的三相系统

中性点不接地系统，具有发生单相接地故障时可继续向用户供电，即供电可靠性比较高的优点，但当接地电流较大时容易产生弧光接地而造成其他危害。为了克服这一缺点，可采取措施减小接地点的接地电流。通常采取的措施是当出现单相接地故障时，让接地点流过一个与容性的接地电流方向相反的感性电流，于是，就出现了如图2-63所示中性点经消弧线圈接地的运行方式。

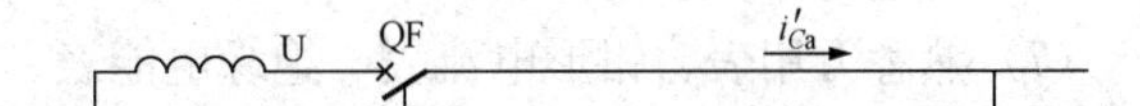

图2-63　中性点经消弧线圈接地的三相系统

五、中性点经低电阻接地的三相系统

近几年来，随着10kV配电系统的应用不断扩大，特别是现代化大、中型城市在电网改造中大量采用电缆线路，致使接地电容电流增大。因此，即使采用中性点经消弧线圈接地的方式也无法完全在发生接地故障时熄灭电弧；而间歇性电弧及谐振引起的过电压会损坏供配电设备和线路，从而导致供电的中断。

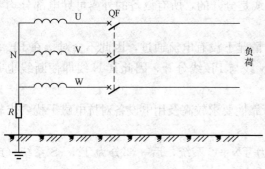

图2-64　中性点经低（高）电阻接地的三相系统

中性点经低电阻接地的三相系统如图2-64所示，它接近于中性点直接接地的运行方式，在系统发生单相接地时，保护装置会迅速动作，切除故障线路，通过备用电源的自动投入，使系统的其他部分恢复正常运行。

对于发电机—变压器组单元接线的200MW及以上的发电机，当接地电流超过允许值时，可采用中性点经高电阻接地的方式。

电力系统的中性点运行方式，对于供电可靠性、过电压、绝缘配合、短路电流、继电保护、系统稳定性以及对弱电系统的干扰等诸方面都有不同程度的影响，特别是在系统发生单相接地故障时，有明显的影响。因此，电力系统的中性点运行方式，应依据国家的有关规定，并根据实际情况而确定。

复 习 思 考 题

(1) 简述直流电路由哪几部分组成。

(2) 什么是串联电路？什么是并联电路？各有什么特点？

(3) 简述基尔霍夫电流定律和基尔霍夫电压定律的使用方法。

(4) 简述电磁感应定律。

(5) 简述交流电的三要素。

(6) 简述电工仪表的分类。

(7) 熟悉万用表、钳形电流表、绝缘电能表、电桥等电工仪表的基本工作原理。

(8) 简述中性点直接接地系统的接线。

第三章

电气安全基本知识

第一节 电击事故种类

一、电伤和电击

电对人体的伤害，主要来自电流。电流对人体的伤害可以分为电伤和电击两种类型。

1. 电伤

电伤是指由于电流的热效应、化学效应和机械效应对人体的外表造成的局部伤害，如电灼伤、电烙印、皮肤金属化等。

（1）电灼伤。电灼伤一般分接触灼伤和电弧灼伤两种。接触灼伤发生在高压电击事故时，电流流过的人体皮肤进出口处。

当发生带负荷误拉、合隔离开关及带地线合隔离开关时，所产生强烈的电弧都可能引起电弧灼伤。

（2）电烙印。电烙印发生在人体与带电体之间有良好的接触部位处。电烙印往往造成局部的麻木和失去知觉。

（3）皮肤金属化。皮肤金属化是由于高温电弧使周围金属熔化、蒸发并飞溅渗透到皮肤表面形成的伤害。

电伤在不是很严重的情况下，一般无致命危险。

2. 电击

电击是指人体触及带电体并形成电流通路，造成对人体的伤害。

电击使人致死的原因有三个方面：第一是流过心脏的电流过大、持续时间过长而致死；第二是因电流作用使人产生窒息而死亡；第三是因电流作用使心脏停止跳动而死亡。其中第一个原因致人死亡占比例最大。

电击伤害的影响因素主要有如下几个方面：

（1）电流强度及电流持续时间。当不同大小的电流流经人体时，往往有各种不同的感觉，通过的电流愈大，人体的生理反应愈明显，感觉也愈强烈。按电流通过人体时的生理机能反应和对人体的伤害程度，可将电流分成以下三级。

感知电流：使人体能够感觉，但不遭受伤害的电流。感知电流的最小值为感知阈值。感知电流通过时，人体有麻醉、灼热感。人体对交、直流电流的感知阈值分别约为 0.5、2mA。

摆脱电流：人体触电后能够自主摆脱的电流。摆脱电流的最大值是摆脱阈值。摆脱电流通过时，人体除麻醉、灼热感外，主要是疼痛、心律障碍感。

致命电流：人触电后危及生命的电流。由于导致触电死亡的主要原因是发生"心室纤维性颤动"，故将致命电流的最小值称为致颤阈值。

电流对人体的伤害与流过人体电流的持续时间有着密切的关系。电流持续时间越长，电流对人体的危害越严重。一般工频电流 15～20mA 以下及直流 50mA 以下，对人体是安全的，但如果持续时间很长，即使电流小到 8～10mA，也可能使人致命。

（2）人体电阻。人体遭受电击时，流过人体的电流在接触电压一定时由人体的电阻决定，人体电阻越小，流过的电流则越大，人体所遭受的伤害也越大。一般情况下，人体电阻可按 1000～2000Ω 考虑。

（3）作用于人体电压。当人体电阻一定时，作用于人体的电压越高，则流过人体的电流越大，其危险性也越大，对人体的伤害也就越严重。

（4）电流路径。当电流路径通过人体心脏时，其电击伤害程度最大。左手至右脚的电流路径，心脏直接处于电流通路内，因而是最危险的；右手至左脚的电流路径的危险性相对较小。电流从左脚至右脚这一电流路径危险性小，但人体可能因痉挛而摔倒，导致电流通过全身或发生二次事故而产生严重后果。

（5）电流种类及频率的影响。当电压在 250～300V 以内时，触及频率为 50Hz 的交流电，比触及相同电压的直流电的危险性大 3～4 倍。但高频率的电流通常以电弧的形式出现，因此有灼伤人体的危险。

（6）人体状态的影响。电流对人体的作用与人的年龄、性别、身体及精神状态有很大关系。

二、人体电击方式

在低压情况下的人体电击方式有人体与带电体的直接接触电击和间接电击两大类。

1. 人体与带电体的直接电击

人体与带电体的直接电击可分为单相电击和两相电击。

（1）单相电击。人体接触三相电网中带电体中的某一相时，电流通过人体流入大地，这种电击方式称为单相电击。

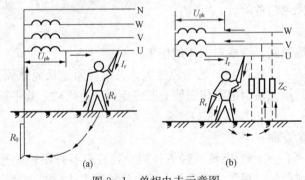

图 3-1　单相电击示意图
(a) 中性点直接接地系统的单相电击；
(b) 中性点不接地系统的单相电击

1）中性点直接接地系统的单相电击如图 3-1（a）所示。当人体触及某一相导体时，相电压作用于人体，电流经过人体、大地、系统中性点接地装置、中性线形成闭合回路。设人体电阻 R_r 为 1000Ω，电源相电压 U_{ph} 为 220V，则通过人体的电流 I_r 约为 220mA，这电流足以使人致命。一般情况下，人脚上穿有鞋子，有一定的限流作用；人体与带电体之间以及站立点与地之间也有接触电阻，所以实际电流较 220mA 要小，人体电击后，有时可以摆脱。但人体电击后由于遭受电击的突然袭击，慌乱中易造成二次伤害事故，例如空中作业电击时摔到地面等。所以电气工作人员工作时应穿合格的绝缘鞋；在配电室的地面上应垫有绝缘橡胶垫，以防电击事故的发生。

2）中性点不接地系统的单相电击如图 3-1（b）所示，当人站立在地面上，接触到该系统的某一相导体时，由于导线与地之间存在对地电抗 Z_c（由线路的绝缘电阻 R 和对地电容 C 组成），则电流以人体接触的导体、人体、大地、另两相导线对地电抗 Z_c 构成回路，通过人体的电流与线路的绝缘电阻及对地电容的数值有关。在低压系统中，对地电容 C 很小，通过人体的电流主要取决于线路的绝缘电阻 R。正常情况下，R 相当大，通过人体的电流很小，一般不致造成对人体的伤害；但当线路绝缘下降、R 减小时，单相电击对人体的危害仍然存在。而在高压系统中，线路对地电容较大，则通过人体的电容电流较大，这将危及电击者的生命。

（2）两相电击。当人体同时接触带电设备或线路中的两相导体时，电流从一相导体经人体流入另一相导体，构成闭合回路，这种电击方式称为两相电击，如图3-2所示。此时，加在人体上的电压为线电压，它是相电压的$\sqrt{3}$倍。因此，它比单相电击的危险性更大，例如，380/220V 低压系统线电压为

图3-2 两相电击示意图

380V，设人体电阻 R_r 为1000Ω，则通过人体的电流约 I_r 可达 380mA，足以致人死亡。

2. 间接电击

间接电击是由于电气设备绝缘损坏发生接地故障，设备金属外壳及接地点周围出现对地电压引起的。它包括跨步电压电击和接触电压电击。

（1）跨步电压电击。当电气设备或载流导体发生接地故障时，接地电流将通过接地体流向大地，并在地中接地体周围作半球形的散流，如图3-3所示。在以接地故障点为球心的半球形散流场中，靠近接地点处的半球面上电流密度线密，离开接地点的半球面上电流密度线疏，且愈远愈疏；另一方面，靠近接地点处的半球面的截面积较小，电阻较大，离开接地点处的半球面面积变大，电阻减小，且愈远电阻愈小。因此，在靠近接地点处沿电流散流方向取两点，其电位差较远离接地点处同

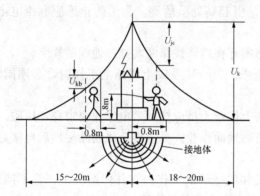

图3-3 接地电流的散流场、地面电位分布示意图
U_k—接地短路电压；U_{jc}—接触电压；
U_{kb}—跨步电压

样距离的两点间的电位差大，当离开接地故障点20m以外时，这两点间的电位差即趋于零。我们将两点之间的电位差为零的地方称为电位的零点，即电气上的"地"。该接地体周围，对"地"而言，接地点处的电位最高（为U_d），离开接地点处，电位逐步降低，其电位分布呈伞形下降，此时，人在有电位分布的故障区域内行走时，其两脚之间（一般为0.8m的距离）呈现出电位差，此电位差称为跨步电压U_{kb}，如图3-3所示。由跨步电压引起的电击叫跨步电压电击。由图3-3可见，在距离接地故障点8～10m以内，电位分布的变化率较大，人在此区域内行走，跨步电压高，就有电击的危险；在离接地故障点8～10m以外，电位分布的变化率较小，人的一步之间的电位差较小，跨步电压电击的危险性明显降低，人在受到跨步电压的作用时，电流将从一只脚经腿、跨部、另一只脚与大地构成回路，虽然电流没有通过人体的全部重要器官，但当跨步电压较高时，电击者脚发麻、抽筋，跌倒在地，跌倒后，电流可能会改变路径（如从或手至脚）而流经人体的重要器官，使人致命。因此，发生高压设备、导线接地故障时，室内不得接近接地故障点4m以内（因室内狭窄、地面较为干燥，离开4m之外一般不会遭到跨步电压的伤害），室外不得接近故障点8m以内。如果要进入此范围内工作，为防止跨步电压电击，进入人员应穿绝缘鞋。

当避雷针或者避雷器动作，其接地体周围的地面也会出现伞形电位分布，同样会发生跨步电压电击。

（2）接触电压电击。电气设备由于绝缘损坏、设备漏电，使设备的金属外壳带电。接触电压是指人触及漏电设备的外壳，加于人手与脚之间的电位差（脚距漏电设备0.8m，手触及设备处距地面垂直距离1.8m），由接触电压引起的电击叫接触电压电击。若设备的外壳不接地，在此接触电压下的电击情况与单相电击情况相同；若设备外壳接地，则接触电压为设备外壳对地电位与人站立点的对地电位之差，如图3-3所示。当人需要接近漏电设备时，为防止接触电压电击，应戴绝缘手套、穿绝缘鞋。

（3）感应电压电击。两条平行线路上，一条线路带电工作，另一条线路停电检修。若停电线路不接地，在带电线路电场的作用下，会使停电线路带有电压，这个电压称为感应电压。

感应电压的大小，与带电线路的电压高低、带电线路与停电线路之间的距离有关。在高压并架或平行的线路中，尽管带电线路与停电线路有一定的距离，由于感应的原因，在停电线路上产生的感应电压值还是很高的，此时若人一旦接触到停电线路，在停电线路中的感应电荷通过人体，进入大地，从而造成瞬间电击，引起高处坠落等。为了防止感应电压电击，在工作中应采取以下措施：

1）在停电线路的终端和中间检修，须严格遵守在检修线路两端挂接地线的规定。

2）工作人员在杆塔上工作时，必须系安全带。110kV及以上线路上工作时，必须同时使用保护绳。

3）电场强度如超过人体承受程度时，杆塔上作业人员应按照带电作业要求穿均压服。

4）用绝缘绳索传递大件金属物品时，杆塔和地面作业人员应将金属物品接地后再接触，以防电击。

5）工作人员在杆塔上从事接触导线、地线和绝缘子的工作，在任何情况下，都不能失去地线保护。一切工作开始前先挂接接地线，工作完毕后最后拆接地线。

3. 与带电体距离小于安全距离的电击

人体与带电体（特别是高压带电体）的空气间隙小于一定的距离时，虽然人体没有接触带电体，也可能发生电击事故。这是因为空气间隙的绝缘强度是有限度的，当人体与带电体的距离足够近时，人体与带电体间的电场强度将大于空气的击穿场强，空气将被击穿，带电体对人体放电，并在人体与带电体间产生电弧，此时人体将受到电弧灼伤及电击的双重伤害。这种与带电体的距离小于安全距离的弧光放电电击事故多发生在高压系统中。此类事故的发生，大多是工作人员误入带电间隔，误接近高压带电设备所造成的。因此，为防止这类事故的发生，国家有关标准规定了不同电压等级的最小安全距离，工作人员距带电体的距离不允许小于此距离值。

三、电击事故发生规律及一般原因

1. 电击事故季节性明显

每年二三季度事故多，特别是6～9月事故最为集中。其主要原因有：①这段时间天气炎热、人体衣单而多汗，电击危险性较大；②这段时间多雨、潮湿，地面导电性增强，容易构成电击电流的回路，而且电气设备的绝缘电阻降低，容易漏电；③这段时间在大部分农村都是农忙季节，农村用电量增加，电击事故因而增多。

2. 低压设备电击事故多

低压电击事故远远多于高压电击事故。其主要原因是低压设备远远多于高压设备，与之接触的人比与高压设备接触的人多得多，而且都比较缺乏电气安全知识。但在专业电工中，高压电击事故比低压电击事故多。

3. 携带式设备和移动式设备电击事故多

携带式设备和移动式设备电击事故多的主要原因是：一方面这些设备是在人的紧握之下工作，不但接触电阻小，而且一旦电击就难以摆脱电源；另一方面，这些设备需要经常移动，工作条件差，设备和电源线都容易发生故障或损坏。此外，单相携带式设备的保护零线与工作零线容易接错，也会造成电击事故。

4. 电气连接部位电击事故多

电气连接部位电击事故多是由于电气连接部位机械牢固性较差、接触电阻较大、绝缘强度较低以及可能发生化学反应的缘故。

5. 错误操作和违章作业造成的电击事故多

统计资料表明，有85%以上的事故是由于错误操作和违章作业造成的。其主要原因是安全教育不够、安全制度不严和安全措施不完善、操作者素质不高等。

6. 不同行业电击事故不同

冶金、矿业、建筑、机械行业电击事故多。由于这些行业的生产现场经常伴有潮湿、高温、现场混乱、移动式设备和携带式设备多以及金属设备多等不安全因素，因此电击事故多。

7. 不同年龄段的人员电击事故不同

中青年工人、非专业电工、合同工和临时工电击事故多。其主要原因是由于这些人是主要操作者，经常接触电气设备；而且，这些人经验不足，又比较缺乏电气安全知识，其中有的人责任心不够强，因此电击事故多。

8. 不同地域电击事故不同

农村电击事故明显多于城市，发生在农村的事故约为城市的3倍。

从造成事故的原因上看，很多电击事故都是由两个以上的原因造成的。电击不仅危及人身安全，也影响发电、电网、用电企业的安全生产，为此，应采用有效措施杜绝各种人身电击事故的发生。

第二节　人身电击急救

人受到电击后，往往会出现神经麻痹、呼吸中断、心脏停止跳动等症状，呈昏迷不醒的状态，这时必须迅速进行现场救护。因此，每个电气工作人员和其他有关人员必须熟练掌握电击急救的方法。电击急救的具体要求应做到"八字原则"，即应遵循迅速（脱离电源）、现场（进行抢救）、准确（姿势）、坚持（抢救）。同时应根据伤情需要，迅速联系医疗部门救治。

一、迅速脱离电源

脱离电源，就是要把触电者接触的那一部分带电设备的所有断路器、隔离开关或其他断路设备断开；或设法将触电者与带电设备脱离开。在脱离电源过程中，救护人员也要注意保护自身的安全。如触电者处于高处，应采取相应措施，防止该伤员脱离电源后自高处坠落形成复合伤。

1. 脱离高压电源

高压电源的电压高，一般绝缘物对救护人员不能保证安全，而且往往电源的高压开关距离较远，不易切断电源，发生电击时应采取下列措施：

（1）立即通知有关部门停电。

（2）戴上绝缘手套，穿上绝缘靴，用相应电压等级的绝缘工具按顺序拉开电源开关或熔断器。

（3）抛掷裸金属线使线路短路接地，迫使保护装置动作，断开电源。注意抛掷金属线之前，应先将金属线的一端固定、可靠接地，然后另一端系上重物抛掷，注意抛掷的一端不可触及触电者和其他人。另外，抛掷者抛出线后，要迅速远离接地的金属线 8m 以外或双腿并拢站立，防止跨步电压伤人。在抛掷短路线时，应注意防止电弧伤人或断线危及人员安全。

2. 脱离低压电源

低压触电可采用下列方法使触电者脱离电源：

（1）如果触电地点附近有电源开关或电源插座，可立即拉开开关或拔出插头，断开电源。但应注意到，拉线开关或墙壁开关等只控制一根线的开关，有可能因安装问题只能切断零线而没有断开电源的相线。

（2）如果触电地点附近没有电源开关或电源插座（头），可用有绝缘柄的电工钳或有干燥木柄的斧头切断电线，断开电源。

（3）当电线搭落在触电者身上或压在身下时，可用干燥的衣服、手套、绳索、皮带、木板、木棒等绝缘物作为工具，拉开触电者或挑开电线，使触电者脱离电源。

（4）如果触电者的衣服是干燥的，又没有紧缠在身上，可以用一只手抓住他的衣服，拉离电源。但因触电者的身体是带电的，其鞋的绝缘也可能遭到破坏，救护人不得接触触电者的皮肤，也不能抓他的鞋。

（5）若触电发生在低压带电的架空线路上或配电台架、进户线上，对可立即切断电源的，则应迅速断开电源，救护者迅速登杆或登至可靠地方，并做好自身防触电、防坠落的安全措施，用带有绝缘胶柄的钢丝钳、绝缘物体或干燥不导电物体等工具将触电者脱离电源。

3. 脱离电源后救护者应注意的事项

（1）救护人不可直接用手、其他金属及潮湿的物体作为救护工具，而应使用适当的绝缘工具。救护人最好用一只手操作，以防自己触电。

（2）防止触电者脱离电源后可能的摔伤，特别是当触电者在高处的情况下，应考虑防止坠落的措施。即使触电者在平地，也要注意触电者倒下的方向，注意防摔。救护者也应注意救护中自身的防坠落、摔伤措施。

（3）救护者在救护过程中特别是在杆上或高处抢救伤者时，要注意自身和被救者与附近带电体之间的安全距离，防止再次触及带电设备。电气设备、线路即使电源已断开，对未做安全措施挂上接地线的设备也应视作有电设备。救护人员登高时应随身携带必要的绝缘工具和牢固的绳索等。

（4）如事故发生在夜间，应设置临时照明灯，以便于抢救，避免意外事故，但不能因此延误切除电源和进行急救的时间。

二、现场就地急救

电击者脱离电源后，应迅速正确判定其电击程度，有针对性地实施现场紧急救护。同时，设法联系医疗急救中心（医疗部门）的医生到现场接替救治。要根据触电伤员的不同情况，采用不同的急救方法。

1. 判断意识、呼救和体位放置

(1) 判断伤员有无意识的方法:

1) 轻轻拍打伤员肩部,高声喊叫:"喂!你怎么啦?",如图 3-4 所示。

2) 如认识伤员,可直呼其姓名。若伤员有意识,立即送医院。

3) 眼球固定、瞳孔散大,无反应时,立即用手指甲掐压人中穴、合谷穴约 5s。

以上三个步骤动作应在 10s 以内完成,不可太长,伤员如出现眼球活动、四肢活动及疼痛感后,应即停止掐压穴位。拍打肩部不可用力太重,以防加重可能存在的骨折等损伤。

(2) 呼救。一旦初步确定伤员意识丧失,应立即招呼周围的人前来协助抢救,哪怕周围无人,也应该大叫"来人啊!救命啊!",如图 3-5 所示。此时一定要呼叫其他人来帮忙,因为一个人作心肺复苏术不可能坚持较长时间,而且劳累后动作易走样。叫来的人除协助作心肺复苏外,还应立即打电话给救护站或呼叫受过救护训练的人前来帮忙。

图 3-4 判断伤员有无意识 　　　 图 3-5 呼救 　　　 图 3-6 放置伤员

(3) 放置伤员。正确的抢救体位是仰卧位,伤员头、颈、躯干平卧无扭曲,双手放于两侧躯干旁。

如伤员摔倒时面部向下,应在呼救同时小心地将其转动,使伤员全身各部成一个整体转动。尤其要注意保护颈部,可以一手托住颈部,另一手扶着肩部,以脊柱为轴心,使伤员头、颈、躯干平稳地直线转至仰卧,在坚实的平面上四肢平放,如图 3-6 所示。

2. 开放气道、判断呼吸与人工呼吸

(1) 开放气道。当发现触电者呼吸微弱或停止时,应立即开放触电者的气道以促进触电者呼吸或便于抢救。开放气道主要采用仰头举颏法,即一手置于前额使头部后仰,另一手的食指与中指置于下颌骨近下颏角处,抬起下颏,如图 3-7 和图 3-8 所示。

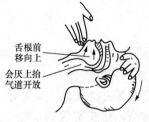

舌根前移向上
会厌上抬
气道开放

图 3-7 仰头举颏法 　　　 图 3-8 抬起下颏法

检查伤员口、鼻腔,如有异物立即用手指清除。

(2) 判断呼吸。触电伤员如意识丧失,应在开放气道后 10s 内用看、听、试的方法判定伤员有无呼吸,如图 3-9 所示。

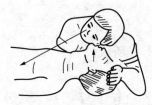

图 3-9　看、听、试伤员呼吸

1）看：看伤员的胸、腹壁有无呼吸起伏动作。

2）听：用耳贴近伤员的口鼻处，听有无呼气声音。

3）试：用颜面部的感觉测试口鼻部有无呼气气流。

若无上述体征可确定无呼吸。一旦确定无呼吸后，立即进行两次人工呼吸。

（3）人工呼吸。口对口（鼻）的人工呼吸的具体方法如下：

1）在保持呼吸通畅的位置下进行。用按于前额一手的拇指与食指，捏住伤员鼻孔（或鼻翼）下端，以防气体从口腔内经鼻孔逸出，施救者深吸一口气屏住并用自己的嘴唇包住（套住）伤员微张的嘴。

2）每次向伤员口中吹（呵）气持续 1～1.5s，同时仔细地观察伤员胸部有无起伏，如无起伏，说明气未吹进，如图3-10（a）所示。

3）一次吹气完毕后，应立即与伤员口部脱离，轻轻抬起头部，面向伤员胸部，吸入新鲜空气，以便做下一次人工呼吸。同时使伤员的口张开，捏鼻的手也可放松，以便伤员从鼻孔通气，观察伤员胸部向下恢复时，有无气流从伤员口腔排出，如图 3-10（b）所示。

抢救一开始，应即向伤员先吹气两口，吹气时胸廓隆起者，人工呼吸有效；吹气无起伏者，则气道通畅不够，或鼻孔处漏气、或吹气不足、或气道有梗阻，应及时纠正。

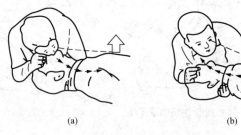

图 3-10　人工呼吸
（a）口对口吹气；（b）观察伤员

注意：①每次吹气量不要过大，约600mL（6～7mL/kg），大于1200mL 会造成胃扩张；②吹气时不要按压胸部，如图 3-10所示；③儿童伤员需视年龄不同而异，其吹气量约为500mL，以胸廓能上抬时为宜；④抢救一开始的首次吹气两次，每次时间1～1.5s；⑤有脉搏无呼吸的伤员，则每 5s 吹一口气，每1min 吹气12次；⑥口对鼻的人工呼吸，适用于有严重的下颌及嘴唇外伤、牙关紧闭、下颌骨骨折等情况的伤员，难以采用口对口吹气法；⑦婴、幼儿急救操作时要注意：一方面因婴、幼儿韧带、肌肉松弛，故头不可过度后仰，以免气管受压，影响气道通畅，可用一手托颈，以保持气道平直；另一方面，婴、幼儿口鼻开口均较小，位置又很靠近，抢救者可用口贴住婴、幼儿口与鼻的开口处，施行口对口鼻呼吸。

3. 脉搏判断和胸外人工按压

（1）脉搏判断。在检查伤员的意识、呼吸、气道之后，应对伤员的脉搏进行检查，以判断伤员的心脏跳动情况。具体方法如下：

1）在开放气道的位置下进行（首次人工呼吸后）。

2）一手置于伤员前额，使头部保持后仰，另一手在靠近抢救者一侧触摸颈动脉。

3）可用食指及中指指尖先触及气管正中部位，男性可先触及喉结，然后向两侧滑移2～3cm，在气管旁软组织处轻轻触摸颈动脉搏动，如图3-11所示。

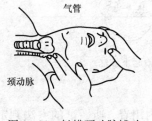

气管
颈动脉

图 3-11　触摸颈动脉搏动

　　操作过程中需注意：①触摸颈动脉不能用力过大，以免推移颈动脉，妨碍触及；②不要同时触摸两侧颈动脉，造成头部供血中断；③不要压迫气管，造成呼吸道阻塞；④检查时间不要超过10s；⑤未触及搏动：心跳已停止，或触摸位置有错误；触及搏动：有脉搏、心跳，或触摸感觉错误（可能将自己手指的搏动感觉为伤员脉搏）；⑥判断应综合审定：如无意识、无呼吸、瞳孔散大、面色紫绀或苍白，再加上触不到脉搏，可以判定心跳已经停止；⑦婴、幼儿因颈部肥胖，颈动脉不易触及，可检查肱动脉（肱动脉位于上臂内侧腋窝和肘关节之间的中点，用食指和中指轻压在内侧，即可感觉到脉搏）；⑧如有脉搏，表明心脏尚未停跳，可仅做人工呼吸，每分钟12～16次。

　　（2）胸外心脏按压。如无脉搏，在对心跳停止者未进行按压前，立即先手握空心拳，如图3-12所示快速垂直叩击伤员胸前区按压位置胸骨中下段1～2次，每次1～2s，力量中等，叩击后再次判断有无脉搏，如有脉搏即表明心跳已经恢复，可仅做人工呼吸，每分钟12～16次。若无效，则立即胸外心脏按压，不能耽误时间。

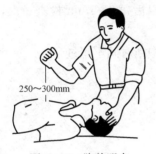

图3-12　胸前叩击

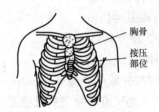

图3-13　胸外按压位置

　　1）按压部位。按压部位为胸骨中1/3与下1/3交界处，如图3-13所示。

　　2）伤员体位。伤员应仰卧于硬板床或地上。

　　3）快速测定按压部位的方法。如图3-14所示，快速测定按压部位可分五个步骤：①首先触及伤员上腹部，以食指及中指沿伤员肋弓处向中间移滑，如图3-14（a）所示；②在两侧肋弓交点处寻找胸骨下切迹，以切迹作为定位标志，不要以剑突下定位，如图3-14（b）所示；③然后将食指及中指两横指放在胸骨下切迹上方，食指上方的胸骨正中部即为按压区，如图3-14（c）所示；④以另一手的掌根部紧贴食指上方，放在按压区，如图3-14（d）所示；⑤再将定位之手取下，重叠将掌根放于另一手背上，两手手指交叉抬起，使手指脱离胸壁，如图3-14（e）所示。

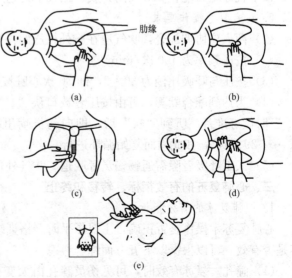

图3-14　快速测定按压部位
(a) 二指沿肋弓向中移滑；(b) 切迹定位标志；
(c) 按压区；(d) 掌根部放在按压区；(e) 重叠掌根

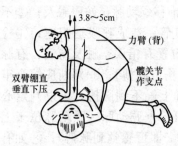

↕3.8～5cm

力臂（背）

双臂绷直
垂直下压

髋关节
作支点

图 3-15　正确的按压姿势

4）按压姿势。正确的按压姿势如图 3-15 所示。抢救者双臂绷直，双肩在伤员胸骨上方正中，靠自身重力垂直向下按压。①按压应平稳、有节律地进行，不能间断；②不能冲击式地猛压；③下压及向上放松的时间应相等，压按至最低点处，应有一明显的停顿；④垂直用力向下，不要左右摆动；⑤放松时定位的手掌根部不要离开胸骨定位点，但应尽量放松，务使胸骨不受任何压力；⑥按压频率应保持在 100 次/min；⑦按压与人工呼吸的比例关系通常是，成人为 30∶2，婴、幼儿为 15∶2；⑧按压深度，通常成人伤员为 4～5cm，5～13 岁伤员为 3cm，婴、幼儿伤员为 2cm。

5）每做 30 次按压，需做 2 次人工呼吸，然后再在胸部重新定位，再做胸外按压，如此反复进行，直到协助抢救者或专业医务人员赶来。

6）开始 2min 后检查一次脉搏、呼吸、瞳孔，以后每 4～5min 检查一次，检查不超过 5s，最好由协助抢救者检查。

7）如有担架搬运伤员，应该持续做心肺复苏，中断时间不超过 5s。

4. 心肺复苏操作的时间要求

0～5s：判断意识。

5～10s：呼救并放好伤员体位。

10～15s：开放气道，并观察呼吸是否存在。

15～20s：口对口呼吸 2 次。

20～30s：判断脉搏。

30～50s：进行胸外心脏按压 30 次，并再进行人工呼吸 2 次，以后连续反复进行。

以上程序尽可能在 50s 以内完成，最长不宜超过 1min。

5. 双人复苏操作要求

(1) 两人应协调配合，吹气应在胸外按压的松弛时间内完成。

(2) 按压频率为 100 次/min。

(3) 按压与呼吸比例为 30∶2，即 30 次心脏按压后，进行 2 次人工呼吸。

(4) 为达到配合默契，可由按压者数口诀"1、2、3、4、…、29、吹"，当吹气者听到"29"时做好准备，听到"吹"后，即向伤员嘴里吹气，按压者继而重数口诀"1、2、3、4、…、29、吹"，如此周而复始循环进行。

(5) 人工呼吸者除需通畅伤员呼吸道、吹气外，还应经常触摸其颈动脉和观察瞳孔等。

三、心肺复苏的有效指标、转移和终止

1. 心肺复苏的有效指标

心肺复苏术操作是否正确，主要靠平时严格训练，掌握正确的方法。而在急救中判断复苏是否有效，可以根据以下五方面综合考虑：

(1) 瞳孔。复苏有效时，可见伤员瞳孔由大变小。如瞳孔由小变大、固定、角膜混浊，则说明复苏无效。

(2) 面色（口唇）。复苏有效，可见伤员面色由紫绀转为红润，如若变为灰白，则说明复苏无效（在持续进行心肺复苏情况下，由专人护送医院进一步抢救）。

（3）颈动脉搏动。按压有效时，每一次按压可以摸到一次搏动，如若停止按压，搏动亦消失，应继续进行心脏按压；如若停止按压后，脉搏仍然跳动，则说明伤员心跳已恢复。

（4）神志。复苏有效，可见伤员有眼球活动，睫毛反射与对光反射出现，甚至手脚开始抽动，肌张力增加。

（5）出现自主呼吸。伤员自主呼吸出现，并不意味着可以停止人工呼吸。如果自主呼吸微弱，仍应坚持口对口呼吸。

2. 转移和终止

（1）转移。在现场抢救时，应力争抢救时间，切勿为了方便或让伤员舒服去移动伤员，从而延误现场抢救的时间。

移动伤员或将伤员送医院时，应使伤员平躺在担架上，并在其背部垫以平硬宽木板。在移动或送医院过程中，应继续抢救。心跳、呼吸停止者要继续用心肺复苏法抢救，在医务人员未接替救治前不能中止，抢救者不应频繁更换，即使送往医院途中也应继续进行。鼻导管给氧绝不能代替心肺复苏术。如需将伤员由现场移往室内，中断操作时间不得超过 7s；通道狭窄、上下楼层、送上救护车等的操作中断不得超过 30s。

（2）终止。终止心肺复苏决定于医生，或医生组成的抢救组的首席医生，否则不得放弃抢救。

3. 电击伤员好转后处理

如果电击者的心跳和呼吸经抢救后均已恢复，则可暂停心肺复苏法操作。但心跳、呼吸恢复的早期有可能再次骤停，应严密监护，不能麻痹，要随时准备再次抢救。

初期恢复后，伤员可能神志不清或精神恍惚、躁动，应设法使其安静。

4. 现场急救注意事项

（1）现场急救贵在坚持。

（2）心肺复苏应在现场就地进行。

（3）现场电击急救，对采用肾上腺素等药物应持慎重态度，如果没有必要的诊断设备条件和足够的把握，不得乱用。

（4）对电击过程中的外伤特别是致命外伤（如动脉出血等），也要采取有效的方法处理。

5. 抢救过程中电击伤员的移动与转院

（1）心肺复苏应在现场就地坚持进行，不要为方便而随意移动伤员，如确需要移动时，抢救中断时间不应超过 30s。

（2）移动伤员或将伤员送医院时，应使伤员平躺在担架上，并在其背部垫以平硬宽木板。在移动或送医院过程中，应继续抢救。心跳、呼吸停止者要继续用心肺复苏法抢救，在医务人员未接替救治前不能中止。

（3）应创造条件，用塑料袋装入碎冰屑作成帽子状包绕在伤员头部、露出眼睛，使脑部温度降低，争取心、肺、脑完全复苏。

四、杆上或高处电击急救

1. 急救原则

（1）发现杆上或高处有人遭受电击，应争取时间及早在杆上或高处开始进行抢救。救护人员登高时，应随身携带必要的工具和绝缘工具以及牢固的绳索等，并紧急呼救。

（2）及时进行停电。

（3）立即抢救。救护人员在确认电击者已与电源隔离，且救护人员本身所涉环境安全距离内无危险电源时，方能接触电击伤员进行抢救，并应注意防止发生高空坠落的可能性。

（4）戴安全帽、穿绝缘鞋、戴绝缘手套，做好自身防护。

2. 高处抢救

（1）随身带好营救工具迅速登杆。营救的最佳位置是高出受伤者 20cm，并面向受伤者。固定好安全带后，再开始营救。

（2）电击伤员脱离电源后，应将伤员扶卧在自己的安全带上，并注意保持伤员气道通畅。

（3）将电击者扶到安全带上，进行意识、呼吸、脉搏判断。救护人员迅速判定电击者反应、呼吸和循环情况。如有知觉，可放到地面进行护理；如无呼吸、心跳，应立即进行人工呼吸或心脏按压法急救。

（4）如伤员呼吸停止，立即进行口对口（鼻）吹气 2 次，再触摸颈动脉，如有搏动，则每 5s 继续吹气一次；如颈动脉无搏动时，可用空心拳头叩击心前区 2 次，促使心脏复跳。

（5）高处发生电击，为使抢救更为有效，应及早设法将伤员送至地面。

（6）在将伤员由高处送至地面前，应再口对口（鼻）吹气 4 次。

（7）电击伤员送至地面后，就立即继续按心肺复苏法坚持抢救。

3. 高处下放伤员

高处下放伤员的方法如图 3-16 所示。

（1）下放伤员时先用直径为 3cm 的绳子在横担上绑好，固定绳子要绕 2～3 圈，如图 3-16（a）所示；将绳子另一端在伤员腋下环绕一圈，系 3 个半靠扣，如图 3-16（b）所示；绳头塞进伤员腋旁的圈内，并压紧，如图 3-16（c）所示。绳子选用的长度为杆高的 1.2～1.5 倍。

（2）杆上人员握住绳子的一端顺着下放，如图 3-16（d）所示，放绳的速度要缓慢，到地面时避免创伤伤员。

（3）双人营救方法基本与单人营救方法相同，如图 3-16（e）所示，绳子的另一端由杆下人员握住缓缓下放，此时绳子要长一些，应为杆高的 2.2～2.5 倍，营救人员要协调一致，防止杆上人员突然松手，杆下人员没有准备而发生意外。

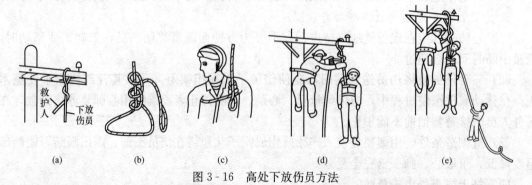

图 3-16　高处下放伤员方法
(a) 固定绳子；(b) 绳子打圈；(c) 绑好伤员；(d) 下放伤员；(e) 双人营救方法

4. 外伤处理

对于电伤和摔跌造成的人体局部外伤，在现场救护中也不能忽视，必须作适当处理，防止细菌侵入感染，防止摔跌骨折刺破皮肤及周围组织、刺破神经和血管，避免引起损伤扩大，然后迅速送医院治疗。

（1）一般性的外伤表面，可用无菌盐水或清洁的温开水冲洗后，用消毒纱布、防腐绷带或干净的布片包扎，然后送医院治疗。

（2）伤口出血严重时，应采用压迫止血法止血，然后迅速送医院治疗。如果伤口出血不严重，可用消毒纱布叠几层盖住伤口，压紧止血。

（3）高压电击时，可能会造成大面积严重的电弧灼伤，往往深达骨骼，处理起来很复杂，现场可用无菌生理盐水或清洁的温开水冲洗，再用酒精全面消毒，然后用消毒被单或干净的布片包裹送医院治疗。

（4）对于因电击摔跌而四肢骨折的电击者，应首先止血、包扎，然后用木板、竹竿、木棍等物品临时将骨折肢体固定，然后立即送医院治疗。

第三节 安全操作用具及安全防护技术

一、电气安全用具作用和分类

1. 电气安全用具的作用

安全工器具是用于防止触电、灼伤、高空坠落、摔跌、物体打击等人身伤害，保障操作者在工作时人身安全的各种专门用具和器具。在电力系统中，为了顺利完成任务而又不发生人身事故，操作者必须携带和使用各种电气安全用具。如对运行中的电气设备进行巡视、改变运行方式、检修试验时，需要采用电气安全用具；在线路施工中，需要使用登高安全用具；在带电的电气设备上或邻近带电设备的地方工作时，为了防止触电或被电弧灼伤，需使用绝缘安全用具等。

2. 电气安全用具分类

电气安全用具按其基本作用可分为绝缘安全用具和一般防护安全用具两大类。

绝缘安全用具是用来防止工作人员直接电击的安全用具。它分为基本安全用具和辅助安全用具两种。

基本安全用具是指那些绝缘强度能长期承受设备工作电压的工具，如绝缘棒、绝缘夹钳、验电器等。辅助安全用具是指那些主要用来进一步加强基本安全用具绝缘强度的工具，如绝缘手套、绝缘靴、绝缘垫等。

辅助安全用具不能承受带电设备或线路的工作电压，只能加强基本安全用具的保护作用。因此，辅助安全用具配合基本安全用具使用时，能起到防止工作人员遭受接触电压、跨步电压、电弧灼伤等伤害。一般性防护安全用具没有绝缘性能，主要用于防止停电检修的设备突然来电，工作人员走错间隔、误登带电设备、电弧灼伤、高空坠落等事故的发生。

二、绝缘安全用具

1. 验电器

（1）低压验电器。低压验电笔是一种用氖灯制成的基本安全用具，当电容电流流过氖灯时即发出亮光，用以指示设备是否带有电压。其结构如图 3-17 所示。低压验电笔只能用于 380/220V 的系统。使用时，手拿验电笔以一个手指触及金属盖或中心螺钉，金属笔尖与被检查的带电部分接触，如氖灯发亮说明设备带电。灯愈亮则电压愈高，愈暗则电压愈低。低压验电笔在使用前要在有电的设备或线路上试验一下，以证明其是否良好。

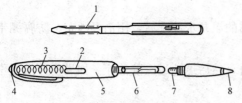

图 3-17　低压验电笔结构

1—绝缘套管；2—小窗；3—弹簧；
4—笔尾的金属体；5—笔身；6—氖管；
7—电阻；8—笔尖的金属体

低压验电器要定期试验，试验周期为 6 个月。

（2）声光型高压验电器。高压验电器根据使用的电压，一般有 3（6）、10、35、110、220kV 几种。

1）声光型高压验电器结构如图 3-18 所示。它由声光显示器（电压指示器）和全绝缘自由伸缩式操作杆两部分组成。

声光显示器的电路采用先进的集成电路屏蔽工艺，可保证集成元件在高电压强电场下安全可靠地工作。

操作杆采用内管和外管组成的拉杆式结构，能方便地自由伸缩，采用耐潮、耐酸碱、防霉、耐日光照射、耐弧能力强、绝缘性能优良的环氧树脂和无碱玻璃纤维制作。

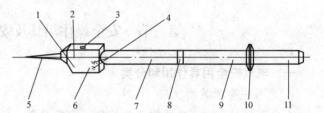

图 3-18　声光型高压验电器结构

1—欠压指示灯；2—电源指示灯；3—自检按钮；
4—蜂鸣指示灯；5—探头；6—指示器；7—内管；
8—色标；9—外管；10—护环；11—手柄

2）使用高压验电器注意事项：

①使用前确认验电器电压等级与被验设备或线路的电压等级一致。

②验电前后，应在有电的设备上试验，验证验电器良好。

③验电时，验电器应逐渐靠近带电部分，直到氖灯发亮为止，不要直接接触带电部分。

④验电时，验电器不装接地线，以免操作时接地线碰到带电设备造成接地短路或电击事故。如在木杆或木构架上验电，不接地不能指示者，验电器可加装接地线。

⑤验电时应戴绝缘手套，手不超过握手的隔离护环。

⑥高压验电器每半年试验一次。

2. 绝缘棒

绝缘棒又称绝缘杆或操作杆。它主要用于接通或断开隔离开关，跌落式熔断器，装卸携带型接地线以及带电测量和试验等工作。

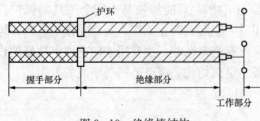

图 3-19　绝缘棒结构

绝缘棒一般用电木、胶木、环氧玻璃棒或环氧玻璃布管制成。在结构上绝缘棒分为工作、绝缘和握手三部分，如图 3-19 所示。工作部分一般用金属制成，用于 35kV 及以上电压等级；也可用玻璃钢等机械强度较高的绝缘材料制成，用于 3～10kV 电压等级。按其工作的需要，工作部分不宜过长，一般 5～8cm 左右，以免操作时造成相间或接地短路。

（1）绝缘棒使用注意事项：

1）使用前，必须核对绝缘棒的电压等级，应与所操作的电气设备的电压等级相同。

2）使用绝缘棒时，工作人员应戴绝缘手套、穿绝缘靴，以加强绝缘棒的保护作用。

3）在下雨、下雪或潮湿天气，无伞形罩的绝缘棒不宜使用。

4）使用绝缘杆时要注意防止碰撞，以免损坏表面的绝缘层。

（2）保管注意事项：

1）绝缘棒应存放在干燥的地方，以防止受潮。

2）绝缘棒应放在特制的架子上或垂直悬挂在专用挂架上，以防其弯曲。

3）绝缘棒不得与墙或地面接触，以免碰伤其绝缘表面。

4）绝缘棒应定期进行绝缘试验，一般每年试验一次。用作测量的绝缘棒每半年试验一次，每三个月检查一次，检查有无裂纹、机械损伤、绝缘层破坏等。

3. 绝缘夹钳

绝缘夹钳是用来安装和拆卸高压熔断器或执行其他类似工作的工具，主要用于 35kV 及以下电力系统。

绝缘夹钳是由工作钳口、绝缘部分和握手部分组成，如图 3-20 所示。各部分都用绝缘材料制成，所用材料与绝缘棒相同，只是它的工作部分是一个坚固的夹钳，并有一个或两个管型的开口，用以夹紧熔断器。

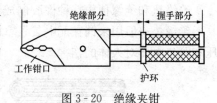

图 3-20 绝缘夹钳

绝缘夹钳的使用注意事项如下：

（1）使用时绝缘夹钳不允许装接地线。

（2）在潮湿天气只能使用专用的防雨绝缘夹钳。

（3）绝缘夹钳应保存在特制的箱子内，以防受潮。

（4）绝缘夹钳应定期进行试验，试验方法同绝缘棒，试验周期为一年。

4. 绝缘手套、绝缘靴（鞋）

在电气工作还经常使用绝缘手套和绝缘靴（鞋）。在低压带电设备上工作时，绝缘手套可作为基本安全用具使用；绝缘靴（鞋）只能作为与地保持绝缘的辅助安全用具；当系统发生接地故障出现接触电压和跨步电压时，绝缘手套又对接触电压起一定的防护作用；而绝缘靴（鞋）在任何电压等级下都可作为防护跨步电压的基本安全用具。

绝缘手套和绝缘靴（鞋）如图 3-21 所示。使用绝缘手套和绝缘靴时，应注意下列事项：

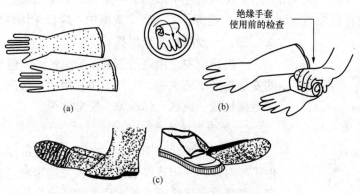

图 3-21 绝缘手套和绝缘靴（鞋）

（a）绝缘手套式样；（b）绝缘手套使用前的检查；

（c）绝缘靴（鞋）的式样

（1）使用前进行外部检查应无损伤，并检查有否砂眼漏气，有砂眼漏气的不能使用。

（2）使用绝缘手套时，最好先戴上一双棉纱手套，夏天可防止出汗使动作不方便，冬天可以保暖，操作时出现弧光短路接地，可防止橡胶熔化灼烫手指。

（3）绝缘手套和绝缘靴（鞋）应定期进行试验。试验周期6个月，试验合格应有明显标志和试验日期。

绝缘手套和绝缘靴（鞋）的保存应注意下列事项：

（1）使用后应擦净、晾干，在绝缘手套上还应洒上一些滑石粉，以免粘连。

（2）绝缘手套和绝缘靴应存放在通风、阴凉的专用柜子里，温度一般在5～20℃，湿度为50％～70％最合适。

不合格的绝缘手套和绝缘靴不应与合格的混放在一起，以免错拿使用。

5. 绝缘垫和绝缘毯

绝缘垫和绝缘毯由特种橡胶制成，表面有防滑槽纹，如图3-22所示。

绝缘垫一般用来铺在配电装置室的地面上，用以提高操作人员对地的绝缘，防止接触电压和跨步电压对人体的伤害。

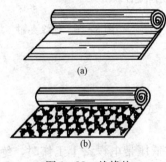

图3-22　绝缘垫

图3-23　绝缘站台

绝缘地毯一般铺设在高、低压开关柜前，用作固定的辅助安全用具。

绝缘垫应定期进行检查试验，试验标准按规程进行，试验周期为每两年一次。

6. 绝缘站台

如图3-23所示，绝缘站台用干燥木板或木条制成，是辅助安全用具。室外使用绝缘站台时，站台应放在坚硬的地面上，防止绝缘子陷入泥中或草中，降低绝缘性能。

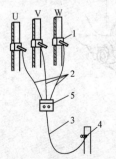

图3-24　携带型接地线

1、4、5—专用夹头（线夹）；

2—三相短路；3—接地线

三、一般防护安全用具

一般防护安全用具虽不具备绝缘性能，但对保证电气工作的安全是必不可少的。电气工作常用的一般防护安全用具有携带型接地线、遮栏、标示牌、安全牌等。

1. 携带型接地线

携带型接地线如图3-24所示。对设备停电检修或进行其他工作时，为了防止停电检修设备突然来电（如误操作合闸送电）和邻近高压带电设备所产生的感应电压对人体的危害，需要将停电设备用携带型接地线三相短路接地，是生产现场防止人身电击必须采取的安全措施。

2. 遮栏

低压电气设备部分停电检修时，为防止检修人员走错位置，误入带电间隔及过分接近带电部分，一般采用遮栏进行防护。此外，遮栏也用作检修安全距离不够时的安全隔离装置。

遮栏分为栅遮栏、绝缘挡板和绝缘罩三种。如图 3-25 所示，遮栏用干燥的绝缘材料制成，不能用金属材料制作。

3. 标示牌

标示牌的用途是警告工作人员不得接近设备的带电部分，提醒工作人员在工作地点采取安全措施，以及表明禁止向某设备合闸送电等。

标示牌按用途可分为禁止、警告和允许三类，共计八种，如图 3-26 所示。

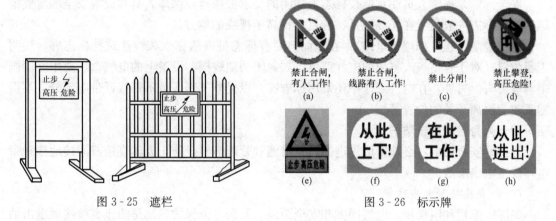

图 3-25　遮栏　　　　　　　图 3-26　标示牌

4. 安全牌

为了保证人身安全和设备不受损坏，提醒工作人员对危险或不安全因素的注意，预防意外事故的发生，在生产现场用不同颜色设置了多种安全牌。严禁工作人员在工作中移动或拆除遮栏、接地线和标示牌。人们通过安全牌清晰的图像，引起对安全的注意。常用的安全牌如图 3-27 所示。

(1) 禁止类安全牌：禁止开动、禁止通行、禁止烟火。

(2) 警告类安全牌：当心电击、注意头上吊装、注意下落物、注意安全。

(3) 指令类安全牌：必须戴安全帽，必须戴防护手套，必须戴防护目镜。

禁止开动　　　　禁止通行　　　　禁止烟火
(a)

当心触电　　注意头上吊装　　注意下落物　　注意安全
(b)

5. 安全色和安全标识

安全色是表达安全信息含义的颜色，表示禁止、警告、指令、提示等。国家规定的安全色有红、蓝、黄、绿四种颜色。红色表示禁止、停止；蓝

必须戴安全帽　　必须戴防护手套　　必须戴护目镜
(c)

图 3-27　安全牌

(a) 禁止类安全牌；(b) 警告类安全牌；(c) 指令类安全牌

色表示指令、必须遵守的规定；黄色表示警告、注意；绿色表示指示、安全状态、通行。

为使安全色更加醒目的反衬色叫对比色。国家规定的对比色是黑白两种颜色。

安全色与其对应的对比色是：红一白、黄一黑、蓝一白、绿一白。

黑色用于安全标志的文字、图形符号和警告标志的几何图形。白色作为安全标志的几何图形，也作为安全标志红、蓝、绿色的背景色，还可用于安全标志的文字和图形符号。

在电气上用黄、绿、红三色分别代表 L1、L2、L3 三个相序；涂成红色的电器外壳表示其外壳有电；灰色的电器外壳表示其外壳接地或接零；线路上蓝色代表工作零线；明敷接地扁钢或圆钢涂黑色。用黄绿双色绝缘导线代表保护零线。直流电中红色代表正极，蓝色代表负极，信号和警告回路用白色。

安全标志是提醒人员注意或按标志上注明的要求去执行，保障人身和设施安全的重要措施。安全标志一般设置在光线充足、醒目、稍高于视线的地方。

对于隐蔽工程（如埋地电缆），在地面上要有标志桩或依靠永久性建筑挂标志牌，注明工程位置。对于容易被人忽视的电气部位，如封闭的架线槽、设备上的电气盒，要用红漆画上电气箭头。另外，在电气工作中还常用标志牌，以提醒工作人员不得接近带电部分、不得随意改变隔离开关的位置等。

四、人身接触电击防护

为搞好安全用电，必须采取先进的防护措施和管理措施，防止人体直接或间接地接触带电体发生电击事故。

（一）直接接触电击防护

绝缘、遮栏和阻挡物、电气间隙和安全距离、剩余电流保护等都是防止直接接触电击的防护措施。

1. 绝缘

绝缘是指用绝缘材料把带电体封闭起来，实现带电体相互之间、带电体与其他物体之间的电气隔离，使电流按指定路径通过，确保电气设备和线路正常工作，防止人身触电。

（1）绝缘材料。常用的绝缘材料有玻璃、云母、木材、塑料、橡胶、胶木、布、纸、漆、六氟化硫等。绝缘保护性能的优劣决定于材料的绝缘性能。绝缘性能主要用绝缘电阻、耐压强度、泄漏电流和介质损耗等指标来衡量。绝缘电阻大小用绝缘电阻表测量；耐压强度由耐压试验确定；泄漏电流和介质损耗分别由泄漏试验和能耗试验确定。

对绝缘材料施加的直流电压与泄漏电流之比称为绝缘电阻。绝缘电阻是最基本的绝缘性能指标。应当注意，绝缘材料在腐蚀性气体、蒸汽、潮气、粉尘、机械损伤的作用下都会使绝缘性能降低或丧失。很多良好的绝缘材料在受潮后都会丧失绝缘性能。

电气设备和线路的绝缘保护必须与电压等级相符，各种指标应与使用环境和工作条件相适应。此外，为了防止电气设备的绝缘损坏而带来的电气事故，还应加强对电气设备的绝缘检查，及时消除缺陷。

（2）绝缘击穿。绝缘物在强电场的作用下被破坏，丧失绝缘性能，这种击穿现象叫做击穿。击穿时的电压叫做击穿电压，击穿时的电场强度叫做材料的击穿电场强度或击穿强度。气体绝缘击穿后都能自行恢复绝缘性能，固体绝缘击穿后不能恢复绝缘性能。

固体绝缘还有热击穿和电化学击穿。热击穿是绝缘物在外加电压作用下，由于流过泄漏电流引起温度过分升高所导致的击穿。电化学击穿是由于游离、化学反应等因素的综合作用所导致的击穿。热击穿和电化学击穿电压都比较低，但电压作用时间都比较长。

绝缘物除因击穿而破坏外，腐蚀性气体、蒸汽、潮气、粉尘、机械损伤也都会降低其绝缘性能或导致破坏。在正常工作的情况下，绝缘物也会逐渐"老化"而失去绝缘性能。

（3）绝缘电阻。绝缘电阻是最基本的绝缘性能指标。足够的绝缘电阻能把电气设备的泄漏电流限制在很小的范围内，防止由漏电引起的触电事故。

不同的线路或设备对绝缘电阻有不同的要求。一般来说，高压比低压要求高，新设备比老设备要求高，移动的比固定的要求高等。下面列出几种主要线路和设备应当达到的绝缘电阻值。

新装和大修后的低压线路和设备，要求绝缘电阻不低于 $0.5\mathrm{M}\Omega$。实际上设备的绝缘电阻值应随温升的变化而变化，运行中的线路和设备要求可降低为每伏工作电压 1000Ω，在潮湿的环境中要求可降低为每伏工作电压 500Ω。

携带式电气设备的绝缘电阻不低于 $2\mathrm{M}\Omega$。

配电盘二次线路的绝缘电阻不应低于 $1\mathrm{M}\Omega$，在潮湿环境中可降低为 $0.5\mathrm{M}\Omega$。

高压线路和设备的绝缘电阻一般不应低于 $1000\mathrm{M}\Omega$。

架空线路每个悬式绝缘子的绝缘电阻不应低于 $300\mathrm{M}\Omega$。

运行中电缆线路的绝缘电阻如为 3、$6\sim10$、$20\sim35\mathrm{kV}$，参考值分别为 $300\sim750$、$400\sim1000$、$600\sim1500\mathrm{M}\Omega$。干燥季节应取较大的数值，潮湿季节可取较小的数值。

电力变压器投入运行前，绝缘电阻不应低于出厂时的 70%，运行中可适当降低。

对于电力变压器、电力电容器、交流电动机等高压设备，除要求测量其绝缘电阻外，为了判断绝缘的受潮情况，还要求测量吸收比 R_{60}/R_{15}，吸收比是指从开始测量起 60s 的绝缘电阻 R_{60} 对 15s 的绝缘电阻 R_{15} 的比值。绝缘受潮以后，绝缘电阻降低，而且极化过程加快，由极化过程决定的吸收电流衰减变快，亦即测量得到的绝缘电阻上升变快。因此，绝缘受潮以后 R_{15} 比较接近 R_{60}。而对于干燥的材料，R_{60} 比 R_{15} 大得多。一般没有受潮的绝缘，吸收比应大于 1.3；受潮或有局部缺陷的绝缘，吸收比接近于 1。

将带电体进行绝缘，以防止与带电部分有任何接触的可能，是防止人身直接接触电击的基本措施之一。任何电气设备和装置，都应根据其使用环境和条件，对带电部分进行绝缘防护，绝缘性能都必须满足该设备国家现行的绝缘标准。为保证人身安全，一方面要选用合格的电气设备或导线，另一方面要加强设备检查，掌握设备绝缘性能，发现问题及时处理，防止发生电击事故。

电气工作人员在工作中应尽可能停电操作，操作前要验电，防止突然来电，并与附近没停电设备保持安全距离。如确实需要在低压情况下带电工作，要遵守带电作业的相关规定。在绝缘站台、垫上工作，穿绝缘鞋、戴绝缘手套，使用有绝缘手柄的工具等都是防止人接入电流回路、电流流过人体发生电击的绝缘措施。

2. 屏护

屏护就是遮栏、护罩、护盖等将带电体隔离，控制不安全因素，防止人员无意识地触及或过分接近带电体。在屏护上还要有醒目的带电标识，使人认识到越过屏护会有电击危险而不故意触及。采用阻挡物进行保护时，对于设置的障碍必须防止这样两种情况的发生：一是身体无意识地接近带电部分；二是在正常工作中，无意识地触及运行中的带电设备。

屏护应牢固地固定在应有的位置，有足够的稳定性和持久性，在带电体之间保持足够的安全距离。需要移动或打开屏护时，必须使用钥匙等专用工具，还应有可靠的闭锁，保证在供电确已切断、设备无电的情况下才能打开屏护，屏护恢复后方可恢复供电。这些都能保证人体直接接触带电体而造成的直接电击。

遮栏和外护物在技术上必须遵照有关规定进行设置。开关电器的可动部分一般不能包以绝缘，而需要屏护。其中，防护式开关电器本身带有屏护装置，如胶盖闸刀的胶盖、铁壳开关的铁壳等。开启式石板闸刀开关要另加屏护装置。开启裸露的保护装置或其他电气设备也需要加设屏护装置。某些裸露的线路，如人体可能触及或接近的天车滑线或母线也需要加设屏护装置。对于高压设备，由于全部绝缘往往有困难，如果人接近至一定程度时，即会发生严重的电击事故，因此，不论高压设备是否绝缘，均应采取屏护或其他防止接近的措施。

开关电器的屏护装置除作为防止触电的措施外，还是防止电弧伤人、防止电弧短路的重要措施。

屏护装置有永久性屏护装置，如配电装置的遮栏、开关的罩盖等，也有临时性屏护装置，如检修工作中使用的临时屏护装置和临时设备的屏护装置。有固定屏护装置，如母线的护网，也有移动屏护装置，如跟随天车移动的天车滑线的屏护装置。

屏护装置不直接与带电体接触，对所用材料的电气性能没有严格要求。屏护装置所用材料应有足够的机械强度和良好的耐火性能。

在实际工作中，可根据具体情况，采用板状屏护装置或网眼屏护装置。网眼屏护装置的网眼不应大于 20mm×20mm～40mm×40mm。

变配电设备应有完善的屏护装置。安装在室外地上的变压器及车间或公共场所的变配电装置，均需装设遮栏或栅栏作为屏护。遮栏高度不应低于 1.7m，下部边缘离地不应超过 0.1m。对于低压设备，网眼遮栏与裸导体的距离不宜小于 0.15m。10kV 设备不宜小于 0.35m，20～35kV 设备不宜小于 0.6m。户内临时栅栏高度不应低于 1.2m，户外不低于 1.5m。对于低压设备，栅栏与裸导体距离不宜小于 0.8m，栏条间距离不应超过 0.2m。户外变电装置的围墙高度一般不应低于 2.5m。

凡用金属材料制成的屏护装置，为了防止屏护装置意外带电造成触电事故，必须将屏护装置接地或接零。

3. 电气间距

为了防止人体触及或接近带电体造成触电事故，避免车辆或其他器具碰撞或过分接近带电体造成事故，防止火灾、过电压放电和各种短路事故，且为了操作方便，在带电体与地面之间、带电体与其他设施和设备之间、带电体与带电体之间均需保持一定的安全距离。安全距离的大小决定于电压的高低、设备的类型、安装的方式等因素。

(1) 线路间距。架空线路导线与地面或水面、导线与建筑物、导线与树木的距离不应低于表 3-1 所列的数值。

其中，架空线路应避免跨越建筑物，不应跨越燃烧材料作屋顶的建筑物。架空线路必须跨越建筑物时，应与有关部门协商并取得有关部门的同意。架空线路应与有爆炸危险的厂房和有火灾危险的厂房保持必要的防火间距。架空线路与铁道、道路、管道、索道及其他架空线路之间的距离应符合有关规程的规定。

检查以上各项距离均需考虑到当地温度、覆冰、风力等气象条件的影响。

表 3-1   导线与相邻物的最小距离 （m）

导线与相邻物	线 路 经 过 地 区	线路电压（kV）		
		1以下	10	35
导线与地面或水面	居民区	6	6.5	7
	非居民区	5	5.5	6
	交通困难地区	4	4.5	5
	不能通航或浮运的河、湖冬季水面（或冰面）	5	5	5.5
	不能通航或浮运的河、湖最高水面（50年一遇的洪水水面）	3	3	3
导线与建筑物	垂直距离	2.5	3.0	4.0
	水平距离	1.0	1.5	3.0
导线与树木	垂直距离	1.0	1.5	3.0
	水平距离	1.0	2.0	—

几种线路同杆架设时应取得有关部门同意，而且必须保证：

1）电力线路在通信线路上方，高压线路在低压线路上方。

2）通信线路与低压线路之间的距离不得小于 1.5m；低压线路之间不得小于 0.6m；低压线路与 10kV 高压线路之间不得小于 1.2m；10kV 高压线路与 10kV 高压线路之间不得小于 0.8m。

10kV 接户线对地距离不应小于 4.0m；低压接户线对地距离应小于 2.5m；低压接户线跨越通车街道时，对地距离不应小于 6m；跨越通车困难的街道或人行道时，不应小于 3.5m。

户内电气线路的各项间距应符合有关规程的要求和安装标准。

直接埋地电缆的埋设深度不应小于 0.7m。

（2）设备间距。变配电设备各项安全距离一般不应小于表 3-2 所列的数值。

表 3-2   变配电设备的最小允许距离 （mm）

额定电压（kV）		1以下	1~3	6	10	20	35	60
不同相带电部分之间及带电部分与接地部分之间	户外	75	200	200	200	300	400	500
	户内	20	75	100	125	180	300	550
带电部分至板状遮栏	户内	50	105	130	155	210	330	580
带电部分至网状遮栏	户外	175	300	300	300	400	500	700
	户内	100	175	200	225	280	400	650
带电部分至栅栏	户外	825	950	950	950	1050	1150	1350
	户内	800	825	850	875	930	1050	1300
无遮栏裸导体至地面	户外	2500	2700	2700	2700	2800	2900	3100
	户内	2500	2500	2500	2500	2500	2600	2850
需要不同时停电检修的无遮栏裸导体之间	户外	2000	2200	2200	2200	2300	2400	2600
	户内	1875	1875	1900	1925	1980	2100	2350

表 3-2 中需要不同时停电检修的无遮栏裸导体之间的距离一般是指水平距离，如指垂直距离，35kV 以下者可减为 1000mm。

室内安装的变压器，其外廓与变压器室四壁应留有适当距离。变压器外廓至后壁及侧壁的距离，容量 1000kVA 及以下者不应小于 0.6m，容量 1250kVA 及以上者不应小于 0.8m，变压器外廓至门的距离，分别不应小于 0.8m 和 1.0m。

配电装置的布置，应考虑设备搬运、检修、操作和试验方便。为了工作人员的安全，配电装置需保持必要的安全通道。低压配电装置正面通道的宽度，单列布置时不应小于 1.5m，双列布置时不应小于 2m。

低压配电装置背面通道应符合以下要求：

1）宽度一般不应小于 1m，有困难时可减为 0.8m。

2）通道内高度低于 2m 无遮栏的裸导电部分与对面墙或设备的距离不应小于 1m；与对面其他裸导电部分的距离不应小于 1.5m。

3）通道上方裸导电部分的高度低于 2.3m 时，应加遮护，遮护后的通道高度不应低于 1.9m。

4）配电装置长度超过 6m 时，屏后应有两个通向本室或其他房间的出口，且其间距离不应超过 15m。

室内吊灯灯具的高度一般应大于 2.5m；受条件限制时可减为 2.2m，如果还要降低，应采取适当安全措施。当灯具在桌面上方或其他人碰不到的地方时，高度可减为 1.5m。户外照明灯具一般不应低于 3m，墙上灯具高度允许减为 2.5m。

（3）检修间距。安全间距是指在检修中为了防止人体及其所携带的工具触及或接近带电体，而必须保持的最小距离。安全间距的大小决定于电压的高低、设备的类型以及安装的方式等因素。

在低压工作中，人体或其所携带的工具与带电体的距离不应小于 0.1m。在架空线路附近进行起重工作时，起重机具（包括被吊物）与低压线路导线的最小距离为 1.5m。

在高压无遮栏操作中，人体及其所携带工具与带电体之间的距离不应小于下列数值：

10kV 及以下	0.7m
20～35kV	1.0m

用绝缘棒操作时，上述距离可减为：

10kV 及以下	0.4m
20～35kV	0.6m

在线路上工作时，人体及其所携带的工具等与临近带电线路的最小距离不应小于下列数值：

10kV 及以下	1.0m
35kV	2.5m

如不足上述数值时，临近线路应停电。

工作中使用喷灯或气焊时，其火焰不得喷向带电体，火焰与带电体的最小距离不得小于下列数值：

10kV 及以下	1.5m
35kV	3.0m

4. 安全电压

安全电压是指不会使人发生电击危险的电压。通过人体的电流决定于加于人体的电压和人体电阻，安全电压就是根据人体允许通过的电流与人体电阻的乘积为依据确定的。国际电工委员会按照人体中值电阻 1700Ω 和人体允许通过工频交流电流 $30mA \cdot s$，规定工频交流有效值安全电压为 50V。我国规定的安全电压有效值限值为工频交流 50V、直流 72V，工频交流有效值的额定值是 42、36、12、6V。

采用安全电压并不意味着绝对安全。如人体在汗湿、皮肤破裂等情况下长时间触及电源，也可能发生电击伤害。我国标准还推荐，当接触面积大于 $1cm^2$、接触时间超过 1s 时，干燥环境中工频电压有效值的限值为 33V，直流电压的限值为 70V；潮湿环境中工频电压有效值的限值为 16V、直流电压的限值为 35V。

（二）间接接触电击保护

1. 安全接地

安全接地是为防止电力设施或电气设置绝缘损坏、危及人身安全而设置的保护接地；为消除生产过程中产生的静电积累，引起电击或爆炸而设的静电接地；为防止电磁感应而对设备的金属外壳、屏蔽罩或屏蔽线外皮所进行的屏蔽接地等。

保护接地是将一切正常时不带电而在绝缘损坏时可能带电的金属部分（如各种电气设备的金属外壳、配电装置的金属构架等）与独立的接地装置相连，从而防止工作人员触及时发生电击事故。它是防止间接接触电击的一种技术措施。

保护接地是利用接地装置足够小的接地电阻值，降低故障设备外壳可导电部分对地电压，减小人体触及时流过人体的电流，达到防止接触电压电击的目的。接地电阻包括导体电阻、接地体电阻、土壤散流电阻部分。

低压配电的接地形式，可分为 IT、TT、TN（TN—C、TN—S、TN—C—S）三类。第一个字母：T—电源中性点直接接地；I—电源中性点不直接接地。第二个字母：T—用电设备采用保护接地；N—用电设备采用保护接零。第三个字母：C—整个系统中性线与保护接零线共用，为保护中性线 PEN；S—整个系统中性线与保护接零线分开；C—S—系统中部分中性线与保护接零线共用。

2. IT 系统（中性点不接地系统）的保护接地

在 IT 系统中，用电设备一相绝缘损坏，外壳带电。如图 3-28（a）所示若设备外壳没有接地，则设备外壳上将长期存在着电压（接近于相电压），当人体触及到电气设备外壳时，就有电流流过人体。如图 3-28（b）所示采用保护接地，保护接地电阻 R_b 与人体电阻 R_r 并联，由于 $R_b \ll R_r$，人体触及设备外壳时流过的电流也大大降低。由此可见，只要适当地选择 R_b 即可避免人体电击。

IT 系统主要适用于各种不接地配电网，包括不接地低压配电网、不接地高压配电网和不接地直流配电网。

3. TT 系统（中性点直接接地系统）的保护接地

TT 系统中，若不采用保护接地，如图 3-29（a）所示当人体接触一相碰壳的电气设备时，人体相当于发生单相电击，作用于人体电压 $U_{jc} = 220V$，可以使人致命。

若采用如图 3-29（b）所示保护接地，电流将经人体电阻 R_r 和设备接地电阻 R_b 的并联支路、电源中性点接地电阻、电源形成回路，人体的接触电压为 110V，对人身安全仍有

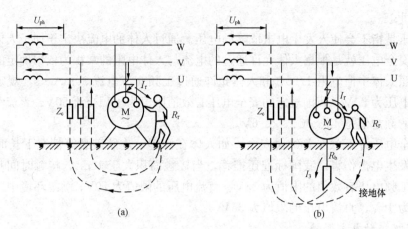

图 3-28　中性点不接地系统的保护接地原理

(a) 没采用保护接地时；(b) 采用保护接地时

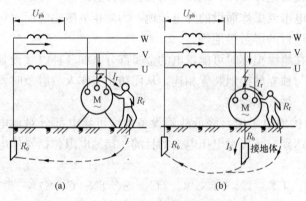

图 3-29　TT 系统保护接地原理

(a) 无保护接地时；(b) 有保护接地时

致命的危险。所以，在中性点直接接地的低压系统中，电气设备的外壳采用保护接地，仅能减轻电击的危险程度，并不能保证人身安全；对于一般的过流保护，实现速断是不可能的。因此，一般情况下不能采用 TT 系统，如确有困难不得不采用，则必须将故障持续时间限制在允许范围内。在 TT 系统中，故障最大持续时间原则上不得超过 5s。

TT 系统主要用于低压共用用户，即用于未装备配电变压器，从外面引进低压电源的小型用户。

4. TN 系统（保护接零）的保护接地

目前，我国地面上低压配电网绝大多数都采用中性点直接接地的三相四线配电网。在这种配电网中，TN 系统是应用最多的配电及防护方式在中性点直接接地的低压供电网络。

图 3-30 所示系统是电源系统有一点直接接地，负载设备的外露导电部分通过保护导体连接到此接地点的系统，即采取接零措施的系统。字母"T"和"N"分别表示配电网中性点直接接地和电气设备金属外壳接零。设备金属外壳与保护零线连接的方式称为保护接零。

在这种系统中，当某一相线直接连接设备金属外壳时，即形成单相短路。短路电流促使线路上的短路保护装置迅速动作，在规定时间内将故障设备断开电源，消除电击危险。

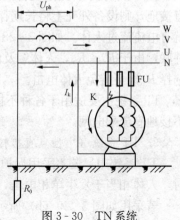

图 3-30　TN 系统

5. 安全接地注意事项

安全接地应注意以下问题：

（1）一系统（同一台变压器或同一台发电机供电的系统）中，只能采用一种安全接地的方式。

（2）零线的主干线不允许装设开关或熔断器。

（3）各设备的保护接零线不允许串接，应各自与零线的干线直接相连。

（4）在低压配电系统中，不准将三眼插座上接电源零线的孔同接地线的孔串接，否则零线松掉或折断，就会使设备金属外壳带电；若零线和相线接反，也会使外壳带上危险电压。

（三）剩余电流保护装置

剩余电流动作保护装置，是指电路中带电导线对地故障所产生的剩余电流超过规定值时，能够自动切断电源或报警的保护装置，包括各类带剩余电流保护功能的断路器、移动式剩余电流保护装置和剩余电流动作电气火灾监控系统、剩余电流继电器及其组合电器等。

低压配电系统中装设剩余电流动作保护装置是防止直接接触电击事故和间接接触电击事故的有效措施之一，也是防止电气线路或电气设备接地故障引起电气火灾和电气设备损坏事故的技术措施。但安装剩余电流动作保护装置后，仍应以预防为主，并应同时采取其他各项防止电击事故和电气设备损坏事故的技术措施。

剩余电流动作保护装置保护功能：

（1）直接接触电击保护。在直接接触电击保护中，剩余电流保护装置在基本保护措施失效时，可作为直接接触电击保护的补充保护或后备保护措施（不包括对相与相、相与中性线间直接接触电击事故防护）。用于直接接触电击事故防护时，应选用一般型（无延时）的剩余电流动作保护装置。其额定剩余动作电流不超过 30mA。

（2）间接接触电击保护。间接接触电击保护最有效的措施是自动切断电源，而剩余电流保护装置用来进行间接接触电击的保护。当电气装置的任何部分发生绝缘故障时，人体一旦接触其外露导体时接触电压不应超过 50V，一旦接触电压超过 50V 时必须在规定的时间内自动切断故障的电源。

（3）接地故障保护。接地故障是带电导体和大地、接地的金属外壳或与地有联系的构件之间的接触。

在 TT 系统中，对额定电流较大的线路，并且配电线路较长时，发生接地故障的故障电流有可能小于过电流保护的动作整定电流，这时过电流保护装置就不会动作。这种情况下，应采用剩余电流保护装置（或带接地故障保护的断路器）进行接地故障保护。

在 TN 系统中，发生金属性短路在线路较长和额定电流较大时，过电流保护装置也有可能不动作。采用剩余电流保护装置，能可靠进行接地故障保护。

（4）剩余电流保护装置对电网的要求。根据 GB 13955—2005《剩余电流动作保护装置安装和运行》中的规定，低压系统中安装剩余电流动作保护装置已成为强制性标准。对于保护装置负荷侧的中性线，只能作为中性线，不得与其他回路共用，且不能重复接地。除非因线路运行需要必须有重复接地时，不应将剩余电流动作保护装置作为线路侧电源保护。

在 TN 系统中，必须将 TN—C 系统改造为 TN—C—S、TN—S 系统或局部 TT 系统后，才可安装剩余电流动作保护装置。在 TN—C—S 系统中，剩余电流动作保护装置只允许使用在 N 线与 PE 线分开部分。

五、安全电压及双重绝缘

安全电压是指不会使人发生电击危险的电压。通过人体的电流取决于加于人体的电压和人体电阻，安全电压就是根据人体允许通过的电流与人体电阻的乘积为依据确定的。我国规定的安全电压有效值限值为工频交流有效值 50V，直流 72V。工频交流有效值的额定值是 42、36、12、6V。

采用安全电压并不意味绝对安全，如人体在汗湿、皮肤破裂等情况下长时间触及电源，也可能发生电击伤害。我国标准还推荐，当接触面积大于 1cm、接触时间超过 1s 时，干燥环境中工频电压有效值的限值为 33V，直流电压的限值为 70V；潮湿环境中工频电压有效值的限值为 16V、直流电压的限值为 35V。

电气工具分为Ⅰ、Ⅱ、Ⅲ类。Ⅰ类工具是需要进行保护接地或保护接零的附加安全措施；Ⅱ类工具是指在防止触电保护方面属于双重绝缘，不需要采用接地或接零保护。双重绝缘是指除基本绝缘之外，还有一层独立的附加绝缘，用来保证基本绝缘损坏时，防止金属外壳带电，保护操作者；Ⅲ类工具是指采用安全电压的工具，由独立电源或具备双绕组的变压器供电，一般不易发生电击事故。

第四节　电气安全工作一般措施

一、电气工作安全组织措施

在电气设备线路上工作，保证安全的组织措施有以下六种。

1. 工作票制度

工作票系指将需要检修、试验的设备填写在具有固定格式的书面上，以作为进行工作的书面联系，这种印有电气工作固定格式的书页称为工作票。工作票制度是指在电气设备上进行任何电气作业，都必须填用工作票，并依据工作票布置安全措施和办理开工、终结手续，这种制度称为工作票制度。

紧急事故处理可不填写工作票，但应填写事故应急抢修单，履行许可手续，做好安全措施，执行监护制度。口头指令应记载在值班记录中，主要内容为工作任务、人员、时间及注意事项等。

非连续进行的事故修复工作应使用工作票。例如《国家电网公司安全生产规程》规定，事故应急抢修处理结束超过 8h（城区 4h）不能恢复供电应转入事故抢修，补填工作票并履行正常工作手续；如果夜间抢修作业至第二天上午 10 时仍需进行，应补办工作票并履行工作许可手续。

（1）工作票种类及适用范围。现有变电站（发电厂）、电力线路、电力电缆、电力线路带电作业第一、二种工作票，变电站一、二级动火工作票，变电站（发电厂）应急抢修单，此处只介绍变电站（发电厂）、电力线路的第一、二种工作票。

1）第一种工作票。填用第一种工作票的工作为：在高压电气设备（包括线路）上工作，需要全部停电或部分停电；在高压室内的二次接线和照明回路上工作，需要将高压设备停电或做安全措施。

①变电站（发电厂）第一种工作票格式如下：

变电站（发电厂）第一种工作票

单位_____ 编号_____

1. 工作负责人（监护人）_____班组_____

2. 工作班人员（不包括工作负责人）

_____

_____

_____ 共_____人

3. 工作的变、配电站名称及设备双重名称

_____

4. 工作任务

工作地点及设备双重名称	工作内容

5. 计划工作时间

自___年___月___日___时___分

至___年___月___日___时___分

6. 安全措施（必要时可附页绘图说明）

应拉断路器（开关）、隔离开关（刀闸）	已执行*
应装接地线、应合接地刀闸（注明确实地点、名称及接地线编号*）	已执行
应设遮栏、应挂标示牌及防止二次回路误碰等措施	已执行

* 已执行栏目及接地线编号由工作许可人填写。

工作地点保留带电部分或注意事项（由工作票签发人填写）	补充工作地点保留带电部分和安全措施（由工作许可人填写）

工作票签发人签名_____　签发日期___年___月___日___时___分

7. 收到工作票时间___年___月___日___时___分

　　运行值班人员签名_____　工作负责人签名_____

8. 确认本工作票1～7项

　　工作负责人签名_____　工作许可人签名_____

　　许可开始工作时间___年___月___日___时___分

9. 确认工作负责人布置的工作任务和安全措施

　　工作班组人员签名：

　　_____

　　_____

　　_____

10. 工作负责人变动情况

　　原工作负责人_____离去，变更_____为工作负责人

　　工作票签发人_____　___年___月___日___时___分

11. 工作人员变动情况（变动人员姓名、日期及时间）

　　_____

　　_____

　　_____

　　　　　　　　　　　　　　　　　　　工作负责人签名_____

12. 工作票延期

　　有效期延长到___年___月___日___时___分

　　工作负责人签名_____　___年___月___日___时___分

　　工作许可人签名_____　___年___月___日___时___分

13. 每日开工和收工时间（使用一天的工作票不必填写）

收工时间				工作负责人	工作许可人	开工时间				工作许可人	工作负责人
月	日	时	分			月	日	时	分		

14. 工作终结

　　全部工作于___年___月___日___时___分结束，设备及安全措施已恢复至开工前状态，工作人员已全部撤离，材料工具已清理完毕，工作已终结。

　　工作负责人签名_____　工作许可人签名_____

15. 工作票终结

临时遮栏、标示牌已拆除，常设遮栏已恢复。未拆除或未拉开的接地线编号_____等共____组、接地刀闸（小车）共____副（台），已汇报调度值班员。

工作许可人签名_____ ____年____月____日____时____分

16. 备注

(1) 指定专责监护人_____负责监护_____ （地点及具体工作）

(2) 其他事项_____

_____

_____

②电力线路第一种工作票格式如下：

电力线路第一种工作票

单位_____ 编号_____

1. 工作负责人（监护人）_____ 班组_____

2. 工作班人员（不包括工作负责人）

_____共_____人

3. 工作的线路或设备双重名称（多回路应注明双重称号）

_____

4. 工作任务

工作地点或地段 （注明分、支线路名称、线路的起止杆号）	工 作 内 容

5. 计划工作时间

自____年____月____日____时____分

至____年____月____日____时____分

6. 安全措施（必要时可附页绘图说明）

6.1 应改为检修状态的线路间隔名称和应拉开的断路器（开关）、隔离开关（刀闸）、熔断器（包括分支线、用户线路和配合停电线路）：_____

_____

6.2 保留或邻近的带电线路、设备：_____

_____

_____

6.3 其他安全措施和注意事项：_____

_____

6.4 应挂的接地线

线路名称及杆号						
接地线编号						

工作票签发人签名_____   ___年___月___日___时___分

工作负责人签名_____   ___年___月___日___时___分收到工作票

7. 确认本工作票1～6项，许可工作开始

许可方式	许可人	工作负责人签名	许可工作的时间
			年 月 日 时 分
			年 月 日 时 分
			年 月 日 时 分

8. 确认工作负责人布置的工作任务和安全措施

工作班组人员签名：

_____

_____

_____

9. 工作负责人变动情况

原工作负责人_____离去，变更_____为工作负责人。

工作票签发人签名_____   ___年___月___日___时___分

10. 工作人员变动情况（变动人员姓名、日期及时间）

_____

_____

_____

_____

工作负责人签名_____

11. 工作票延期

有效期延长到 ___年___月___日___时___分

工作负责人签名_____   ___年___月___日___时___分

工作许可人签名_____   ___年___月___日___时___分

12. 工作票终结

12.1 现场所挂的接地线编号_____ 共___组，已全部拆除、带回。

12.2 工作终结报告

终结报告的方式	许可人	工作负责人签名	终结报告时间
			年 月 日 时 分
			年 月 日 时 分
			年 月 日 时 分

13. 备注

(1) 指定专责监护人_____ 负责监护_____

_____ (人员、地点及具体工作)

(2) 其他事项_____

_____

_____

    2) 第二种工作票。填用第二种工作票的工作为：带电作业和在带电设备外壳（包括线路）上工作；在控制盘、低压配电盘、低压配电箱、低压电源干线（包括运行中的配电变压器台上或配电变压器室内）上工作；在二次接线回路上工作，无需将高压设备停电；在转动中的发电机、同期调相机的励磁回路或高压电动机转子电阻回路上工作；非当班值班人员用绝缘棒和电压互感器定相或用钳形电流表测量高压回路的电流。

    ① 变电站（发电厂）第二种工作票格式如下：

变电站（发电厂）第二种工作票

单位_____ 编号_____

1. 工作负责人（监护人）_____ 班组_____

2. 工作班人员（不包括工作负责人）

_____

_____

_____共_____人

3. 工作的变、配电站名称及设备双重名称

_____

4. 工作任务

工作地点或地段	工作内容

5. 计划工作时间

自___年___月___日___时___分

至___年___月___日___时___分

6. 工作条件（停电或不停电，或邻近及保留带电设备名称）

_____

_____

7. 注意事项（安全措施）_____

_____

_____

工作票签发人签名_____ 签发日期___年___月___日___时___分

8. 补充安全措施（工作许可人填写）

_____

_____

9. 确认本工作票 1~8 项

工作负责人签名_____　　工作许可人签名_____

许可工作时间___年___月___日___时___分

10. 确认工作负责人布置的工作任务和安全措施

工作班人员签名：

_____

_____

_____

11. 工作票延期

有效期延长到___年___月___日___时___分

工作负责人签名_____　　___年___月___日___时___分

工作许可人签名_____　　___年___月___日___时___分

12. 工作票终结

全部工作于___年___月___日___时___分结束，工作人员已全部撤离，材料工具已清理完毕。

工作负责人签名_____　　___年___月___日___时___分

工作许可人签名_____　　___年___月___日___时___分

13. 备注

_____

_____

_____

②电力线路第二种工作票格式如下：

电力线路第二种工作票

单位_____　　编号_____

1. 工作负责人（监护人）_____　　班组_____

2. 工作班人员（不包括工作负责人）

_____

_____共_____人

3. 工作任务

线路或设备名称	工作地点、范围	工作内容

4. 计划工作时间

自___年___月___日___时___分

至___年___月___日___时___分

5. 注意事项（安全措施）

_____

_____

工作票签发人签名_____　　____年___月___日___时___分

工作负责人签名_____　　　____年___月___日___时___分

6. 确认工作负责人布置的工作任务和安全措施

工作班组人员签名：

7. 工作开始时间___年___月___日___时___分　工作负责人签名_____

　　工作完工时间___年___月___日___时___分　工作负责人签名_____

8. 工作票延期

有效期延长到___年___月___日___时___分

9. 备注

3）口头命令。对于无需填用工作票的工作，可以通过口头或电话命令的形式向有关人员进行布置和联系。如注油、取油样、测接地电阻、悬挂警告牌、电气值班员按现场规程规定所进行的工作、电气检修人员在低压电动机和照明回路上工作等均可根据口头或电话命令执行。

（2）工作票的正确填写与签发。工作票由签发人填写，也可以由工作负责人填写。工作票要使用钢笔或圆珠笔填写，一式两份，填写应正确清楚，不得任意涂改，如有个别错、漏字需要修改时，允许在错、漏处将两份工作票作同样修改，字迹应清楚。填写工作票时，应查阅电气一次系统图，了解系统的运行方式，对照系统图，填写工作地点及工作内容、填写安全措施和注意事项。

下列情况可以只填写一张工作票：

1）工作票上所列的工作地点，以一个电气连接部分为限的可填写一张工作票。一个电气连接部分，是指配电装置中的一个电气单元，它通过隔离开关与其他电气部分作截然的分开，由连接在同一电气回路中的多个电气元件组成，是连接在同一电气回路中所有设备的总称。如图 3-31 所示，变压器 TM 回路、电动机 M 回路均为一个电气连接部分，TM 回路由高压隔离开关 QS11、高压断路器 QF1、变压器 TM、低压断路器 Q 及低压刀开关 QK 组成一个电气连接部分，该电气连接部分中任一电气元件检修时，均可填写一张工作票。这是因为在同一电气连接部分的两端（或各侧）施以适当的安全措施，可以防止其他电源的串入，保证工作时的人身安全。

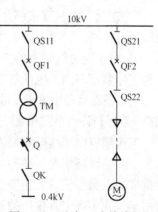

图 3-31　电气一次接线图

2）若一个电气连接部分或一个配电装置全部停电，则所有不同地点的工作，可以填写一张工作票，但要详细填明主要工作内容。几个班同时进行工作时，在工作票工作负责人栏内填写总负责人的名字，在工作班成员栏内只填明各班的负责人，不必填写全部工作人员的名单。

例如：图 3-31 中，一个电气连接部分 M 回路中的 QF2、QS22、电缆、电动机 M 均检修，并同时工作，可填写一张工作票。QS22、QF2 由检修班组 1 检修，电缆由检修班组 2 检修，电动机 M 由检修班组 3 检修。电动机 M 的工作负责人可以作总负责人，将其名字填写在工作负责人栏内，在工作班人员栏内只填写检修班 1、2 工作负责人的名字，其他工作人员名字不填写。在工作内容和工作地点栏内填写检修 QF1、QS22、电缆、电动机 M 等主要内容，每一个电气元件都为一个工作地点。

配电装置按布置型式不同，可分为室内和室外配电装置；按电压等级不同分为 0.4、3、6、10、35、110、220、330、500、750kV 配电装置。上述每个型式和每个电压等级的配电装置均称为一个配电装置。当一个配电装置全部停电时，配电装置的各组成部分可同时检修，只是工作地点和电气连接部分的不同，此时，所有不同地点和不同电气连接部分的工作，可以填写一张工作票。

若配电装置非完全停电，但对带电的引入线间隔采取可靠的安全措施，则对所有不同地点的工作也可填写一张工作票。

3）若检修设备属于同一电压、位于同一楼层、同时停送电，且工作人员不会触及带电导体时，则允许在几个电气连接部分共用一张工作票。开工前应将工作票内的全部安全措施一次做完。

例如：某 10kV 配电装置母线上接有多个电气连接部分，当满足上述条件时，10kV 母线上的几个电气连接部分同时检修可以共用一张工作票。若 10kV 母线不停电，则几个电气连接部分上的检修工作应分别填写工作票。反之，若 10kV 母线停电，则 10kV 母线上几个电气连接部分及母线同时检修时，可共用一张工作票，但开工前，工作票内的全部安全措施应一次做完。

4）如果一台主变压器停电检修，其各侧断路器也一起检修，能同时停送电，虽然其不属于同一电压，为简化安全措施，也可共用一张工作票。开工前应将工作票内的全部安全措施一次做完。

5）在几个电气连接部分上依次进行不停电的同一类型工作，如对各设备依次进行仪表校验，可填写一张第二种工作票。

6）对于电力线路上的工作，一条线路或同杆架设且同时停送电的几条线路填写一张第一种工作票；对同一电压等级、同类型工作，可在数条线路上共用一张第二种工作票。

当设备在运行中发生了故障或严重缺陷需要进行紧急事故抢修时，可不使用工作票，但应同样认真履行许可手续和做好安全措施。设备若转入正常事故检修，则仍应按要求填写工作票。

工作票应由工作票签发人签发。工作票签发人应由车间、工区（变电站）熟悉人员技术水平、熟悉设备情况、熟悉《电业安全工作规程》的生产领导人、技术人员或经主管生产领导批准的人员担任。工作票签发人员名单应书面公布。工作票负责和工作许可人（值班员）应由车间或工区主管生产的领导书面批准。

2. 工作许可制度

工作许可制度是指在电气设备上进行停电或不停电工作，事先都必须得到工作许可人的许可，并履行许可手续后方可工作的制度。

工作负责人、工作许可人任何一方不得擅自变更安全措施，值班人员不得变更有关检修设备的运行接线方式。工作中如有特殊情况需要变更时，应事先取得对方的同意。

工作许可人应完成下述工作：

（1）审查工作票。工作许可人对工作负责人送来的工作票应进行认真、细致的全面审查，审查工作票所列安全措施是否正确完备，是否符合现场条件。若对工作票中所列内容发生疑问，必须向工作票签发人询问清楚，必要时应要求作详细补充或重新填写。

（2）布置安全措施。工作许可人审查工作票后，确认工作票合格，然后由工作许可人根据票面所列安全措施到现场逐一布置，并确认安全措施布置无误。

（3）检查安全措施。安全措施布置完毕，工作许可人应会同工作负责人到工作现场检查所做的安全措施是否完备、可靠，工作许可人并以手触试，证明检修设备确实无电压，然后，工作许可人对工作负责人指明带电设备的位置和注意事项。

（4）签发许可工作。工作许可人会同工作负责人检查工作现场安全措施，双方确认无问题后，分别在工作票上签名，至此，工作班方可开始工作。应该指出的是，工作许可手续是逐级许可的，即工作负责人从工作许可人那里得到工作许可后，工作班的工作人员只有得到工作负责人许可工作的命令后方准开始工作。

3. 工作监护制度和现场看守制度

工作监护制度和现场看守制度是指工作人员在工作过程中，工作监护人必须始终在工作现场，对工作人员的安全认真进行监护，及时纠正违反安全的行为和动作的制度。监护工作要点如下：

专责监护人不得兼做其他工作，专责监护人临时离开时，应通知被监护人员停止工作或离开工作现场，待专责监护人回来后方可恢复工作。

为了防止独自行动引起电击事故，一般不允许工作人员单独留在高压室内和室外变电站高压设备区内。若工作需要（如测量极性、回路导通试验等），且现场设备具体情况允许时，可以准许工作班中有实际经验的一人或几人同时在他室进行工作，但工作负责人（监护人）应在事前将有关安全注意事项予以详尽的说明。

4. 工作间断和转移制度

工作间断和转移制度是指工作间断、转移时所作的规定。

在工作中如遇雷、雨、大风或其他情况并威胁工作人员的安全时，工作负责人或专责监护人可根据情况临时下令停止工作。白天工作间断时，工作地点的全部安全措施仍应保留不变。如工作人员须临时离开工作地点时，要检查安全措施并派专人看守。在工作间断时间内，任何人不得私自进入现场进行工作或碰触任何物件。恢复工作前，应重新检查各项安全措施是否正确完整，然后由工作负责人再次向全体工作人员说明，方可进行工作。

5. 工作终结、验收和恢复送电制度

全部工作完毕后，工作人员应清扫、整理现场，检查工作质量是否合格，设备上有无遗漏的工具、材料等。在对所进行的工作实施竣工检查合格后，工作负责人方可命令所有工作人员撤离工作地点，向工作许可人报告全部工作结束。

工作许可人接到工作结束的报告后，应携带工作票，会同工作负责人到现场检查验收任务完成情况，确无缺陷和遗留的物件后，在一式两联工作票上填明工作终结时间，双方签字，并在工作负责人所持的下联工作票上加盖"已执行"章，工作票即告终结。

工作票终结后，工作许可人即可拆除所有安全措施，随后在工作许可人所持工作票上加盖"已执行"章，然后恢复送电。

由于停电线路随时都有突然来电的可能，所以，接地线一经拆除，即应认为线路已带电。此时，对工作人员来说已无任何安全保障，任何人不得再登杆作业。

当接地线已经拆除，而尚未向工作许可人进行工作终结报告前，又发现新的缺陷或有遗留问题而必须登杆处理时，可以重新验电，装设接地线，做好安全措施，由工作负责人指定人员处理，其他人员均不能再登杆，工作完毕后，要立即拆除接地线。

6. 电力线路上施工作业的现场勘察制度

在进行电力线路施工作业、工作票签发人或工作负责人认为有必要现场勘察的检修作业，施工、检修单位均应根据工作任务在填写工作票前组织现场勘察，并填写现场勘察记录。

现场勘察由工作票签发人组织。现场勘察应查看现场施工（检修）作业需要停电的范围、保留的带电部位和作业现场的条件、环境及其他危险点等。

根据现场勘察结果，对危险性、复杂性和困难程度较大的作业项目，应编制组织措施、技术措施、安全措施，经本单位分管生产领导（总工程师）批准后执行。

已执行的工作票及事故应急抢修单、工作任务单，应保存 12 个月。

二、电气工作安全技术措施

电气工作安全技术措施是指工作人员在电气设备上工作时，为了防止停电检修设备突然来电，防止工作人员由于身体或使用的工具接近邻近设备的带电部分而超过允许的安全距离，防止工作人员误走带电间隔和带电设备等而造成电击事故，对于在全部停电或部分停电的设备上作业，必须采取的安全技术措施包括以下五个方面。

1. 停电

(1) 电气设备线路工作前应停电的设备。

1) 施工、检修与试验的设备线路。

2) 工作人员在工作中，正常活动范围边沿与设备线路带电部位的安全距离遵循《安全规程》的安全距离。

3) 在停电检修线路的工作中，如与另一带电线路交叉或接近，其安全距离小于 1.0m（10kV 及以下）时，则另一带电回路应停电。

4) 工作人员周围临近带电导体且无可靠安全措施的设备线路。

5) 两台配电变压器低压侧共用一个接地体时，其中一台配电变压器低压出线停电检修，另一台配电变压器也必须停电。

6) 10kV 及以下同杆架设的多回路线路，一回线路需停电工作，另外线路必须停电。

停电设备的各端应有明显的断开点，断路器、隔离开关的操动机构上应加锁，跌落式熔断器的熔管应摘下。

(2) 电气设备停电检修应切断的电源。

1) 断开检修设备各侧的电源断路器和隔离开关。为了防止突然来电的可能，停电检修的设备，其各侧的电源都应切断。要求除各侧的断路器断开外，还要求各侧的隔离开关也同时拉开，使各个可能来电的方面，至少有一个明显的断开点，以防止检修设备在检修过程中，由于断路器误合闸而突然来电，同时也便于工作人员检查和识别停电检修的设备。所以，禁止在只经断路器断开电源的设备上工作。如图 3-32 所示，当变压器 TM 停电检修时，各侧的断路器和隔离开关都应断开，TM 的各

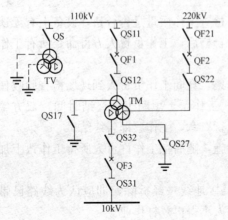

图 3-32　电气一次接线图

侧都有一个明显的断开点，即使断路器误合闸，变压器 TM 也不可能突然来电。

2）完全断开与停电检修设备有关的变压器和电压互感器的高、低压侧回路。停电检修的设备在切断电源时，应注意变压器向其反送电的可能性，如图 3-32 中的 110kV 母线停电检修，应考虑变压器 TM 向其反送电的可能，同时还应考虑电压互感器 TV 向其反送电的可能性。特别是在二次回路比较复杂的情况下，若运行人员误操作，已停电的电压互感器可能通过二次回路，由运行系统反馈，致使高压侧带电，当工作人员接近或接触时造成触电事故。所以，如图 3-32 所示的 110kV 母线停电检修时，除与母线相连的所有电源断路器和隔离开关（QF1、QS11、QS12、其他与母线相连的 QF 和 QS）断开外，母线上的 TV 的隔离开关 QS 也应拉开，TV 的二次侧回路也应断开（断开二次侧快速空气开关、取下二次侧熔断器），防止因误操作将运行系统电源经 TV 的二次侧向 TV 的高压侧送电而发生触电事故。

3）断开断路器和隔离开关的操作电源。隔离开关的操作把手必须锁住。为了防止断路器和隔离开关在工作中由于控制回路发生故障或由于运行人员误操作造成合闸，必须断开断路器和隔离开关的操作电源，取下控制、动力熔断器或储能电源。

4）将停电设备的中性点接地开关断开。运行中星形接线设备的中性点，由于线路三相导线的不对称排列，导致三相对地电容不平衡或三相负荷不平衡等因素，都能使中性点产生偏移电压。若检修设备与运行设备中性点连接在一起，偏移电压将加到检修设备上。尤其当系统中发生单相接地的故障时，中性点对地电压可达到相电压数值。因此，检修设备停电时，应将检修设备中性点接地开关拉开，并采取防止误合的措施。《电业安全工作规程》规定，任何运用中的星形接线设备的中性点，必须视为带电设备，有中性点接地的设备停电检修时，其中性点接地开关都应拉开。

2. 验电

验电是验证停电设备是否确无电压，检验停电措施的制定和执行是否正确、完善的重要手段之一。验电应注意下列事项：

（1）验电必须采用电压等级相同且合格的验电器，并先在有电设备上进行试验以确认验电器指示良好。

（2）验电时，必须在被试设备的进出线两侧各相及中性线上分别验电。对处于断开位置的断路器两侧也要同时按相验电。杆上电力线路验电时，应先验低压、后验高压，先验下层、后验上层，先验近侧、后验远侧。

（3）不得以设备分合位置标示牌的指示、母线电压表指示零位、电源指示灯泡熄灭、电动机不转动、电磁线圈无电磁响声及变压器无响声等，作为判断设备已停电的依据。

（4）信号和表计等通常可能因失灵而错误指示，因此不能光凭信号或表计的指示来判断设备是否带电。但如果信号和表计指示有电，在未查明原因、排除异常的情况下，即使验电检测无电，也应禁止在该设备上工作。

3. 挂接地线

当验明设备（线路）确已无电压后，应立即将检修设备（线路）用接地线（或接地隔离开关）三相短路接地。

（1）接地线作用：

1）当工作地点突然来电时，能防止工作人员电击伤害。

2）当停电设备（或线路）突然来电时，接地线造成突然来电的三相短路，促使保护动作，迅速断开电源，消除突然来电。

3）泄放停电设备或停电线路由于各种原因产生的电荷。如感应电、雷电等，都可以通过接地线入地，对工作人员起保护作用。

（2）挂接地线原则及注意事项：

1）凡有可能送电到停电检修设备上的各个方面的线路（包括零线）都要挂接地线。

2）接地线必须是三相短路接地线，不得采用三相分别接地或只将工作的那一相接地而其他相不接地。

3）同杆架设的多层电力线路挂接地线时，应先挂低压、后挂高压，先挂下层、后挂上层，先挂近侧，后挂远侧。拆除时次序相反。

4）挂接地线时，必须先将地线的接地端接好，然后再在导线上挂接。拆除接地线的程序与此相反。接地线与接地极的连接要牢固可靠，不准用缠绕方式进行连接，禁止使用短路线或其他导线代替接地线。若设备处无接地网引出线时，可采用临时接地棒接地，接地棒在地面下的深度不得小于 0.6m，其截面不得小于 190mm²。

5）为了确保操作人员的人身安全，装、拆接地线时，应使用绝缘棒或戴绝缘手套，人体不得接触接地线或未接地的导体。

6）严禁工作人员或其他人员移动已挂接好的接地线。

7）接地线由一根接地段与三根或四根短路段组成。接地线必须采用多股软裸铜线，每根截面不得小于 16mm²。严禁使用其他导线作接地线。

8）由单电源供电的照明用户，在户内电气设备停电检修时，如果进户线隔离开关或熔断器已断开，并将配电箱门锁住，可不挂接地线。

9）接地线的接地点与检修设备之间不得连有断路器、隔离开关或熔断器。

10）接地线与带电部分应符合安全距离的规定。

4. 使用个人保安线

在电力线路上工作，工作地段如有邻近、平行、交叉跨越及同杆塔架设线路，为防止停电检修线路上感应电压伤人，在需要接触或接近导线工作时，应使用个人保安线。个人保安线应在杆塔上接触或接近导线的作业开始前挂接，作业结束脱离导线后拆除。装设时，应先接接地端，后接导线端，且接触良好，连接可靠。拆个人保安线的顺序与此相反。

5. 装设遮栏和悬挂标示牌

在电源切断后，应立即在有关地点悬挂标示牌和装设临时遮栏。

标示牌可提醒有关人员及时纠正将要进行的错误操作和行为，防止误操作而错误地向有人工作的设备（线路）合闸送电，防止工作人员错走带电间隔和误碰带电设备。遮栏可限制工作人员的活动范围，防止工作人员在工作中对带电设备的危险接近。

下列部位和地点应悬挂标示牌和装设遮栏：

（1）在一经合闸即可送电到工作地点的断路器和隔离开关的操作把手上，均应悬挂"禁止合闸，有人工作"的标示牌。

（2）凡远方操作的断路器和隔离开关，在控制盘的操作把手上悬挂"禁止合闸，有人工作"的标示牌。

（3）线路上有人工作时，应在线路断路器和隔离开关的操作把手上悬挂"禁止合闸，线路有人工作"的标示牌。

（4）部分停电的工作，当安全距离小于"设备不停电时的安全距离"时，小于该距离以内的未停电设备，应装设临时遮栏。临时遮栏与带电部分的距离不得小于"工作人员工作中正常活动范围与带电设备的安全距离"，在临时遮栏上悬挂"止步，高压危险！"的标示牌。

（5）在室内高压设备上工作，应在工作地点两旁间隔的遮栏上、工作地点对面间隔的遮栏上和禁止通行的过道（通道应装临时遮栏）上悬挂"止步，高压危险！"的标示牌。

（6）在室外地面高压设备上工作，应在工作地点四周用绳子做好围栏，围栏上悬挂适当数量的"止步，高压危险！"的标示牌。标示牌有标志的一面必须朝向围栏里面（使工作人员随时可以看见）。

（7）在工作地点悬挂"在此工作！"的标示牌。

（8）在室外架构上工作，应在工作地点邻近带电部分的横梁上，悬挂"止步，高压危险"的标示牌。在工作人员上下铁架和梯子上应悬挂"从此上下！"的标示牌。在邻近其他可能误登的带电架构上，应悬挂"禁止攀登，高压危险！"的标示牌。

上面提到的接地线、标示牌、临时遮栏、绳索围栏等都是保证工作人员人身安全和设备安全运行所做的措施，工作人员不得随意移动和拆除。

三、电气检修安全规定

1. 电气设备检修目的

电气设备检修是消除设备缺陷，提高设备健康水平，确保设备安全运行的重要措施。通过检修达到以下目的：

（1）消除设备缺陷，排除隐患，使设备安全运行。

（2）保持和恢复设备铭牌出力，延长设备使用年限。

（3）提高和保持设备最高效率，提高设备利用率。

电气设备的检修分为大修、小修和事故抢修。大修是设备的定期检修，间隔时间较长，对设备进行较全面的检查、清扫和修理；小修是消除设备在运行中发现的缺陷，并重点检查易磨、易损部件，进行必要的处理或进行必要的清扫和试验，其间隔时间较短；事故抢修是在设备发生故障后，在短时间内进行抢修，对其损坏部分进行检查、修理或更换。

2. 电气检修一般安全规定

为保证检修工作顺利开展，避免发生检修工作中的设备和人身安全事故，检修人员应遵守如下检修工作一般安全规定：

（1）在检修之前，要熟知被检修设备的电压等级、设备缺陷性质和系统运行方式，以便确定检修方式（大修或小修、停电或不停电）和制定检修安全措施。

（2）检修工作一定要严格执行保证安全的组织措施和保证安全的技术措施。

（3）检修时，除有工作票外，还应有安全措施票。工作票上填有安全措施，这些措施由运行人员布置，是必不可少的。运行人员布置后，并不监视检修人员的行动，全靠检修人员自我保护，安全措施票是用于检修人员自我保护的，由检修人员自己填写，用安全措施票的条文约束检修人员的行为，达到自己保护自己的目的，如票上列出了工作地范围、防止触电事项、高空作业安全事项等。

（4）检修工作不得少于2人，以便在工作过程中有人监护，严禁单人从事电气检修工作。

（5）检修工作应使用合格的工器具和正确使用工器具。工作前应对工器具进行仔细检查。如在发电机定子膛内进行检修工作，膛内照明应选用36V及以下的行灯，行灯应完好不漏电，以保证检修工作的安全。

（6）检修过程中，应严格遵守安全措施，保持工作人员、检修工具与运行设备带电部分的安全距离。

（7）工作前禁止喝酒，避免酒后作业误操作，防止发生人身和设备事故。

3. 低压带电作业

低压是指交流电压在1000V以下的电压。低压带电作业是指在不停电的低压设备或低压线路上的工作。

对于一些可以不停电的工作，没有偶然触及带电部分的危险工作，或作业人员使用绝缘辅助安全用具直接接触带电体及在带电设备外壳上的工作，均可进行低压带电作业。虽然低压带电作业的对地电压不超过1000V，大部分为交流220～380V电压，但不能理解为此电压为安全电压，实际上交流220V电源的触电对人身的危害是严重的，特别是低压带电作业使用很普遍。为防止低压带电作业对人身的触电伤害，作业人员应严格遵守低压带电作业有关规定和注意事项。

（1）低压设备带电作业安全规定：

1）在带电的低压设备上工作，使用有绝缘柄的工具，其外裸的导电部位应采取绝缘措施，防止操作时相间或相对地短路。工作时，站在干燥的绝缘垫、绝缘站台或其他绝缘物上进行。禁止使用锉刀、金属尺和带有金属物的毛刷、毛掸等工具。使用有绝缘柄的工具，可以防止人体直接接触带电体；站在绝缘垫上工作，人体即可防止触及单相带电体造成触电伤害。低压带电作业时，使用金属工具可能引起相间短路或对地短路事故。

2）在带电的低压设备上工作时，作业人员应穿绝缘鞋和全棉长袖工作服，并戴手套、安全帽和护目镜。戴手套可以防止作业时手触及带电体；戴安全帽可以防止作业过程中头部同时触及带电体及接地的金属盘架，而造成的头部接地短路或头部碰伤；穿长袖工作服可防止手臂同时触及带电和接地体引起短路和烧伤事故。

3）在带电的低压盘上工作时，应采取防止相间短路和单相接地短路的绝缘隔离措施。在带电的低压盘上工作时，为防止人体或作业工具同时触及两相带电体或一相带电体与接地体，在作业前将相与相间或相与地（盘构架）间用绝缘板隔离，以免作业过程中引起短路事故。

4）严禁雷、雨、雪天气及六级以上大风天气在户外带电作业，也不应在雷电天气进行室内带电作业。

雷电天气，系统容易引起雷电过电压，危及作业人员的安全，不应进行室内、外带电作业；雨雪天气，气候潮湿，不宜带电作业。

5）在潮湿和潮气过大的室内，禁止带电作业；工作位置过于狭窄时，禁止带电作业。

6）低压带电作业时，必须有专人监护。带电作业时由于作业场地、空间狭小，带电体之间、带电体与地之间绝缘距离小，或由于作业时的错误动作，均可能引起触电事故，因此，带电作业时必须有专人监护；监护人应始终在工作现场，并对作业人员进行认真监护，随时纠正不正确的动作。

（2）低压线路带电作业安全规定：

在400V三相四线制的线路上带电作业时，应遵守下列规定：

1）上杆前应先分清相、中性线，选好工作位置。在登杆前，应在地面上先分清相、中性线，只有这样才能选好杆上的作业位置和角度。在地面辨别相、中性线时，一般根据一些标志和排列方向、照明设备接线等进行辨认。初步确定相、中性线后，可在登杆后用验电器或低压试电笔进行测试，必要时可用电压表进行测量。

2）断开低压线路导线时，应先断开相线，后断开中性线。搭接导线时，顺序应相反。三相四线制低压线路在正常情况下接有动力、照明及家电负荷。当带电断开低压线路时，如果先断开中性线，则因各相负荷不平衡使该电源系统中性点出现较大偏移电压，造成中性线带电，断开时会产生电弧，因此，断开四根线时均会带电断开。所以《电业安全工作规程》规定先断相线，后断中性线；接通时，先接中性线，后接相线。

3）人体不得同时接触两根线头。带电作业时，若人体同时接触两根线头，则人体串入电路造成人体触电伤害。

4）高低压同杆架设，在低压带电线路上工作时，应先检查与高压线的距离，采取防止误碰带电高压线或高压设备的措施。在低压带电导线未采取绝缘措施时（裸导线），工作人员不得穿越。

高低压同杆架设，在低压带电线路上工作时，作业人员与高压带电体的距离符合允许规定外，还应采取以下措施：①防止误碰、误接近高压导线的措施；②登杆后在低压线路上工作，防止低压接地短路及混线的作业措施；③工作中在低压导线（裸导线）上穿越的绝缘隔离措施。

5）严禁雷、雨、雪天气及六级以上大风天气在户外低压线路上带电作业。

6）低压线路带电作业，必须设专人监护，必要时设杆上专人监护。

（3）低压带电作业注意事项：

1）带电作业人员必须经过培训并考试合格，工作时不少于 2 人。

2）严禁穿背心、短裤，穿拖鞋带电作业。

3）带电作业使用的工具应合格，绝缘工具应试验合格。

4）低压带电作业时，人体对地必须保持可靠的绝缘。

5）在低压配电盘上工作，必须装设防止短路事故发生的隔离措施。

6）只能在作业人员的一侧带电，若其他还有带电部分而又无法采取安全措施者，则必须将其他侧电源切断。

7）带电作业时，若已接触一相相线，要特别注意不要再接触其他相线或地线（或接地部分）。

8）带电作业时间不宜过长。

（4）带电作业工具的试验：

带电作业工具应定期进行电气试验及机械试验，其试验周期为：

电气试验：预防性试验每年一次，检查性试验每年一次，两次试验间隔半年。

机械试验：绝缘工具每年一次，金属工具两年一次。

带电作业工具超过试验合格期限、无试验合格标签和外观检查存在安全隐患严禁使用。

4. 焊接、切割工作

焊接、切割工作的安全规定：

（1）不准在带有压力（液体压力或气体压力）的设备上或带电的设备上进行焊接。在特殊情况下需在带压和带电的设备上进行焊接时，应采取安全措施，并经本单位分管生产的领导（总工程师）批准。对承重构架进行焊接，应经过有关技术部门的许可。

（2）禁止在油漆未干的结构或其他物体上进行焊接。

（3）在重点防火部位和存放易燃易爆物场所附近及存有易燃物品的容器上使用电、气焊时，应严格执行动火工作的有关规定，按有关规定填用动火工作票，备有必要的消防器材。

（4）在风力超过五级及下雨雪时，不可露天进行焊接或切割工作。如必须进行时，应采取防风、防雨雪的措施。

（5）电焊机的外壳必须可靠接地，接地电阻不得大于 4Ω。

（6）气瓶的存储应符合国家有关规定。

（7）气瓶搬运应使用专门的抬架或手推车。

（8）用汽车运输气瓶时，气瓶不准顺车厢纵向放置，应横向放置并可靠固定。气瓶押运人员应坐在司机驾驶室内，不准坐在车厢内。

（9）禁止把氧气瓶及乙炔气瓶放在一起运送，也不准与易燃物品或装有可燃气体的容器一起运送。

（10）氧气瓶内的压力降到 $0.2MPa$（兆帕），不准再使用。用过的瓶上应写明"空瓶"。

（11）使用中的氧气瓶和乙炔气瓶应垂直放置并固定起来，氧气瓶和乙炔气瓶的距离不得小于 5m，气瓶的放置地点不准靠近热源，应距明火 10m 以外。

5. 动火工作的安全规定

动火作业是指在禁火区进行焊接与切割作业及在易燃易爆场所使用喷灯、电钻、砂轮等进行可能产生火焰、火花和炽热表面的临时性作业。

（1）动火工作票。在防火重点部位或场所以及禁止明火区动火作业，应填写动火工作票，其方式有两种：在一级动火区动火作业，应填用一级动火工作票。一级动火区，是指火灾危险性很大，发生火灾时后果很严重的部位或场所。在二级动火区动火作业，应填用二级动火工作票。二级动火区，是指一级动火区以外的所有防火重点部位或场所以及禁止明火区。

动火工作票不准代替设备停复役手续或检修工作票、工作任务单和事故应急抢修单，并应在动火工作票上注明检修工作票、工作任务单和事故应急抢修单的编号。

（2）动火工作票的填写与签发。

1）动火工作票应使用黑色或蓝色的钢（水）笔或圆珠笔填写与签发，内容应正确、填写应清楚，不得任意涂改。如有个别错、漏字需要修改，应使用规范的符号，字迹应清楚。用计算机生成或打印的动火工作票应使用统一的票面格式，由工作票签发人审核无误，手工或电子签名后方可执行。

动火工作票一般至少一式三份，一份由工作负责人收执、一份由动火执行人收执、一份保存在安监部门（或具有消防管理职责的部门）（指一级动火工作票）或动火部门（指二级动火工作票）。若动火工作与运行有关，即需要运行值班人员对设备系统采取隔离、冲洗等防火安全措施者，还应多一份交运行值班人员收执。

2）一级动火工作票由申请动火部门（车间、分公司、工区）的动火工作票签发人签发，本部门（车间、分公司、工区）安监负责人，消防管理负责人审核、本部门（车间、分公司、工区）分管生产的领导或技术负责人（总工程师）批准，必要时还应报当地公安消防部门批准。

二级动火工作票由申请动火部门（车间、分公司、工区）的动火工作票签发人签发，本部门（车间、分公司、工区）安监人员、消防人员审核，动火部门（车间、分公司、工区）分管生产的领导或技术负责人（总工程师）批准。

3）动火工作票经批准后由工作负责人送交运行许可人。

4）动火工作票签发人不准兼任该项工作的工作负责人。动火工作票由动火工作负责人填写。

5）动火工作票的审批人、消防监护人不准签发动火工作票。

6）动火单位到生产区域内动火时，动火工作票由设备运行管理单位签发和审批，也可由动火单位和设备运行管理单位实行"双签发"。

7）动火工作票的有效期。一级动火工作票应提前办理。一级动火工作票的有效期为24h，二级动火工作票的有效期为120h。动火作业超过有效期限，应重新办理动火工作票。

8）动火工作票所列人员的基本条件。一、二级动火工作票签发人应是经本单位（动火单位或设备运行管理单位）考试合格并经本单位分管生产的领导或总工程师批准并书面公布的有关部门负责人、技术负责人或有关班组班长、技术员。

动火工作负责人应是具备检修工作负责人资格并经本单位考试合格的人员。

动火执行人应具备有关部门颁发的合格证。

9）动火作业安全防火要求：①有条件拆下的构件，如油管、阀门等应拆下来移至安全场所；②可以采用不动火的方法代替而同样能够达到效果时，尽量采用替代的方法处理；③尽可能地把动火时间和范围压缩到最低限度；④凡盛有或盛过易燃易爆等化学危险物品的容器、设备、管道等生产、储存装置，在动火作业前应将其与生产系统彻底隔离，并进行清洗置换，经分析合格后，方可动火作业；⑤动火作业应有专人监护，动火作业前应清除动火现场及周围的易燃物品，或采取其他有效的安全防火措施，配备足够适用的消防器材；⑥动火作业现场的通排风要良好，以保证泄漏的气体能顺畅排走；⑦动火作业间断或终结后，应清理现场，确认无残留火种后，方可离开。

10）禁止动火的情况：①压力容器或管道未泄压前；②存放易燃易爆物品的容器未清理干净前；③风力达五级以上的露天作业；④喷漆现场；⑤遇有火险异常情况未查明原因和消除前。

11）动火的现场须按照规定进行监护。

12）动火工作完毕后，动火执行人、消防监护人、动火工作负责人和运行许可人应检查现场有无残留火种，是否清洁等。确认无问题后，在动火工作票上填明动火工作结束时间，经四方签名后（若动火工作与运行无关，则三方签名即可），盖上"已终结"印章，动火工作方告终结。

13）动火工作票保存1年。

6.电力电缆施工作业

（1）电力电缆施工作业时的安全措施：

1）电缆直埋敷设施工前应先查清图纸，再开挖足够数量的样洞和样沟，摸清地下管线分布情况，以确定电缆敷设位置及确保不损坏运行电缆和其他地下管线。

2）为防止损伤运行电缆或其他地下管线设施，在城市道路红线范围内不应使用大型机械来开挖沟槽，硬路面面层破碎可使用小型机械设备，但应加强监护，不得深入土层。若要使用大型机械设备时，应履行相应的报批手续。

3）掘路施工应具备相应的交通组织方案，做好防止交通事故的安全措施。施工区域应用标准路栏等严格分隔，并有明显标记，夜间施工人员应佩戴反光标志，施工地点应加挂警示灯，以防行人或车辆等误入。

4）沟槽开挖深度达到 1.5m 及以上时，应采取措施防止土层塌方。

5）沟槽开挖时，应将路面铺设材料和泥土分别堆置，堆置处和沟槽之间应保留通道供施工人员正常行走。在堆置物堆起的斜坡上不得放置工具材料等器物，以免滑入沟槽损伤施工人员或电缆。

6）挖到电缆保护板后，应由有经验的人员在场指导，方可继续进行，以免误伤电缆。

7）挖掘出的电缆或接头盒，如下面需要挖空时，应采取悬吊保护措施。电缆悬吊应每 1～1.5m 吊一道；接头盒悬吊应平放，不准使接头盒受到拉力；若电缆接头无保护盒，则应在该接头下垫上加宽加长木板，方可悬吊。电缆悬吊时不得用铁丝或钢丝等，以免损伤电缆护层或绝缘。

8）移动电缆接头一般应停电进行。如必须带电移动，应先调查该电缆的历史记录，由有经验的施工人员，在专人统一指挥下平正移动，以防止损伤绝缘。

9）锯电缆以前，应与电缆走向图纸核对相符，并使用专用仪器（如感应法）确切证实电缆无电后，用接地的带绝缘柄的铁钎钉入电缆芯后，方可工作。扶绝缘柄的人应戴绝缘手套并站在绝缘垫上，并采取防灼伤措施（如防护面具等）。

10）开启电缆井井盖、电缆沟盖板及电缆隧道入孔盖时应使用专用工具，同时注意所立位置，以免滑脱后伤人。开启后应设置标准路栏围起，并有人看守。工作人员撤离电缆井或隧道后，应立即将井盖盖好，以免行人碰盖后摔跌或不慎跌入井内。

11）电缆隧道应有充足的照明，并有防火、防水、通风的措施。电缆井内工作时，禁止只打开一只井盖（单眼井除外）。进入电缆井、电缆隧道前，应先用吹风机排除浊气，再用气体检测仪检查井内或隧道内的易燃易爆及有毒气体的含量是否超标，并做好记录。电缆沟的盖板开启后，应自然通风一段时间，经测试合格后方可下井沟工作。电缆井、隧道内工作时，通风设备应保持常开，以保证空气流通。在通风条件不良的电缆隧（沟）道内进行长距离巡视时，工作人员应携带便携式有害气体测试仪及自救呼吸器。

12）充油电缆施工应做好电缆油的收集工作，对散落在地面上的电缆油要立即覆上黄沙或砂土，及时清除，以防行人滑跌和车辆滑倒。

13）在 10kV 跌落式熔断器与 10kV 电缆头之间，宜加装过渡连接装置，使工作时能与跌落式熔断器上桩头有电部分保持安全距离。在 10kV 跌落式熔断器上桩头有电的情况下，未采取安全措施前，不得在跌落式熔断器下桩头新装、调换电缆尾线或吊装、搭接电缆终端头。如必须进行上述工作，则应采用专用绝缘罩隔离，在下桩头加装接地线。工作人员站在低位，伸手不得超过跌落式熔断器下桩头，并设专人监护。上述加绝缘罩的工作应使用绝缘工具。雨天禁止进行以上工作。

14）使用携带型火炉或喷灯时，火焰与带电部分的距离：电压在 10kV 及以下者，不得小于 1.5m；电压在 10kV 以上者，不得小于 3m。不得在带电导线、带电设备、变压器、油断路器（开关）附近以及在电缆夹层、隧道、沟洞内对火炉或喷灯加油及点火。在电缆沟盖板上或旁边进行动火工作时，需采取必要的防火措施。

15）制作环氧树脂电缆头和调配环氧树脂工作过程中，应采取有效的防毒和防火措施。

16）电缆施工完成后应将穿越过的孔洞进行封堵，以达到防水、防火和防小动物的要求。

（2）电力电缆线路试验安全措施：

1）电力电缆试验要拆除接地线时，应征得工作许可人的许可方可进行。工作完毕后立即恢复。

2）电缆耐压试验前，加压端应做好安全措施，防止人员误入试验场所。另一端应设置围栏并挂上警告标示牌。如另一端是上杆的或是锯断电缆处，应派人看守。

3）电缆耐压试验前，应先对设备充分放电。

4）电缆的试验过程中，更换试验引线时，应先对设备充分放电，作业人员应戴好绝缘手套。

5）电缆耐压试验分相进行时，另两相电缆应接地。

6）电缆试验结束，应对被试电缆进行充分放电，并在被试电缆上加装临时接地线，待电缆尾线接通后才可拆除。

7）电缆故障声测定点时，禁止直接用手触摸电缆外皮或冒烟小洞，以免触电。

7. 起重与运输

（1）一般注意事项。

1）起重设备需经检验检测机构检验合格，并在特种设备安全监督管理部门登记。

2）起重设备的操作人员和指挥人员应经专业技术培训，并经实际操作及有关安全规程考试合格、取得合格证后方可独立上岗作业，其合格证种类应与所操作（指挥）的起重机类型相符合。起重设备作业人员在作业中应当严格执行起重设备的操作规程和有关的安全规章制度。

3）起重设备、吊索具和其他起重工具的工作负荷，不准超过铭牌规定。

4）一切重大物件的起重、搬运工作应由有经验的专人负责，作业前应向参加工作的全体人员进行技术交底，使全体人员均熟悉起重搬运方案和安全措施。起重搬运时只能由一人统一指挥，必要时可设置中间指挥人员传递信号。起重指挥信号应简明、统一、畅通，分工明确。

5）凡属下列情况之一者，应制订专门的安全技术措施，经本单位分管生产的领导（总工程师）批准，作业时应有技术负责人在场指导，否则不准施工：

①重量达到起重设备额定负荷的90%及以上。

②两台及以上起重设备抬吊同一物件。

③起吊重要设备、精密物件、不易吊装的大件或在复杂场所进行大件吊装。

④爆炸品、危险品必须起吊时。

⑤起重设备在带电导体下方或距带电体较近时。

⑥起重物品应绑牢，吊钩要挂在物品的重心线上。

⑦遇有六级以上的大风时，禁止露天进行起重工作。当风力达到五级以上时，受风面积较大的物体不宜起吊。

⑧遇有大雾、照明不足、指挥人员看不清各工作地点或起重机操作人员未获得有效指挥时，不准进行起重工作。

⑨吊物上不许站人，禁止作业人员利用吊钩来上升或下降。

（2）起重设备安全的检查与试验。各种起重设备的安装、使用以及检查、试验等，应执行国家、行业有关部门颁发的相关规定、规程和技术标准。使用时各种起重设备均应在合格的检查和试验期内，并且一般外观检查没有安全问题，否则不得使用。

第五节 电气防火

一、电气火灾的原因

电气火灾和爆炸的原因很多，设备缺陷、安装不当等是重要原因，电流产生的热量和电路产生的火花或电弧是直接原因。电气火灾和爆炸事故除可能造成人身伤亡和设备损坏、财产损失外，还可能造成电力系统事故，引起大面积停电或长时间停电。

电气火灾的直接原因有以下几种：

（1）电气设备过热。引起电气设备过热主要是电流产生的热量造成的，包括以下几种情况：

1）短路。发生短路时，线路中的电流增加为正常时几倍甚至几十倍，而产生的热量使得温度急剧上升，大大超过允许范围。

2）过载。过载会引起电气设备发热，造成过载的原因主要有：一是设计时选用线路或设备不合理，以至在额定负载下产生过热；二是使用不合理，即线路或设备的负载超过额定值，或者连续使用时间过长，超过线路或设备的设计能力，由此造成过热。

3）接触不良。接触部分是电路中的薄弱环节，是发生过热的一个重点部位。

不可拆卸的接头连接不牢、焊接不良或接头处混有杂质，可拆卸的接头连接不紧密或由于震动而松动，都会增加接触电阻而导致接头过热。

4）铁芯发热。变压器、电动机等设备的铁芯，如铁芯绝缘损坏或承受长时间过电压，涡流损耗和磁滞损耗将增加而使设备过热。

5）散热不良。各种电气设备在设计和安装时都考虑有一定的散热或通风措施，如果这些措施受到破坏，就会造成设备过热。

电炉等直接利用电流的热量进行工作的电气设备，工作温度都比较高，如安置或使用不当，均可能引起火灾。

（2）电火花或电弧。电火花是电极间的击穿放电，电火花能引起可燃物燃烧，构成危险的火源。电火花主要包括工作火花和事故火花两类。

工作火花是指电气设备正常工作时或正常操作过程中产生的火花。如直流电机电刷与整流子滑动接触处、交流电机电刷与滑环滑动接触处电刷后方的微小火花，开关或接触器开合时的火花，插销拔出或插入时的火花等。

事故火花是线路或设备发生故障时出现的火花。如发生短路或接地时出现的火花、绝缘损坏时出现的闪光、导线连接松脱时的火花、熔丝熔断时的火花、过电压放电火花、静电火花、感应电火花以及修理工作中错误操作引起的火花等。电动机转子和定子发生摩擦（扫膛）或风扇与其他部件相碰也都会产生火花，这是由碰撞引起的机械性质的火花。

灯泡破碎时，炽热的灯丝有类似火花的危险作用。电弧是大量电火花汇集而成的，它同样可以引起可燃物燃烧，而且还能使金属熔化飞溅，构成火源。

电气火灾有以下两个特点：一是着火后电气装置或设备可能仍然带电，而且因电气绝缘损坏或带电导线断落接地，在一定范围内会存在跨步电压和接触电压，如果不注意，可能引起触电事故；二是有些电气设备内部充有大量油（如电力变压器、电压互感器等），着火后受热，油箱内部压力增大，可能会发生喷油甚至爆炸，造成火灾蔓延。电气设备产生的电弧、电火花是造成电气火灾及爆炸事故的原因之一。

电气火灾的危害很大，因此在发生电气火灾时，必须迅速采取正确有效的措施，及时扑灭电气火灾。

二、电气火灾扑救

电气火灾灭火的基本方法有隔离法、窒息法和冷却法。扑灭电气火灾要控制可燃物，隔绝空气，消除着火源，阻止火势及爆炸波的蔓延。

1. 断电灭火

当电气装置或设备发生火灾或引燃附近可燃物时，首先要切断电源。室外高压线路或杆上配电变压器起火时，应立即与供电企业联系断开电源；室内电气装置或设备发生火灾时应尽快断开开关切断电源，并及时正确选用灭火器进行扑救。

断电灭火时应注意下列事项：

（1）断电时，应按规程所规定的程序进行操作，严防带负荷拉隔离开关。在紧急切断电源时，切断地点要选择适当。

（2）夜间发生电气火灾、切断电源时，应考虑临时照明，以利扑救。

（3）需要电力企业切断电源时，应迅速用电话联系，说清情况。

2. 带电灭火

进行带电灭火一般限在 10kV 及以下电气设备上进行。

带电灭火很重要的一条就是正确选用灭火器材，要用不导电的灭火剂灭火，如二氧化碳、四氯化碳、二氟一氯一溴甲烷（简称"1211"）和化学干粉等灭火剂。

3. 充油设备火灾扑救

（1）充油电气设备容器外部着火时，可以用二氧化碳、"1211"、干粉、四氯化碳等灭火剂带电灭火。灭火时要保持一定的安全距离。用四氯化碳灭火时，灭火人员应站在上风方向，以防中毒。

（2）充油电气设备容器内部着火。应立即切断电源，有事故储油池的设备应立即设法将油放入事故储油池，并用喷雾水灭火，不得已时也可用砂子、泥土灭火；但当盛油桶着火时，则应用浸湿的棉被盖在桶上，使火熄灭，不得用黄砂抛入桶内，以免燃油溢出，使火焰蔓延。对流散在地上的油火，可用泡沫灭火器扑灭。

4. 旋转电机火灾扑救

发电机、电动机等旋转电机着火时，不能用砂子、干粉、泥土灭火，以免矿物性物质、砂子等落入设备内部，严重损伤电机绝缘，造成严重后果。可使用"1211"、二氧化碳等灭火器灭火。另外，为防止轴和轴承变形，灭火时可使电机慢慢转动，然后用喷雾水流灭火，使其均匀冷却。

5. 电缆火灾扑救

电缆燃烧时会产生有毒气体，人体吸入会导致昏迷和死亡，所以电缆火灾扑救时需特别注意防护。

扑救电缆火灾时的注意事项如下：

（1）电缆起火应迅速报警，并尽快将着火电缆退出运行。

（2）火灾扑救前，必须先切断着火电缆及相邻电缆的电源。

（3）扑灭电缆燃烧，可使用干粉、二氧化碳、"1211"、"1301"等灭火剂，也可用黄土、干砂或防火包进行覆盖。火势较大时可使用喷雾水扑灭。装有防火门的隧道，应将失火段两端的防火门关闭。有时还可采用向着火隧道、沟道灌水的方法，用水将着火段封住。

（4）进入电缆夹层、隧道、沟道内的灭火人员应佩戴正压式空气呼吸器，以防中毒和窒息。在不能肯定被扑救电缆是否全部停电时，扑救人员应穿绝缘靴、戴绝缘手套。扑救过程中，禁止用手直接接触电缆外皮。

（5）在救火过程中需注意防止发生触电、中毒、倒塌、坠落及爆炸等伤害事故。

（6）专业消防人员进入现场救火时需向他们交代清楚带电部位、高温部位及高压设备等危险部位情况。

三、电气火灾预防

1. 电力变压器火灾预防

电力变压器大多是油浸自然冷却式。变压器油闪点（起燃点）一般为140℃左右，并易蒸发和燃烧，同空气混合能构成爆炸性混合物。变压器油中如有杂质，则会降低油的绝缘性能而引起绝缘击穿，在油中发生火花和电弧，引起火灾甚至爆炸事故。因此对变压器油有严格要求，油质应透明纯净，不得含有水分、灰尘、氢气、烃类气体等任何杂质。对于干式变压器，如果散热不好，就很容易发生火灾。

2. 油浸式变压器发生火灾危险预防措施

（1）保证油箱上防爆管完好。

（2）保证变压器装设的保护装置正确、可靠。

（3）变压器的设计安装必须符合规程规范规定。如变压器室应按一级防火考虑，并有良好通风；变压器应有蓄油坑、储油池；相邻变压器之间需装设隔火墙时一定要装设等。施工安装应严格按规程规范和设计图纸，精心安装，保证质量。

（4）加强变压器的运行管理和检修工作。

（5）可装设离心式水喷雾、"1211"灭火剂组成的固定式灭火装置及其他自动灭火装置。

对于干式变压器，通风冷却极为重要，一定要保证干式变压器运行中不能过热，必要时可采取人为降温措施降低干式变压器的工作环境温度。

3. 电动机火灾危险预防措施

（1）选择、安装电动机要符合防火安全要求。在潮湿、多粉尘场所应选用封闭型电动机；在干燥清洁场所可选用防护型电动机；在易燃、易爆场所应选用防爆型电动机。

（2）电动机应安装在耐火材料的基础上。如安装在可燃物的基础上时，应铺铁板等非燃烧材料使电动机和可燃基础隔开。电动机不能装在可燃结构内。电动机与可燃物应保持一定距离，周围不得堆放杂物。

（3）每台电动机要有独立的操作开关和短路保护、过负荷保护装置。对于容量较大的电动机，在电动机上可装设缺相保护或装设指示灯监视电源，防止电动机缺相运行。

（4）电动机应经常检查维护，及时清扫，保持清洁；对润滑油要做好监视并及时补充和更换；要保证电刷完整、压力适宜、接触良好；对电动机运行温度要加强控制，使其不超过规定值。

（5）电动机使用完毕应立即拉开电动机电源开关，确保电动机和人身安全。

4. 电缆火灾事故预防措施

（1）加强对电缆的运行监视，避免电缆过负荷运行。

（2）定期进行电缆测试，发现不正常及时处理。

（3）电缆沟、隧道要保持干燥，防止电缆浸水，造成绝缘下降，引起短路。

（4）加强电缆回路开关及保护的定期校验和维护，保证动作可靠。

（5）安装火灾报警装置及时发现火情，防止电缆着火。

（6）采取防火阻燃措施。

（7）配备必要的灭火器材和设施。

5. 室内电气线路火灾危险预防

（1）电气线路短路引起火灾预防：

1）线路安装好后要认真严格检查线路敷设质量；测量线路相间绝缘电阻及相对地绝缘电阻（用500V绝缘电阻表测量，绝缘电阻不能小于0.5MΩ）；检查导线及电气器具产品质量，都应符合国家现行技术标准和要求。

2）定期检查测量线路的绝缘状况，及时发现缺陷进行修理或更换。

3）线路中保护设备（熔断器、低压断路器等）要选择正确，动作可靠。

（2）电气线路导线过负荷引起火灾预防：

1）导线截面积要根据线路最大工作电流正确选择，而且导线质量一定要符合现行国家技术标准。

2）不得在原有的线路中擅自增加用电设备。

3）经常监视线路运行情况，如发现有严重过负荷现象时，应及时切除部分负荷或加大导线截面。

4）线路保护设备应完备，一旦发生严重过负荷或过负荷时间已较长而且过负荷电流很大时，应切断电路，避免事故发生。

第六节　防雷和防静电

一、雷电及其危害

1. 雷电放电

当空气中的电场强度达到一定程度时，在两块带异号电荷的雷云之间或雷云与地之间的空气绝缘就被击穿而剧烈放电，出现耀眼的电光，同时，强大的放电电流所产生的高温，使周围的空气或其他介质发生猛烈膨胀，发出震耳欲聋的响声，称为雷电。

雷云与地面间的空气绝缘被击穿而发生雷云对地的放电现象，就是所谓的落地雷。

若雷电并没有直击设备，而是发生在设备附近的两块雷云之间或雷云对地面的其他物体之间，由于电磁和静电感应的作用，也会在设备上产生很高的电压，这称为感应雷过电压。

由雷电引起的过电压叫做大气过电压或外部过电压；电力系统中内部操作或故障引起的过电压叫内部过电压。

2. 雷电危害

雷电对设备和建筑物放电时，强大的雷电流也能在电流通道上产生大量的热量，使温度上升到数千度，在电气设备上产生过电压，对电气设备和建筑物造成巨大的破坏，对人身构成巨大的威胁。它的主要危害如下：

（1）电作用的破坏。雷击电力系统电气设备或输电线路时，产生的直击雷过电压幅值高，足以使其绝缘损坏，造成事故；感应过电压虽然其幅值有限，但也对设备和人身安全构成严重的威胁。

（2）热作用的破坏。雷电流流过电气设备、厂房及其他建筑物时，其热效应足以使可燃物迅速燃烧起火；当雷击易燃易爆物体，或雷电波入侵有易燃易爆物体的场所时，雷电放电产生的弧光与易燃易爆物接触，引起火灾和爆炸事故。

（3）机械作用的破坏。雷击建筑物时，雷电流流过物体内部，使物体及附近温度急剧上升，由于高温效应，物体中的气体和物体本身剧烈膨胀，其中的水分和其组成物资迅速分解为气体，产生极大的机械力，加上静电排斥力的作用，将使建筑物造成严重劈裂，甚至爆炸变成碎屑。

（4）雷电放电的静电感应和电磁感应。雷云的先导放电阶段，虽然其放电时间较长，放电电流较小，也并没有击中建筑物和设备，但先导通道中布满了与雷云同极性的电荷，在其附近的建筑物和设备上感应出异号的束缚电荷，使建筑物和设备上的电位上升。这种现象叫雷电放电的静电感应。由静电感应产生的设备和建筑物的对地电压可以击穿数十厘米的空气间隙，这对一些存放易燃易爆物质的场所来说是危险的。另外，由于静电感应，附近的金属物之间也会产生火花放电，引起燃烧、爆炸。

当输电线路或电气设备附近落雷时，虽然没有造成直击，但雷电放电时，由于其周围电磁场的剧烈变化，在设备或导线上产生感应过电压，其值最大可达 500kV。这对于电压等级较低、绝缘水平不高的设备或输电线路是非常危险的。在引入室内的电力线路或配电线路上产生过电压，不仅会损坏设备，而且会造成人身伤亡事故。

（5）雷电对人身的伤害。人体若直接遭受雷击，其后果是不言而喻的。多数雷电伤人事故，是由于雷击后的过电压所产生的。过电压对人体伤害的形式，可分为冲击接触过电压对人体的伤害、冲击跨步过电压对人体的伤害及设备过电压对人体的反击三种。

（6）雷电侵入波。

1）雷击物体时，强大的雷电流沿着其接地体流入大地。雷电冲击电流向大地四周发散所形成的散流使接地点周围形成伞形分布的电位场，人在其中行走时两脚之间出现一定的电位差，即冲击跨步电压。

2）雷电流通过设备及其接地装置时产生冲击高压，人触及设备时手脚之间的电位差就是冲击接触电压。

3）反击伤害是指避雷针、架构、建筑物及设备等在遭受雷击。雷电流流过时产生很高的冲击电位，当人与其距离足够近时，对人体产生放电而使人体受到的伤害。

为了防止雷电对人身伤害事故的发生，《电业安全工作规程》规定，雷雨天气需要巡视室外高压设备时应穿绝缘靴，并不准靠近避雷器和避雷针。

二、防雷措施

（1）建筑物防雷措施。建筑物可利用基础内钢筋网作为接地体；可利用外缘柱内外侧两根主筋作为防雷引下线；应将 45m 以上外墙上的栏杆、门窗等较大的金属物与防雷装置连接以防侧击雷；建筑物上面可装设避雷针、避雷带、避雷网。

（2）架空线路防雷措施。装设避雷线；提高线路本身的绝缘水平；用三角形顶线作保护线；装设自动重合闸装置或自重合熔断器。

（3）变、配电所的防雷措施。装设避雷针，用来保护整个变、配电所建（构）筑物，使之免遭直击雷；高压侧装设阀型避雷器或保护间隙，主要用来保护主变压器。

低压侧装设阀型避雷器或保护间隙主要在多雷区使用，以防止雷电波由低压侧侵入而击穿变压器的绝缘。当变压器低压侧中性点不接地时，其中性点也应加装避雷器或保护间隙。

三、防雷装置

防雷装置主要有避雷针、避雷线、避雷网、避雷带及避雷器等。避雷针、网、带主要用于露天的变配电设备保护；避雷线主要用于保护电力线路及配电装置，避雷网、带主要用于建筑物的保护。避雷器主要用于限制雷击产生过电压，保护电气设备的绝缘。

（1）避雷针。避雷针的保护原理就其本质而言是"引雷"。当雷云接近地面时，避雷针利用在空中高于其被保护对象的有利地位，把雷电引向自身，将雷电流引入大地，而达到使被保护物"避雷"的目的。

避雷针由雷电接收器、接地引下线和接地体三部分组成。

（2）避雷线。避雷线由架空地线、接地引下线和接地体组成。架空地线是悬挂在空中的接地导体，其作用和避雷针一样，对被保护物起屏蔽作用，将雷电流引向自身，通过引下线安全地泄入地下。因此，装设避雷线也是防止直击雷的主要措施之一。

（3）避雷器。避雷器的作用是限制过电压幅值，保护电气设备的绝缘。避雷器与被保护设备并联，当系统中出现过电压时，避雷器在过电压作用下间隙击穿，将雷电流通过避雷器、接地装置引入大地，降低了入侵波的幅值和陡度；过电压之后，避雷器迅速截断在工频电压作用下的电弧电流（即工频续流），从而恢复正常。

现在所使用的避雷器主要有管型避雷器、阀型避雷器和氧化锌避雷器三种。阀型避雷器的地线应和变压器外壳、低压侧中性点，三点接在一起共同接地。

四、雷电电击人身防护

发电厂、变电站、输电线路等电力系统的电气设备及建筑物、构筑物等，都安装了尽可能完善的防雷保护，使雷电对电气设备及工作人员的威胁大大减小。根据雷电触电事故分析的经验，必须注意雷电电击的防护问题，以保证人身安全。

（1）雷雨时，发电厂变电站的工作人员应尽量避免接近容易遭到雷击的户外配电装置。在进行巡回检查时，应按规定的路线进行。在巡视高压屋外配电装置时，应穿绝缘鞋，并不得靠近避雷针和避雷器。

（2）雷电时，禁止在室外和室内的架空引入线上进行检修和试验工作，若正在做此类工作时，应立即停止，并撤离现场。

（3）雷电时，应禁止屋外高空检修、试验工作，禁止户外高空带电作业及等电位工作。

（4）对输配电线路的运行和维护人员，雷电时，严禁进行倒闸操作和更换熔断器的工作。

（5）雷雨时，非工作人员应尽量减少外出。如果外出工作遇到雷雨时，应停止高压线路上的工作，并就近暂避。

1）有防雷设备的或有宽大金属架或宽大的建筑物等。

2）有金属顶盖和金属车身的汽车、封闭的金属容器等。

3）依靠建筑物屏蔽的街道，或有高大树木屏蔽的公路，但最好要离开墙壁和树干8m以外。

4）进入上述场所后，切不要紧靠墙壁、车身和树干。

（6）雷暴时，应尽量不到或离开下列场所和设施：

1）小丘、小山、沿河小道。

2）河、湖、海滨和游泳池。

3）孤立突出的树木、旗杆、宝塔、烟囱和铁丝网等处。

4）输电线路铁塔，装有避雷针和避雷线的木杆等处。

5）没有保护装置的车棚、牲畜棚和帐篷等小建筑物和没有接地装置的金属顶凉亭。

6）帆布篷的吉普车，非金属顶或敞篷的汽车和马车。

（7）在旷野中遇着雷暴时，应注意：

1）铁锹、长工具、步枪等不要仰上扛在肩上，要用手提着。

2）不要将有金属的伞撑开打着，要提着。

3）人多时不要挤在一起，要尽量分散隐蔽。

4）遇球雷（滚动的火球）时，切记不要跑动，以免球雷顺着气流追赶。

（8）雷暴时室内人员应注意尽量远离电灯线、电话线、有线广播线、收音机一类的电源线、电视天线和电视机天线等。

五、静电防护

静电是相对静止的电荷。静电现象是一种常见的带电现象，如雷电、电容器残留电荷、摩擦带电等。

1. 静电的危害

静电的危害方式有爆炸和火灾、静电电击、妨碍生产。

（1）爆炸和火灾。静电电量虽然不大，但因其电压很高而容易发生放电，产生静电火花。在具有可燃液体的作业场所（如油晶装运场所），可能因静电火花引起火灾，在具有爆炸性粉尘或爆炸性气体、蒸汽的作业场所（如煤粉、面粉、铝粉、氢气等），可能因静电火花引起爆炸。

（2）静电电击。当人体接近带静电体的时候，带静电荷的人体（人体所带静电可达上万伏）在接近接地体时就有可能发生电击。由于静电能量很小，静电电击不致于直接使人致命，但可能因电击坠落摔倒引起二次事故。

（3）妨碍生产。在某些生产过程中，如不清除静电，将会妨碍生产或降低产品质量。例如纺织行业，静电使纤维缠结，吸附尘土，降低纺织品质量；在印刷行业，静电使纸张不齐，不能分开，影响印刷速度和质量；静电还可能引起电子元件误动作。

2. 防静电安全措施

消除静电危害的措施大致有泄漏法、中和法和工艺控制法三种。

（1）泄漏法。这种方法是采取接地、增湿，加入抗静电添加剂等措施，使已产生的静电电荷泄漏、消散，避免静电的积累。

1）接地法。接地是消除静电危害最简单的方法。接地用来消除导体上的静电，静电接地一般可与其他接地共用，但注意不得由其他接地引来危险电压，以免导致火花放电的危险。静电接地的接地电阻要求不高，1000Ω 即可。

2）增湿法。增湿即增加现场空气的相对湿度。随着湿度的增加，绝缘体表面上结成薄薄的水膜能使其表面电阻大为降低，降低带静电绝缘体的绝缘性，增强其导电性，减小了绝缘体通过本身泄放电荷的时间常数，提高了泄放速度，限制了静电电荷的积累。

3）加抗静电添加剂。抗静电添加剂具有良好的吸湿性或导电性，是特制的辅助剂，由易产生静电材料中加入某种极微量的抗静电添加剂，能加速对静电的泄漏，消除静电的危险。

（2）中和法。这种方法是采用静电中和器或其他方式产生与原有静电极性相反的电荷，使已产生的静电得到中和而消除，避免静电积累。

（3）工艺控制法。在材料选择、工艺设计、设备结构等方面采用适当措施，限制静电的产生，控制静电电荷的积累，使其不超过危险程度。

复 习 思 考 题

（1）电流对人体的伤害有哪些？

（2）发生电击事故原因有哪些？

（3）常见的人身电击方式有哪些？

（4）简述电击事故发生的规律。

（5）一般防护安全用具和辅助安全用具各有哪些？

（6）直接电击和间接电击应采取什么措施进行防护？

（7）电气工作安全组织措施和技术措施有哪些？

（8）电力电缆作业时有哪些安全措施？

（9）简述动火工作的安全措施。

（10）电气火灾的直接原因有哪些？

（11）雷电的破坏作用有哪些？

（12）防雷装置有哪些？

（13）简述静电的危害及防静电安全措施。

（14）如何对触电人员实施现场急救？

第 四 章

低压运行维修安全技术理论

第一节 低 压 电 器

电器是指能自动或手动接通和开断电路，以及对电路或非电路现象能进行切换、控制、保护、检测、变换和调节的元件。低压电器通常指工作在交流 1200V、直流 1500V 及以下电路中的起控制、保护、调节、转换和通断作用的电器。

一、低压隔离开关

低压隔离开关又称闸刀开关，是一种用来接通或切断电路的手动低压开关，一般用于电流在 500A 以下，电压在 1500V 以下的不常开闭的线路中。

常用的低压隔离开关有开启式负荷开关、铁壳开关和板形隔离开关。

（一）开启式负荷开关

开启式负荷开关就是通常所说的胶木闸刀开关，其结构如图 4-1 所示。木闸刀开关的底座为瓷板或绝缘底板，盒盖为绝缘胶木，它主要由闸刀开关和熔丝组成。这种闸刀开关的特点是结构简单，操作方便，因而在低压电路中应用广泛。

安装闸刀开关时，注意电源线应该接在开关夹座即静触点的一侧，负载线经过熔丝接在闸刀的另一侧；另外，闸刀开关应垂直安装，并且合闸时向上推闸刀。

（二）封闭式负荷开关

封闭式负荷开关又称铁壳开关，主要由闸刀、熔断器、夹座和铁壳等组成。它装有与转轴及手柄相连的速断弹簧。铁壳开关的结构如图 4-2 所示。速断弹簧的作用是使闸刀与夹座快速接通和分离，从而使电弧很快熄灭。为了保证安全，铁壳开关装有机械连锁装置，使开关合闸后箱盖打不开；箱盖打开时，开关不能合闸。

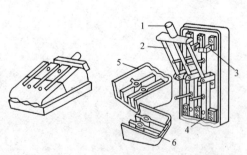

图 4-1　HK 型系列开启式负荷开关结构示意图

1—手柄；2—闸刀；3—静触座；4—安装
熔丝的接头；5—上胶盖；6—下胶盖

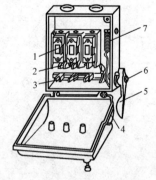

图 4-2　封闭式负荷开关结构示意图

1—熔断器；2—刀座；3—刀片；4—凸筋；
5—操作手柄；6—转轴；7—速断弹簧

（三）板形隔离开关

板形隔离开关又称板用刀开关，它的结构简单，安装方便，其外形如图 4-3 所示。其操作方式分为杠杆牵动式和手柄式两种；极数有两极和三极；额定电压为 380V，额定电流有

200、400、600、1000A 和 1500A 等多种。

板形刀开关主要用作成套配电装置中的隔离开关；当开关带有灭弧罩并用杠杆操作时，也能接通和切断负荷电流。

常用的板形隔离开关有 HD、HS 系列，HD 表示单投隔离开关，HS 表示双投隔离开关。

（四）转换开关

转换开关又称组合开关，它的结构与上述隔离开关不同，通过驱动转轴实现触头的闭合与分断，也是一种手动控制开关。转换开关通断能力较低，一般用于小容量电动机的直接起动、电动机的正反转控制及机床照明控制电路中。它结构紧凑、体积小、操作方便。

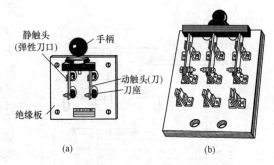

图 4 - 3　板形隔离开关
(a) HD 系列刀开关；(b) HS 系列刀形转换开关

图 4 - 4 所示为 HZ10 - 10/3 型转换开关的结构示意图及图形符号。它有三对静触片，分别装在三层绝缘垫板上，并分别与接线柱相连，以便和电源、用电设备相接。三对动触片和绝缘垫板一起套在附有手柄的绝缘杆上，手柄每次转动 90°角，使三对动触片同时与三对静触片接通断开。顶盖部分由凸轮、弹簧及手柄等零件构成操作机构，这个机构由于采用了弹簧储能，可使开关迅速闭合及切断。

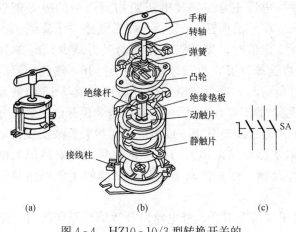

图 4 - 4　HZ10 - 10/3 型转换开关的
结构示意图及图形符号
(a) 外形；(b) 结构；(c) 符号

二、低压断路器

低压断路器又称自动开关或自动空气开关，是一种可以自动切断故障电路的开关电器，当电路中发生短路、过负荷、失压等故障时，能自动切断电路。正常工作情况下，还可作为不频繁地接通和断开电路以及控制电动机使用。

1. 低压断路器的工作原理

低压断路器由触头系统、灭弧装置、自由脱扣机构、传动装置和各种脱扣器组成，归纳起来可分为以下三部分：

（1）感知元件：负责接收电路中的不正常情况、操作人员或继电保护系统发出的信号，通过传递元件使执行元件动作（如过流脱扣器或欠压脱扣器等）。

（2）传递元件：负责力的传递、变换，包括操作机构、传动机构、自由脱扣机构、主轴等。

（3）执行元件：自动开关的触头及灭弧系统，主要是承担电路的接通和分断任务。保护的对象发生故障时，低压断路器由热元件、电压线圈、电流线圈等作用，通过传动脱扣机构使触头分断电路。其工作原理如图 4 - 5 所示。

低压断路器的触头 1 串联在三相电路中，当操作手柄合闸后，触头 1 由锁键 2 保持在

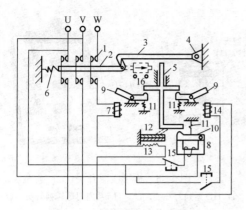

图 4-5　断路器的工作原理图

1—触头；2—锁键；3—搭钩；4—转轴；5—杠杆；
6、11—弹簧；7—过流脱扣器；8—欠电压脱扣器；
9、10—衔铁；12—热脱扣器双金属片；13—加热电
阻丝；14—分励脱扣；15—按钮；16—合闸电磁铁

闭合状态，锁键 2 是由搭钩 3 支持着，搭钩 3 以绕轴 4 转动。如果搭钩 3 被杠杆 5 顶开，触头 1 就被弹簧 6 拉开，电路分断。搭钩 3 被杠杆顶开这一动作，是由过电流脱扣器 7、欠电压脱扣器 8、分励脱扣器 14 和热脱扣器 12 来完成。过电流脱扣器的线圈和主电路串联，当低压断路器的工作原理图线路发生短路出现很大过电流时，过电流脱扣器的铁芯线圈产生的电磁吸力才能将衔铁 9 吸合（正常电流所产生的吸力不能使衔铁动作），吸合时撞击杠杆 5，把搭钩 3 顶上去，使触头 1 打开。欠电压脱扣器 8 的线圈并联在主电路上，当线路电压正常时，欠电压脱扣器产生的吸力能够将它的衔铁 10 吸合，如果线路电压降到某一定值时，欠电压脱扣器的吸力减少，衔铁 10 被弹簧 11 拉开，这时同样撞击杠杆 5 把搭钩 3 顶开，也可以使触头 1 打开。热脱扣器的加热电阻丝与主电路串联，当线路发生过负荷时，过负荷电流流过加热电阻丝 13 而使双金属片 12 发生热弯曲（电流较小时电磁脱扣器不吸合），同样可将搭钩 3 顶开而使触头分断。通过按钮 15 操动分励脱扣器 14 可用来做远距离分闸，或由继电保护装置来实现自动跳闸。如一台装有空气断路器的低压供电支路突然断电，当电源恢复时，该支路仍无电压，原因是空气断路器装有失压脱扣器而跳闸。低压断路器中热脱扣器的主要作用是短路保护。

低压断路器都装有操作手柄，可作为正常情况下合、分电路以及故障后重新接通电路之用。

2. 主要部件结构与作用

低压断路器必须具备功能可靠的触头系统、灭弧装置、传动机构以及各种脱扣装置。

（1）触头系统。常见的触头型式有单断口对接式、双断口桥式和插入式三种。

1）对接式触头。图 4-6 所示为三挡触头并联的触头系统结构图，主触头 1 负担长期通电的任务，需有足够大的触头压力和良好的接触（通常为线或面接触），以保证足够的动、热稳定性，其接触处都焊有银或银基粉末合金镶块（银钨、银镍等）。弧触头 3 主要承担分断电弧的作用和抗闭合时的电磨损，通常由耐弧材料制成。为能在大容量开关（1500A 以

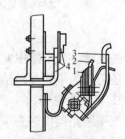

图 4-6　三挡触头并联
的触头系统结构图

1—主触头；2—副触头；
3—弧触头；4—静触头

上）中可靠地保护主触头，又增设了副触头 2。它们的开关顺序是弧触头先闭合，其次是副触头闭合，最后是主触头闭合；分断时则相反，主触头先断开，然后是副触头，弧触头最后分断。

2）双断口桥式触头。它是用金属触桥板焊上两个接触触点，通过传动系统的支持件与

主电路分开，悬在固定触头之上构成两个断口的触头系统。它可免去软连接又可因增加一个断口、有助于熄弧而使开关结构简化。其缺点是为保证温升不致过高需增加一倍的接触压力，这就加重了操作机构的负担，要求有较高的闭合力和采用较贵的触头材料。

3）插入式触头。它通常只用于不产生电弧的接触处的连接，其特点是通过短路电流时，触头结构本身可产生电动补偿作用而防止触头弹开。

（2）灭弧装置。灭弧装置是熄灭电弧的重要部件，其结构因断路器的种类而异。框架式低压断路器常用金属栅片式灭弧室，它由石棉水泥夹板、灭弧栅片及灭焰栅片所组成（见图4-7）。触头分断时所产生的电弧，在触头回路的电动力和磁场力的作用下被拉长，并被吸入灭弧栅中，当电弧被栅片吸引进入栅片后，被长短不同的钢质栅片分割成许多段，在栅片的强烈冷却作用和短弧效应的作用下，当交流电流经过零点时，电弧便很快熄灭。

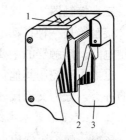

图4-7　低压断路器
灭弧装置图
1—灭焰栅片；2—灭弧栅片；
3—灭弧室

塑壳式低压断路器的工作电流较小，它所用的灭弧装置由红钢纸板嵌上栅片组成；快速低压断路器的灭弧装置还装有磁吹线圈，能使电弧迅速熄灭。即触头打开时，电弧在磁吹线圈磁场作用下迅速拉长并进入灭弧室，在栅片上很快冷却而熄灭。

（3）传动机构和自由脱扣机构。低压断路器的机构有两部分。一是传动机构，当断路器需要合闸时，通过传动机构驱动自由脱扣机构使触头闭合。传动方式有手柄、连杆、电磁铁、电动机和压缩空气等。一般以手柄传动方式较多，大电流等级的断路器多用电磁铁、电动机传动机构作远距离闭合操作。二是自由脱扣机构，它与触头系统和保护装置相联系，通过自由脱扣机构的动作使触头闭合与断开。一般低压断路器都有自由脱扣机构，其功能是当处于需要脱扣状态时，能使触头与操作机构失去联系，此时若再推操作机构，合闸力也传不到触头，使之不能合闸，从而可避免在电路有故障时因误合闸而发生危险。

3. 保护装置

低压断路器常用的脱扣保护装置有：

（1）过电流脱扣器。其作用是当电流超过某一规定值时，通过电磁吸力作用使自由脱扣器机构上的接点断开。

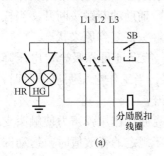

（a）

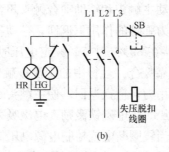

（b）

图4-8　分励与失压脱扣器
（a）分励脱扣器；（b）失压脱扣器

（2）分励脱扣器。用于远距离使低压断路器分闸。主要部件为电磁线圈，通电后铁芯吸合使连杆作用于跳闸机构，则断路器自动分断。它对电路不起保护作用，如图4-8（a）所示。

（3）失压与欠压脱扣器。当电源电压低于某一规定数值或电路失压时，它可使低压断路器分断。主要机构为一电磁线圈，为防止断路器断开后线圈带电，失压（或欠压）线圈与断路器内接触器动合常开辅助触点串联，如图4-8（b）所示。断路器合闸后由辅助触点使线圈吸合，当控制电路中用分闸按钮

SB 分断电路或电源失压、电压因故障而大为降低时，线圈电磁吸力减小，铁芯在弹簧作用下返回，使断路器随之跳闸。此脱扣器常用于电动机控制电路中，用以保护电动机避免在低电压下运行。

（4）热脱扣器。它一般为双金属片结构，主要用于过负荷保护。电流超过额定值时，热元件发热胀大，使双金属片变形而导致断路器分闸。

三、接触器

接触器是一种自动电磁式开关，用于远距离频繁地接通或开断交、直流主电路及大容量控制电路。接触器的主要控制对象是电动机，能完成起动、停止、正转、反转等多种控制功能；也可用于控制其他负载，如电热设备、电焊机以及电容器组等。接触器按主触头通过电流的种类，分为交流接触器和直流接触器。本节主要介绍交流接触器。

1. 交流接触器基本结构

交流接触器主要由电磁系统、触头系统、灭弧装置及辅助部件等组成。电磁系统由电磁线圈、铁芯、衔铁等部分组成，其作用是利用电磁线圈的得电或失电，使衔铁和铁心吸合或释放，实现接通或开断电路的目的。交流接触器在运行过程中，会在铁芯中产生交变磁场，引起衔铁振动，发出噪声。为减轻接触器的振动、噪声，在铁芯上套一个短路环。

交流接触器的触头可分为主触头和辅助触头。主触头用于接通或开断电流较大的主电路，一般由三对接触面较大的动合触头组成。辅助触头用于接通或开断电流较小的控制电路，一般由两对动合和动断触头组成。动合和动断是指电磁线圈得电以后的工作状态，当线圈得电时，动断触头先断开，动合触头再合上；当线圈失电时，动合触头先断开，动断触头再合上。两种触头在改变工作状态时，有一个时间差。交流接触器的触头按其结构形式可分为桥式触头和指形触头两种。CJ 系列接触器一般采用双断点桥式触头。触头上装有压力弹簧，以增加触头间的压力，从而减小接触电阻。交流接触器在开断电路时，动、静触头间会产生电弧，由灭弧装置使电弧迅速熄灭。交流接触器有双断口电动力灭弧、纵缝灭弧、栅片灭弧等灭弧方法。

2. 交流接触器工作原理

交流接触器结构如图 4-9 所示，其工作原理如图 4-10 所示，当按下按钮 7，接触器的线圈 6 得电后，线圈中流过的电流产生磁场，使铁芯产生足够的吸力，克服弹簧的反作用力，将衔铁吸合，通过传动机构带动主触头和辅助动合触头闭合，辅助动断触头断开。当松开按钮，线圈失电，衔铁在反作用力弹簧的作用下返回，带动各触头恢复到原来状态。

常用的 CJ20 等系列交流接触器在 $85\% \sim 105\%$ 额定电压时，能保证可靠吸合；电压降低时，电磁吸力不足，衔铁不能可靠吸合。运行中的交流接触器，当工作电压明显下降时，由于电磁力不足以克服弹簧的反作用力，衔铁返回，使主触头断开。

当接触器线圈施加控制电源电压时，电磁铁激励，电磁吸力克服反作用弹簧力使触头支持件动作，触头闭合主电路接通。当线圈断电或控制电源电压低于规定的释放值时，运动部分受反作用弹簧力使触头分断，产生电弧。电弧在电动力和气动力共同作用下进入灭弧装置，受强烈冷却去游离而熄灭，主电路即被切断。

由低压隔离开关、熔断器、接触器、按钮组成的电动机点动控制线路的原理接线如图 4-11所示。所谓"点动"控制是指按下按钮，电动机得电运转；松开按钮，电动机就是失电停转。这种控制方法常用于电动葫芦起重电动机的控制和车床工作台快速移动电动机的控

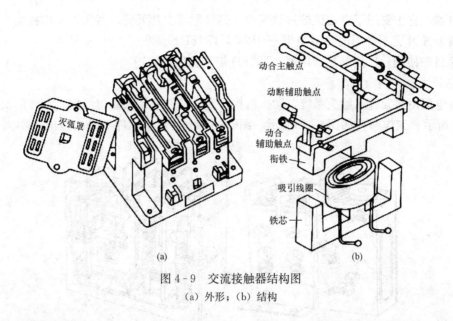

图 4 - 9　交流接触器结构图

(a) 外形；(b) 结构

制。在点动控制线路中，低压隔离开关 QS 作为电源开关，熔断器 FU1、FU2 分别作为主电路和控制电路的短路保护。主电路由 QS、FU1、接触器 KM 的主触头及电动机 M 组成，控制电路由 FU2、起动按钮 SB 的动合接点及接触器 KM 的线圈组成。

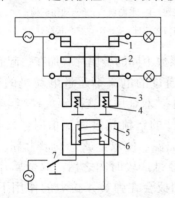

图 4 - 10　交流接触器的工作原理

1—静触头；2—动触头；3—衔铁；4—反
作用力弹簧；5—铁芯；6—线圈；7—按键

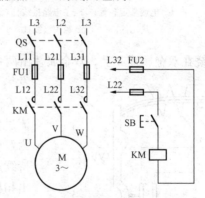

图 4 - 11　电动机点动控制原理接线图

点动控制线路的工作原理如下：

起动：按下 SB→KM 的线圈得电→KM 的主触头闭合→电动机 M 运转；

停止：松开 SB→KM 的线圈失电→KM 的主触头断开→电动机 M 停转。

四、电磁起动器

起动器由交流接触器和热继电器组成，是用来控制电动机起动、停止、正反转的一种起动器，与熔断器配合使用具有短路、欠压和过载保护作用。

（一）热继电器

热继电器是根据控制对象的温度变化来控制电流流过的继电器，即利用电流的热效应而动作的电器，它主要用于电动机的过载保护。热继电器由热元件、触头、动作机构、复位按钮和定值装置组成。常用的热继电器有 JR16、JR16D、JR20T、3UA 等系列，其中 JR16、JR16D 是目前使用较广泛的热继电器，JR16D 带断相保护装置。

1. 热继电器结构及工作原理

热继电器由热元件、触头系统、动作机构、复位按钮和定值装置组成，其外形及结构如图 4 - 12 所示，工作原理如图 4 - 13 所示。图 4 - 13 中，发热元件 1 是一段电阻不大的电阻

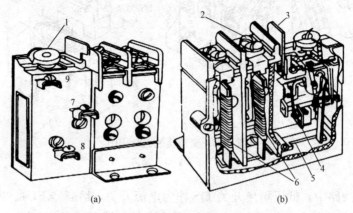

(a)　　　　　　　　　　　(b)

图 4 - 12　热继电器外形及结构示意图

(a) 外形；(b) 结构

1—电流整定装置；2—主电路接线柱；3—复位按钮；4—动断触头；5—动作机构；
6—热元件；7—动断触头接线柱；8—公共动触头接线柱；9—动合触头接线柱

丝，它缠绕在双金属片 2 上。双金属片由两片膨胀系数不同的金属片叠加在一起制成。如果

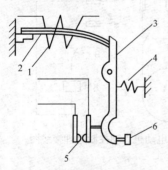

图 4 - 13　热继电器的工作原理示意图

1—发热元件；2—双金属片；3—扣板；
4—弹簧；5—辅助动断触头；6—复位按钮

发热元件中通过的电流不超过电动机的额定电流，其发热量较小，双金属片变形不大；当电动机过载，流过发热元件的电流超过额定值时，发热量较大，为双金属片加温，使双金属片变形上翘。若电动机持续过载，经过一段时间之后，双金属片自由端超出扣板 3，扣板会在弹簧 4 拉力的作用下发生角位移，带动辅助动断触头 5 断开。在使用时，热继电器的辅助动断触头串接在控制电路中，当它断开时，使接触器线圈断电，电动机停止运行。经过一段时间之后，双金属片逐渐冷却，恢复原状。这时，接下复位按钮，使双金属片自由端重新抵住扣板，辅助

动断触头又重新闭合，接通控制电路。电动机又可重新起动。热继电器有热惯性，不能用于断路保护。

2. 热继电器选用

选用热继电器时，必须了解被保护对象的工作环境、起动情况、负载性质、工作制及电动机允许的过载能力。

(1) 使热继电器的安秒特性尽可能接近电动机过载特性，首先根据电动机额定电压和电流计算出热元件的电流范围，然后选取相应型号及电流等级热继电器。如热继电器与电动机

的安装条件不同，环境也不同，则热元件电流要做适当调整。在高温场合热元件的电流应放大 1.05～1.20 倍。

（2）成套电气装置时，热继电器尽量远离发热电器。通过热继电器的电流与整定电流之比称为整定电流倍数。其值越大发热越快，动作时间越短。对于点动（断续控制）、重载起动、频繁正反转及带反接制动等运行的电动机，一般不用热继电器作过载保护。

（二）电磁起动器的应用

电磁起动器控制电动机正反转的原理接线如图 4-14 所示。图中 SB1 为停止按钮，SB2、SB3 为控制电动机正、反转的起动按钮，接触器 KM1、KM2 分别用于正转和反转控制。当接触器 KM1 的主触头闭合时，三相电源 L1、L2、L3 接入电动机，电动机正转；当接触器 KM2 的主触头闭合时，三相电源按 L3、L2、L1 接入电动机，电动机反转。起动按钮 SB2、SB3 的下方并联的动合辅助触头 KM1、KM2 的作用是：当电动机起动后，并联在 SB2 下方的动合辅助触头闭合，松开 SB2 控制电路仍能接通，保持电动机的连续运行。通常将这种作用叫自锁或自保持作用。

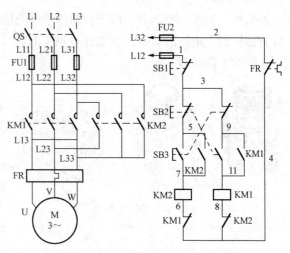

图 4-14　电动机正反转控制原理接线图

在电磁起动器正反转控制线路中，接触器 KM1、KM2 不能同时动作，否则会造成相间短路。为了实现电气和机械闭锁，在 KM1、KM2 线圈各自的支路中相互串联了对方的一对动断辅助触头，以保证接触器 KM1、KM2 不能同时得电；KM1、KM2 的两对辅助触头在线路中所起的作用称为闭锁，依靠接触器辅助触头实现的闭锁称为电气闭锁或接触器闭锁。按钮闭锁或机械闭锁是将正转起动按钮 SB2 的一对动断接点串入反转接触器 KM2 的控制电路中，同时，将反转起动按钮 SB3 的一对动断接点串入正转接触器 KM1 的控制电路中。

电磁起动器控制电动机的工作原理如下：合上电源开关 QS。

（1）正转控制：

按下 SB1 ┬→SB1 动断触头先断开，实现对 KM2 的机械闭锁，切断反转控制回路
　　　　　└→SB1 动合触头后闭合→KM1 线圈得电→

┬→KM1 的动合辅助触头闭合，实现自保持 ┬→电动机 M 起动连续正转运行
├→KM1 主触头闭合
└→KM1 的动断辅助触头断开，实现对 KM2 的电气闭锁，切断反转控制回路

（2）反转控制：

　　　　　　　　　　　　　　　　　　┬→KM1 动断辅助触头闭合，解除对 KM2 的电气闭锁
按下 SB2 ┬→SB2 动断触头先断开，KM1 的线圈失电→├
　　　　　│　　　　　　　　　　　　　　　　　　└→KM1 主触头断开→电动机失电停止运行
　　　　　└→SB1 动合触头后闭合→KM2 线圈得电→

┌→KM2 的动合辅助触头闭合，实现自保持 → 电动机 M 起动连续反转运行
├→KM2 主触头闭合
└→KM2 的动断辅助触头断开，实现对 KM1 的电气闭锁，切断正转控制回路

五、主令电器

主令电器是用于接通或开断控制电路，以发出指令或作程序控制的开关电器。常用的主令电器有按钮、行程开关、万能转换开关、主令控制器等。

（一）按钮

按钮是一种手动控制器。由于按钮的触头只能短时通过 5A 及以下的小电流，因此按钮不宜直接控制主电路的通断。接钮通过触头的通断在控制电路中发出指令或信号，改变电气控制系统的工作状态。

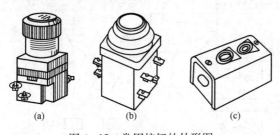

图 4 - 15　常用按钮的外形图
(a) LA19 外形图；(b) LA18 外形图；(c) LA10 外形图

按钮一般由按钮帽、复位弹簧、桥式动静触头、支柱连杆及外壳组成。常用按钮的外形如图 4 - 15 所示。

按钮根据触头正常情况下（不受外力作用）分合状态分为起动按钮、停止按钮和复合按钮。

（1）起动按钮：正常情况下，触头是断开的；按下按钮时，动合触头闭合，松开时，按钮自动复位。

（2）停止按钮：正常情况下，触头是闭合的；按下按钮时，动断触头断开，松开时，按钮自动复位。

（3）复合按钮：由动合触头和动断触头组合为一体，按下按钮时，动合触头闭合，动断触头断开；松开按钮时，动合触头断开，动断触头闭合。复合按钮的动作原理如图4 - 16所示。图中 1—1 和 2—2 是静触点，3—3 是动触点，图中各触点位置是自然状态。静触点1—1由动触点 3—3 接通而闭合，此时 2—2 断开。按下按钮时，动触点 3—3 下移，首先使静触点 1—1（称动断触头）断开，然后接通静触头 2—2（称动合触点），使之闭合；松手后在弹簧 4 作用下，动触头 3—3 返回，各触头的通断状态又回到图4 - 16所示位置。

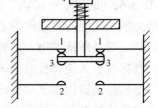

图 4 - 16　复合按钮的动作原理

为了便于操作人员识别，避免发生误操作。生产中用不同的颜色和符号标志来区分按钮的功能及作用。各种按钮的颜色规定如下：起动按钮为绿色；停止或急停按钮为红色；起动和停止交替动作的按钮为黑色、白色或灰色；点动按钮为黑色；复位按钮为蓝色（若还具有停止作用时为红色）；黄色按钮用于对系统进行干预（如循环中途停止等）。由于按钮的结构简单，所以对按钮的测试主要集中在触头的通断是否可靠，一般采用万用表的欧姆挡测量。测试过程中对按钮进行多次操作并观察按钮的操作灵活性，是否有明显的抖动现象。需要时可测量触头间的绝缘电阻和触头的接触电阻。

（二）行程开关

行程开关又叫限位开关，行程开关是靠生产机械的某些运动部件与它的传动部位发生碰

撞，使其触头通断从而限制生产机械的行程、位置或改变其运行状态。程开关有按钮式、旋转式等，常用的行程开关有 LX19、JLXK1 等系列。

各系列行程开关的基本结构大体相同，都是由触头系统、操作机构和外壳组成。JLXK1 系列行程开关的外形如图 4-17 所示。

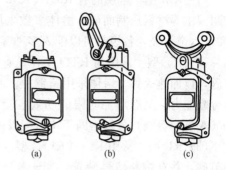

图 4-17　JLXK1 系列行程开关的外形图
(a) JLXK1-311 型按钮式；(b) JLXK1-111 型单轮旋转式；(c) JLXK1-211 型双轮旋转式

当运动机械的挡铁压到行程开关的滚轮上时，传动杠杆连同转轴一起转动，使凸轮推动撞块，当撞块被压到一定位置时，推动开关快速动作，使其动断触头断开，动合触头闭合；当滚轮上的挡铁移开后，复位弹簧就使行程开关各部分恢复原始位置。这种单轮自动恢复式行程开关是依靠本身的恢复弹簧来复原，在生产机械的自动控制中应用较广泛。

行程开关安装时，安装位置要准确，安装要牢固；滚轮的方向不能装反，挡铁与其碰撞的位置应符合控制线路的要求，并确保能可靠地与挡铁碰撞。

行程开关在使用中，要定期检查和保养。清除油垢、灰尘，保证触头的接触良好；经常检查其动作是否灵活、可靠，及时排除故障，防止行程开关因接触不良或断线产生误动作而导致设备和人身安全事故。

（三）万能转换开关

万能转换开关是由多组相同结构的触头组件叠装而成的多回路控制电器，主要用于控制线路的转换及电气测量仪表的转换，也可用来控制小容量异步电动机的起动、换向及调速。它主要由接触系统、操作机构、转轴、手柄、定位机构等部件组成。接触系统由许多接触元件组成，每一接触元件均有一绝缘基座，每节绝缘基座有三对双断点触头，分别有凸轮通过支架操作。操作时，手柄带动转轴和凸轮一起旋转，凸轮推动触头接通或断开。由于凸轮的形状不同，当手柄处在不同位置时，触头的分合情况不同，从而达到转换电路的目的。

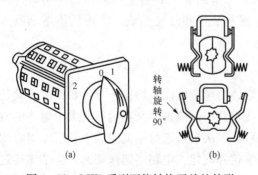

转轴旋转 90°。

图 4-18　LW5 系列万能转换开关的外形
(a) 外形；(b) 凸轮通断触点示意图

常用的万能转换开关有 LW2、LW5、LW6、LW8 等系列。LW5 系列万能转换开关适用于交流 50Hz、电压至 500V 及直流电压至 440V 的电路中，作电气控制线路转换之用和电压 380V、5.5kW 及以下的三相鼠笼型异步电动机的直接控制之用。LW5 系列万能转换开关的外形如图 4-18 所示。

六、低压熔断器

熔断器是一种最简单的保护电器，它串联在电路中，当电路发生短路或过负荷时，熔体熔断自动切断故障电路，使其他电气设备免遭损坏。低压熔断器具有结构简单，价格便宜、使用、维护方便、体积小、重量轻等优点，因而得到广泛应用。

1. 低压熔断器种类

（1）RM 型。常用的有 RM1、RM3 等型，它们均为无填料封闭管式熔断器，熔管为绝缘耐温纸等材料压制而成，熔体多数采用铅、铅锡、锌、铝金属材料。熔断器规格有 15～600A 六个等级，各级都可以配入多种容量规范的熔体。

（2）RT 型。常用为 RTO 型，是有填料封闭管式熔断器，熔管为绝缘瓷制成，内填石英砂，以加速灭弧。熔体采用紫铜片，冲压成网状多根并联形式，上面熔焊锡桥，即具有快速分断能力，又有增加时限的功效，交有熔断信号装置，便于检查。熔断器规格有 100～1000A 五个等级，各级熔断管均可配以多种容量的熔体，属于快速型熔断器。

（3）RL 型。常用 RL6、RLS2 型，它们是一种螺旋管式熔断器，熔断管为瓷质，内填石英砂，并有熔断信号装置，便于检查。RL1 型有 15～200A 四种规格，RL6 型有 25～100A 三种规格，各级均可配用不同规格的熔体，属于快速型熔断器，其特点是体积小、装拆方便、便于选择。

（4）RS 型。常用的有 RSO、RS3 型，属于快速熔断器，结构和 RTO 型相似。熔断器规格有 10～350A 十种，等级较多，便于选择。

（5）RC 型。常用 RC1A 型，是插入式熔断器，用瓷质制成，插座与熔管合为一体，结构简单，拆装方便。熔体配用材料同 RM 型。熔断器有 10～200A 六种规格可供选用。

（6）RT 型。它是一种封闭管式熔断器，熔管以胶木或塑料压制而成，规格只有 10A 一种，内可装配 0.5～10A 九种容量等级的熔体。这是一种专为二次线系统保护用的熔断器。

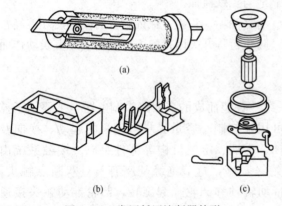

图 4-19　常用低压熔断器外形
（a）管式熔断器；（b）插入式熔断器；
（c）螺旋式熔断器

2. 低压熔断器结构

熔断器一般由金属熔体、连接熔体的触头装置和外壳组成。常用低压熔断器外形如图4-19所示。

3. 熔断器工作原理

当电路正常运行时，流过熔断器的电流小于熔体的额定电流，熔体正常发热温度不会使熔体熔断，熔断器长期可靠运行；当电路过负荷或短路时，流过熔断器的电流大于熔体的额定电流，熔体溶化切断电路。熔体熔化时间的长短，取决于所通过电流的大小和熔体熔点的高低。当熔体通过很大的短路电流时，熔体将爆溶化并气化，电路迅速被切断；当熔体通过过负荷电流时，熔体的温度上升较慢，溶化时间较长。熔体的熔点越高，熔体熔化就越慢，熔断时间就越长。

4. 熔断器的技术参数及工作特性

（1）熔断器的技术参数。熔断器性能的主要技术参数有额定电压、额定电流及极限分断能力。

1）额定电压：指熔断器长期能够承受的正常工作电压。选择熔断器时，熔断器的额定电压应不小于熔断器安装处电网的额定电压。对于以石英砂作为填充物的限流型熔断器，熔断器的额定电压应等于熔断器安装处电网的额定电压。如果熔断器的工作电压低于其额定电压，熔体熔断时可能会产生危险的过电压。

2）熔断器的额定电流：指在一般环境温度（不超过 40℃）下，熔断器外壳和载流部分长期允许通过的最大工作电流。

3）熔体的额定电流：指熔体允许长期通过而不熔化的最大电流。一种规格的熔断器可以装设不同额定电流的熔体，但熔体的额定电流应不大于熔断器的额定电流。

4）极限开断电流：指熔断器能可靠分断的最大短路电流。

（2）工作特性。

1）电流—时间特性。熔断器熔体的熔化时间与通过熔体电流之间的关系曲线，称为熔体的电流—时间特性，又称为安秒特性。熔断器的安秒特性由制造厂家给出，通过熔体的电流和熔断时间呈反时限特性，即电流越大，熔断时间就越短。图 4-20 所示为额定电流不同的两个熔体 1 和 2 的安秒特性曲线，熔体 2 的额定电流小于熔体 1 的额定电流，熔体 2 的截面积小于熔体 1 的截面积，同一电流通过不同额定电流的熔体时，额定电流小的熔体先熔断，例如同一短路电流 I_d 流过两熔体时，$t_2 < t_1$，熔体 2 先熔断。

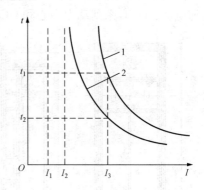

图 4-20　熔断器的安秒特性

2）熔体的额定电流与最小熔化电流。熔体的额定电流指熔体长期工作而不熔化的电流，由安秒特性曲线可以看出，随着流过熔体电流逐渐将少，熔化时间不断增加。当电流减少到一定值时，熔体不再熔断，熔化时间趋于无穷大，该电流值称为最小熔化电流，用 I_{zx} 表示。考虑到熔体的安秒特性的不稳定，熔体不能在最小熔化电流长期工作，熔体的额定电流 I_N 应比最小熔化电流小。最小熔化电流与额定电流的比值称为熔断系数，大多数熔体的熔断系数在 1.3～2.0 之间。

七、低压成套装置安全运行要求

低压成套装置是指由低压电器（如控制电器、保护电器、测量电器）及电气部件（如母线、载流导体）等按一定的要求和接线方式组合而成的成套设备。

低压成套装置主要用于发电厂、变电站、工矿企业等电力用户作为动力、照明、配电之用。

（一）成套配电装置的特点及技术要求

成套配电装置可满足各种主接线要求，并具有占地少，安装、使用方便，适用于大量生产等特点。目前我国生产的成套配电设备多为标准型产品，其具体线路方案按主电路和辅助电路分别组成标准单元，用户可任意选择具体的线路方案，并按实际需要进行组合，以满足配电系统的需要。成套配电装置的组合必须满足运行安全可靠、检修维护方便、经济合理、实用美观等要求。对其一般技术要求如下：

（1）配电装置的布置和导体、电器、架构的选择，应满足在当地环境条件下正常安全运行的要求。其布置与安装还应满足短路及过电压时的安全要求。

（2）配电装置应动作灵活，工作可靠。

（3）配电装置各回路的相序应一致，并应有相色标志。

（4）屋内配电装置间隔内的硬导体及接地线上应留有接触面和连接端子。

（5）成套配电装置应具有五防功能。

（6）两路及以上电源供电时，各电源进线与联络开关之间应设置连锁装置。

（7）充油电气设备的布置应满足在带电时观察油位、油温的安全和方便的要求，并便于抽取油样。

（二）常用低压配电屏

常用的低压配电屏有 PGL 型交流低压配电屏、BFC 系列抽屉式低压配电屏、GGL 型低压配电屏、GCL 系列动力中心和 GCK 系列电动机控制中心。

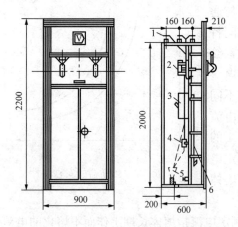

图 4 - 21　PGL - 1 低压配电屏结构示意图

1—母线及绝缘框；2—闸刀开关；3—低压断路器；
4—电流互感器；5—电缆头；6—继电器

1. PGL 型低压配电屏

图 4 - 21 所示为 PGL-1 型低压配电屏示意图，P—配电屏，G—固定式，L—动力用。它适于交流 50Hz、额定工作电压不超过 380V 的低压配电系统中供作动力、配电和照明之用，用于户内安装的低压配电屏。PGL 型低压配电屏的结构形式为户内开启式、双面维护（离墙安装），屏架用钢板和角钢焊接而成。屏的前面有门，上方有活动的仪表板供安装仪表用。组合屏的始、终端屏上还可以增设防护侧板。母线在骨架上部立式安装，上有防护罩。主接地点焊接在下方的骨架上，仪表门有接地点与壳体相连，构成了完整、良好的接地保护电路。

PGL 型屏的主开关电器选用 DW15、DZ10 型断路器，HD13 和 HS13 型隔离开关，RTO 型熔断器和 CJ12 型接触器等电器元件。辅助电路保护元件则改用圆柱形有填料高分断能力的 GF1 型熔断器；PGL2 型屏的主开关电器改用 DW15 型断路器和 DZX10 型限流断路器。辅助电路也采用了 GF1 型熔断器。GF1、DW15 和 DZX10 等元件的采用，有利于保证和提高配电屏的分断能力。

2. BFC 型低压配电屏

BFC（B—低压配电柜，F—防护型，C—抽屉式）型低压开关柜专门用来控制电动机的。用于额定频率 50～60Hz，额定电压不超过 500V 动力配电、照明配电和控制。这类开关柜采用封闭式结构，离墙安装，元件装配方式有固定式、抽屉式和手车式几种。

BFC 低压配电屏的各单元的主要电器设备均安装在一个特制的抽屉中或手车中，抽屉或手车上均设有连锁装置，以防止误操作。当某一回路单元发生故障时，可以使用备用抽屉或手车，以便迅速恢复供电。而且，由于每个单元为抽屉式，密封性好，不会扩大事故，便于维护，提高了运行可靠性。

3. GGL 型低压配电屏

GGL（G—柜式结构，G—固定式，L—动力用）型低压配电屏为组装式结构，全封闭型式，内部选用新型的电器元件，母线按三相五线配置。此种配电屏具有分断能力强、动稳定性好、维修方便等优点，主要适用于发电厂、变电站及厂矿企业交流 380V、50Hz 的低压配电系统供作动力、配电和照明之用。

4. GCL 系列动力中心

GCL（G—柜式结构，C—抽屉式，L—动力中心）系列动力中心适用于变电站、工矿企业大容量动力配电和照明配电，也可作电动机的直接控制使用。其结构型式为组装式全封闭式结构，每一功能单元（回路）均为抽屉式，有隔板分开，可以防止事故扩大，主断路器导轨与柜门有机械连锁，可防止误入有电间隔，保证人身安全。

5. GCK 系列电动机控制中心

GCK（G—柜式结构，C—抽屉式，K—控制中心）系列电动机控制中心，是一种工矿企业动力配电、照明配电与电动机控制用的低压配电装置。它们为全封闭功能单元独立式结构，这种控制中心保护设备完善，保护特性好，所有功能单元均可通过接口与可编程序控制器或微处理机连接，作为自动控制系统的执行单元。

6. GGD 型交流低压配电柜

GGD（G—交流低压配电柜，G—固定安装，D—电力用柜）型交流低压配电柜具有分断能力高，动热稳定性好，电气方案灵活，组合方便，系列性、实用性强，防护等级高等特点。其构架采用冷弯型钢材局部焊接拼装而成，主母线列在柜的上部后方，柜门采用整门或双门结构，柜体后面采用对称式双门结构，柜门采用镀锌转轴式铰链与构架相连，安装、拆卸方便。柜门的安装件与构架间有完整的接地保护电路。

（三）低压配电柜运行维护

1. 日常巡视维护

建立运行日志，实时记录电压、电流、负荷、温度等参数变化情况；巡视设备应认真仔细，不放过疑点，如设备外观有无异常现象，设备指示器是否正常，仪表指示器是否正确等；检查设备接触部位有无发热或烧损现象，有无异常振动和响声，有无异常气味等；对负荷骤变的设备要加强巡视、观察、以防意外；当环境温度变化时（特别是高温时）要加强对设备的巡视，以防设备出现异常情况。

2. 定期维护

清除导体和绝缘件上的尘埃和污物（在停电状态）；绝缘状态的检测；导体连接处是否松动，接触部位是否有磨损，对磨损严重的应及时维修或更换。

第二节　交流异步电动机

异步电动机又称感应电动机，它是由定子产生的旋转磁场与转子绕组中的感应电流相互作用产生电磁转矩而转动，从而实现机电能量转换的一种交流电动机。

一、异步电动机的铭牌

异步电动机铭牌上一般标有它的主要参数：

（1）额定功率（P_N）：指电动机在额定运行时，轴端输出的机械功率，单位为 W 或 kW（瓦或千瓦）。

（2）额定电压（U_N）：指电动机额定运行时，加在定子绕组上的线电压，单位为 V（伏）。

（3）额定电流（I_N）：指电动机在额定电压下，轴端输出额定功率时，定子绕组中的线电流，单位为 A（安）。

（4）额定频率（f_N）：我国规定电网的频率为 50Hz，国内异步电动机的额定频率都是 50Hz。

（5）额定功率因数（$\cos\varphi_N$）：指电动机额定运行时，定子边的功率因数。

（6）额定转速（n_N）：指电动机在额定频率、额定电压下，且轴端输出额定功率时，转子的转速，单位为 r/min（转/分）。

此外，铭牌上还标明定子绕组接法以及绝缘等级、温升等。对绕线式异步电动机，还要标明转子绕组接法、转子额定电压（指定子绕组加额定电压，转子绕组开路时滑环间的电压）和转子额定电流等数据。

三相异步电动机的型号表示含义如下（以 YD 系列为例）：

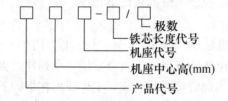

二、三相异步电动机起动

电动机从静止状态开始转动，直至升速到稳定转速的过程称为起动过程。

1. 异步电动机起动性能

电动机的起动性能主要是指起动电流倍数 $\dfrac{I_{st}}{I_N}$（I_{st} 为起动电流）、起动转矩倍数 $\dfrac{M_{st}}{M_N}$（M_{st} 为起动转矩）、起动时间、起动设备和简易性、可靠性等。其中，最重要的是起动电流和起动转矩的大小。

电动机起动基本要求主要有两点：一是要有足够大的起动转矩；二是起动电流不要太大。通常，定子起动电流可达额定电流的 4～7 倍。起动时转子电路的功率因数很低，尽管转子电流很大，而起动转矩并不大，一般只有额定转矩的 0.8～2.0 倍。

由此可知，异步电动机起动时存在的主要问题是起动电流太大。鼠笼式电动机用减小转子电势的方法减小起动电流，要减小起动电流就必须降低外施电压。

2. 鼠笼式电动机起动

（1）直接起动。直接起动又称全压起动。其方法是用断路器（或接触器、刀熔开关）将电动机的定子绕组直接接到相应额定电压的电源上。这种起动方法简单，应尽可能首先考虑采用。其缺点是起动电流大。

电动机由变压器供电时，不经常起动的电动机，其容量不宜超过变压器容量的 30%；经常起动的电动机，其容量则不宜超过变压器容量的 20%。

（2）降压起动。容量较大的鼠笼式电动机起动电流比较大，不允许直接起动，对起动转矩要求不高的场合，则可采用降低外施电压的方法减小起动电流。常用的降压方法有以下几种。

1）自耦变压器降压起动。这种方法的原理接线图如图 4-22 所示。起动时，合上刀熔开关 QS，并将转换开关 S 合向"起动"位置。这时，利用自耦变压器降低加在电动机定子绕组端头上的电压。

　　起动完毕，再将 S 合向"运行"位置。

　　自耦变压器的二次绕组通常有几个抽头，使二次侧电压为一次侧电压的 40％、60％、80％，根据不同起动转矩的要求可以选用。这种起动设备的缺点是投资大，且易损坏。

　　2）星形—三角形换接起动。凡正常运行时三相定子绕组为三角形接法的电动机，可采用这种方法起动，即起动时将定子绕组按星形接法，起动毕再转换为三角形。这种方法的原理接线图如图 4‑23 所示。

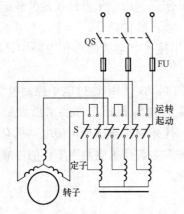

图 4‑22　自耦变压器降压起动原理接线图

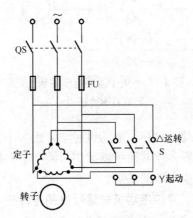

图 4‑23　星形—三角形换接起动原理接线图

　　起动时，合刀熔开关 QS，并把转换开关 S 合向"起动"位置，定子绕组为 Y 接。起动毕，将 S 合向"动转"位置，定子绕组换成△接。

　　3. 绕线式异步电动机起动

　　绕线式异步电动机的起动通常采用在转子电路中串联变阻器的方法，如图 4‑24 所示。起动时，先将起动变阻器调到电阻最大的位置，然后合上电源的刀熔开关 QS，使电动机起动。随着转速升高，逐步将起动变阻器的电阻值减小，直到转速接近额定转速时，再将起动变阻器的全部电阻切除，转子电路直接短接。

　　转子电路中串入电阻后，一方面是将转子电流减小，从而减小起动电流；另一方面可提高转子电路的功率因数，若串联的电阻值适当，还可增大起动转矩。

　　综上所述，绕线式异步电动机在转子电路中串联电阻起动，不仅可限制起动电流，而且还可增大起动转矩，因而使起动性能大大得到

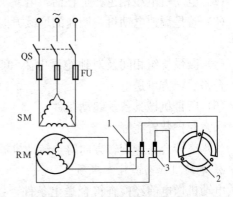

图 4‑24　绕线异步电动机的起动原理接线图

SM—定子绕组；RM—转子绕组

1—电刷；2—起动变阻器；3—集电环

改善。所以，起动次数频繁，要求起动时间短和起动转矩较大的生产机械，常采用绕线式异步电动机。

4. 异步电动机的软起动

如前所述，鼠笼异步电动机的起动方式和绕线异步电动机的起动方法，都无法避免电动机起动瞬间电流冲击，也无法避免起动过程中进行电压切换。这样，由于起动设备触点多，发生故障机会也多。一种叫做软起动器（或固态软起动器）的新型设备已经问世，并已推广应用。这种软起动器使得电动机起动平衡，对电网冲击小，还可以实现电动机软停车、软制动，以及电动机的过载、短路、缺相等保护，还可以使电动机轻载节能运行。软起动器具有良好的起动控制性能及保护性能。

图 4-25 所示是以电子器件组成的软起动器示意图，图中电子器件 VT1—VT4、VT3—VT6、VT2—VT5 串接在电动机的三相电路中；M 为电动机。

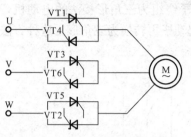

图 4-25　电子器件组成的软起动器示意图

在电动机起动过程中通过电子控制电路控制，使电动机的起动电流根据工作要求所设定的规律进行变化。这样，电动机起动电流大小、起动方式均可任意控制与选择，使电动机有最佳的起动过程，同时还可以减小起动功率损耗。软起动设备大大提高了电动机工作的可靠性，但也有产生谐波的缺点。

三、异步电动机的运行使用与维护

1. 异步电动机使用前准备工作

异步电动机安装后第一次起动前，或电动机检修后投入运行送电前，应进行必要的检查，测量及试验，检验电动机有无问题，可否投入运行。

（1）电动机外部部件完整、清洁、运行名称编号清楚、正确。保护接地完好，靠背轮防护罩已装好，四周整洁、无杂物。

（2）电动机电缆相色齐全整洁，电缆与电动机接线压紧良好。

（3）若是调速电动机，调速的增减方向，增减后的速度要和调速装置相对应，符合调速要求。

（4）测量绕组相间及对地绝缘电阻和吸收比（相间绝缘只有在各相绕组断开时才能测量）合格后，方可送电。

（5）所带机械具备了起动条件。

（6）保护装置完好。

（7）空转合格。旋转方向符合转动机械的旋转方向。

2. 电动机起动时注意事项

电动机送电前经检查符合送电条件，按照接受命令、开操作票等操作程序进行送电操作。在起动过程中，应注意以下几个问题：

（1）操作人员要熟悉操作规程，动作灵活迅速果断。接通电源后，若发现不转和声音异常或打火、冒烟以及焦煳味，应立即切断电源，找出原因，予以处理；

（2）起动数台电机时，应按容量从大到小一台一台地起动，不得同时起动，以免出现故障和引起断路器跳闸；

（3）电动机应避免频繁起动。规程规定电动机在冷态时可起动 2 次，每次间隔时间不少于 5min。在热态时可起动 1 次。当处理事故时，起动时间不超过 25～35min 时，可再起动 1 次。

3. 异步电动机运行中监视与维护

电动机在运行中，应定期进行巡视点检，要注意电压、电流、温度、声音及气味等几个方面。具体监视项目如下：

（1）监视电动机的电流是否超过额定值。如果没有装电流表，应当用钳形电流表定期进行测量。

（2）检查运行中的大、中容量电动机接线端子处有无过热现象，电缆引线绝缘有无过热变色，有无异常气味，有无冒出的轻烟等。

（3）检查轴承是否良好。对于滚动轴承应检查有无过热流油现象，用听针检查轴承声音是否正常。

（4）检查电动机振动是否超过允许值。必要时用振动表进行测量。

（5）对装有温度计、温度表的电动机要检查进、出口风温。对未装温度表的电动机，可用手接触电动机上部外壳处，看电动机是否超温。

（6）对大容量电动机停运时间超过规定时（如给水泵），在起动前应测验绝缘，看是否受潮。查看电动机起动、升速过程中的电流变化，直到进入正常运行状态。

（7）保持电动机及周围环境的整洁，不得有杂物、水、油等落入电动机内，要定期拭抹电动机。

（8）发现有可能发生人身事故或电动机和被驱动机械损坏至危险程度时，应立即切断电源。当电动机发生不允许继续运行的故障（如内部有火花、绝缘有焦味，电流或温度超出规定值，特别响声及强烈振动）时，则可以先起动备用机组，然后停机。

（9）如电动机起火，应先切断电源，然后进行灭火。灭火应使用电气设备专用灭火器。

四、异步电动机常见故障、原因及处理

异步电动机的故障一般可分为电气故障和机械故障两大类。电气故障除了电动机绕组或导电部件的错接，接触不良及损坏以外，还包括控制保护设备的故障。机械故障主要是轴承、风叶、靠背轮、端盖、铁芯、转轴、紧固件等损坏所致。

当电动机发生故障时，应仔细观察所发生的异常现象，并测量有关数据，然后分析其原因，找出故障部件，采取措施加以排除。

异步电动机常见的故障、原因及处理见表 4-1。

表 4-1　　　　　　　　　　异步电动机的常见故障、原因及处理方法

故　障	故 障 原 因	处 理 方 法
电动机不能转动或转速低于额定转速	①熔断器熔件烧断，电源未接通电压过低 ②定子绕组中或外部电路有一相断线 ③绕线型转子电路断路、接触不良或脱焊 ④鼠笼型转子鼠笼条断裂 ⑤△连接的电动机引线错接成 Y ⑥负载过大或所传动的机械卡住	①检查电源电压和开关工作情况 ②自电源起逐段检查，找出断头并接通 ③消除断路点 ④修复断条 ⑤改正接线 ⑥减小负载或更换容量大的电动机，检查被带动机械，消除故障

故　　障	故障原因	处理方法
电动机三相电流不对称	①定子绕组匝间短路 ②重换定子绕组后，部分线圈匝数有错误 ③重换定子绕组后，部分线圈之间的接线有错误	①检修定子绕组，消除短路 ②严重时，测出匝数有错的线圈并换 ③校正接线
电动机全部过热或局部过热	①电动机过载 ②定子铁芯硅钢片之间绝缘漆不良或有毛刺 ③电源电压较电动机额定电压过低或过高 ④定子和转子在运行中摩擦（扫膛） ⑤电机的通风不良 ⑥定子绕组有匝间短路故障 ⑦运行中的电动机一相断线 ⑧绕线型转子绕组的焊点脱焊 ⑨重换线圈后的电动机由于接线错误或绕制线圈的匝数不符，或浸漆后未彻底烘干	①应降低负载或换一台容量较大的电动机 ②检修定子铁芯，处理铁芯绝缘 ③调整电源电压 ④查明原因消除摩擦 ⑤检查风扇，疏通风孔道 ⑥局部或全部更换线圈 ⑦停机检查，修复断线 ⑧将脱焊重焊 ⑨校正绕组接线，更换匝数不符的线圈，将电动机彻底烘干
电刷冒火、滑环过热或烧坏	①电刷的型号尺寸不符 ②电刷压力过大或不足 ③电刷与滑环的接触面磨得不好 ④滑环表面不平、不圆或有油污 ⑤电刷质量不好或电刷总面积不够	①更换电刷 ②调整各电刷的压力 ③打磨电刷 ④消除滑环表面的脏污，必要时车旋 ⑤更换质量良好的电刷或增加电刷的数量
电动机有不正常的振动和响声	①电动机的地基不平，电机安装得不好 ②滑动轴承的电机轴颈与轴承的间隙过大 ③滚动轴承在轴上装配不良或滚动轴承本身的缺陷 ④电机转子和轴上所附的皮带轮、飞轮、齿轮等不平衡 ⑤转子铁芯变形或轴弯曲 ⑥定子绕组局部短路或接地 ⑦绕线型转子局部短路 ⑧定子铁硅钢片压得不紧 ⑨定子铁芯外径与机座内径之间的配合不够紧密	①检查地基情况及电机安装情况 ②检查调整滑动轴承间隙 ③检查滚动轴承的装配情况或更换轴承 ④做静平衡或动平衡试验，调整平衡 ⑤在车床上找正，并处理 ⑥寻找短路或接地故障点，进行局部修理或更换绕组 ⑦寻找短路点并进行处理 ⑧重新压紧后用电焊数处 ⑨可用电焊点焊或在机座外部向定子铁芯钻孔，加固定螺栓
轴承过热	①滚动轴承中润滑脂加得过多 ②润滑脂变质、陈老、干涸或缺油 ③润滑脂中有杂物，如灰、砂等 ④轴与轴承有偏心，如端盖与机座不同心 ⑤滑动轴承间隙过小或油环不转动，油位过低 ⑥润滑脂使用不当 ⑦皮带张力太紧或靠背轮装配不正 ⑧轴承端盖过紧或机械负荷过重 ⑨轴向间隙过小 ⑩轴承损坏	①检查油量，一般只装到轴承室容积的1/3或1/4 ②清洗后换新润滑脂，或补注润滑油 ③洗净轴承后，换洁净润滑脂 ④调整端盖或止口车大，对正同心度后，加定位销定位 ⑤调整间隙或使油环转动，补注润滑油 ⑥根据不同使用环境，更换润滑脂 ⑦适当放松皮带，调整靠背轮 ⑧适量松盖，减轻负荷 ⑨调整间隙 ⑩更换同型号轴承，修理轴瓦

第三节　并联电容器

电力电容器按所起作用的不同分为移相电容器、电热电容器、串联电容器、耦合电容器、脉冲电容器等。移相电容器主要用于无功补偿，提高功率因数，提高设备出力，降低功率损耗和电能损失，改善电压质量。并联电容器的结构如图 4-26 所示。

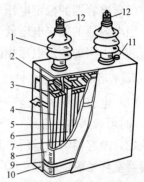

图 4-26　并联电容器结构

1—出线瓷套管；2—出线连接片；
3—连接片；4—芯体；5—出线
连接片固定板；6—组间绝缘；
7—包封件；8—夹板；9—紧箍；
10—外壳；11—封口盖；
12—接线端子

1. 无功补偿

在电网中安装并联电容器等无功补偿设备以后，可以提供感性负荷所消耗的无功功率，减少了电源向感性负荷提供、由线路输送的无功功率，这就是无功补偿。按安装地点不同可分为集中补偿和分散补偿（包括分组补偿和个别补偿）；按投切方式不同分为固定补偿和自动补偿。

（1）集中补偿。它是将电容器组安装在专用变压器或配电室低压母线上，能方便地同电容器组组的自动投切装置配套使用。其接线如图 4-27 所示。

（2）分组补偿。它是将电容器组按低压电网的无功分布分组装设在相应的母线上，或者直接与低压干线相连。

（3）个别补偿（单台电动机补偿）。它是将电容器组直接装设在用电设备旁边中，随用电设备同时投切。其接线如图 4-28 所示。

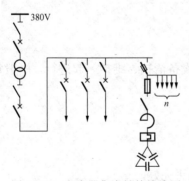

图 4-27　电容器集中补偿接线图

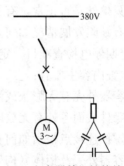

图 4-28　电容器单机补偿接线图

2. 电力电容器安装

（1）电容器（组）的连接电线应用软导线，截面应根据允许的载流量选取，电线的载流量可按下述确定：单台电容器为其额定电流的 1.5 倍；集中补偿为总电容电流的 1.3 倍。

（2）电容器的安装环境，应符合产品的规定条件。

（3）室内安装的电容器（组），应有良好的通风条件，使电容器由于热损耗产生的热量，能以对流和辐射散发出来。

（4）室外安装的电容器（组），其安装位置，应尽量减小电容器受阳光照射的面积。

（5）当采用中性点绝缘的星形连接法时，相间电容器的电容差不应超过三相平均电容值的 5%。

（6）集中补偿的电容器组，宜安装在电容器柜内分层布置，下层电容器的底部对地面距离不应小于 300mm，上层电容器连线对柜顶不应小于 200mm，电容器外壳之间的净距不宜小于 100mm（成套电容器装置除外）。

（7）电容器的额定电压与低压电力网的额定电压相同时，应将电容器的外壳和支架接地。当电容器的额定电压低于电力网的额定电压时，应将每相电容器的支架绝缘，且绝缘等级应和电力网的额定电压相匹配。

3. 电容器组运行维护

（1）电容器组的投运一般根据用电功率因数来定，如功率因数低于规定的 0.85（或 0.9）时可投入电容器组；当电压偏低时可将电容器组投运，但不宜引起功率因数超前。

（2）电容器组投运后，其电流超过额定电流 1.3 倍，或其端电压超过额定电压 1.1 倍或电容器室环境温度超过 ±40℃时，应将电容器组退出运行。

（3）电容器组运行中发生下列之一异常情况时，应立即将电容器组退出运行：①连接点严重过热、熔化；②电容器内部有异常响声；③放电器有异常响声；④瓷套管严重放电或闪络；⑤电容器外壳有异常变形或膨胀；⑥电容器熔丝熔断；⑦电容器喷油或起火；⑧电容器爆炸。

4. 电容器组的巡视检查

（1）日常巡视检查项目。

1）电容器组的电流、电压、本体温度及环境温度是否正常。

2）电容器外壳有无膨胀、渗漏油痕迹，有无异常的声响或火花或放电痕迹。

3）放电指示灯是否有熄灭等异常现象。

4）单只熔丝是否正常，有无熔断现象。

5）原有缺陷发展情况如何。

（2）定期停电检查项目。定期停电检查应结合设备清扫、维护一起进行，一般每季度检查一次。检查内容主要有：

1）电容器外壳有无膨胀或渗漏油现象。

2）绝缘件表面等处有无放电痕迹。

3）各螺栓连接点松紧如何及接触是否良好。

4）电容器外壳及柜体（构架）的保护接地线是否完好。

5）放电器回路是否完整良好。

6）单个熔体是否完好，有无熔断。

7）继电保护装置情况如何及有无动作过。

8）电容器组的控制、指示等设备是否完好。

9）电容器室的房屋建筑、电缆沟、通风设施等是否完好，有无渗漏水、积水、积尘等。

10）清除电容器、绝缘子、构架等处的积尘等。

（3）特殊巡视检查。当电容器组发生熔丝熔断、短路、保护动作跳闸等情况时，应立即巡视检查，此类检查就称为特殊巡视检查。检查项目除上述各项外，必要时应对电容器组进行试验，如查不出故障原因，则不能将电容器组投入运行。

5. 电容器组的常见故障处理

（1）渗漏油：外壳被锈蚀，或有裂痕。清理锈蚀，焊接、涂漆、严重时退出运行更换。

（2）内部异常声响，外壳膨胀：内部放电，浸渍剂绝缘性能变坏，绝缘层的绝缘击穿。退出运行，更换。

（3）瓷绝缘表面闪络：表面有脏污，绝缘件存在缺陷。清扫脏污，更换。

第四节　电　气　照　明

电气照明方式分为一般照明、局部照明和混合照明。电气照明包括电光源和照明灯具两个部分。

一、电光源的种类与特性

（一）热辐射光源

热辐射光源是依靠电流通过灯丝发热到白炽灯程度而发光的电光源。热辐射光源有白炽灯和卤钨灯。

1. 白炽灯

白炽灯是靠钨丝通过电流产生高温，引起热辐射发光。白炽灯由灯丝、玻璃壳和灯头三部分组成。普通白炽灯的显色性好、结构简单、价格低廉、使用方便，是应用最广的灯种。但它的发光效率低和使用寿命短是它的主要缺点。

2. 卤钨灯

卤钨灯是在灯泡内充入少量卤化物，利用卤钨循环原理来提高发光效率和使用寿命。

卤钨灯的结构如图 4-29 所示。卤钨灯安装时，必须保持水平位置，水平线偏角应小于 40°，否则会破坏卤钨循环，缩短灯管寿命。碘钨灯发光时，灯管周围的温度很高，因此，灯管必须装在专用的有隔热装置的金属灯架上，切不可安装在易燃的木质灯架上。同时，不可在灯管周围

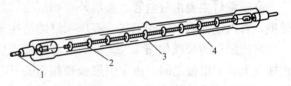

图 4-29　卤钨灯的结构
1—电极；2—灯丝；3—支架；4—石英玻管（充微量碘）

放置易燃物品，以免发生火灾。卤钨灯不可装在墙上，以免散热不畅而影响灯管的寿命。卤钨灯装在室外，应有防雨措施。

（二）气体放电光源

气体放电光源是利用电流流经气体或金属蒸气时，使之产生气体放电而发光的光源。低压气体放电灯主要有荧光灯和低压钠灯，高压气体放电灯主要有高压汞灯和高压钠灯。

1. 荧光灯

荧光灯由灯管、启辉器、镇流器、灯架和灯座等组成。灯管由玻璃管、灯丝和灯脚等组成，玻璃管内抽真空后充入少量汞和氩等惰性气体，管壁涂有荧光粉。启辉器由氖泡、纸介质电容、出线脚和外壳等组成，氖泡内装有Ⅱ形动触头和静触头。镇流器主要由铁芯和线圈等组成。荧光灯的接线如图 4-30 所示。

荧光灯的工作原理是：荧光灯接通电源后，电源经过镇流器、灯丝，加在启辉器的 U 型双金属片和静触头之间，引起辉光放电；放电时产生的热量使双金属片膨胀变形并与静触

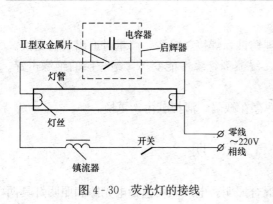

图 4-30　荧光灯的接线

头接触，电路接通，使灯丝预热并发射电子。与此同时，由于双金属片和静触头相接触，辉光放电停止，使双金属片冷却并与静触头断开；电路断开的瞬间，在镇流器两端会产生一个比电源电压高得多的感应电动势，这个感应电动势加在灯管两端，使灯管内惰性气体游离而引起弧光放电，随着灯管内温度升高，液态汞汽化游离，引起汞蒸汽弧光放电而发出肉眼看不见的紫外线，紫外线激发灯管内壁的荧光粉后，发出近似日光的灯光。

荧光灯的使用注意事项：

（1）电源电压不能超过±5%，若电压变化过大，则会影响荧光灯的发光效率和使用寿命。

（2）荧光灯适宜的环境温度为 10～35℃，环境温度过高或过低都会影响发光效率和使用寿命。

（3）灯管必须与镇流器、启辉器配套使用，否则会缩短寿命或造成起动困难。

荧光灯的发光效率是普通白炽灯的 3 倍以上，使用寿命接近普通白炽灯的 4 倍，而且灯管壁温度很低，发光均匀柔和。它的缺点是在使用电感镇流器时的功率因数较低，还有频闪效应。

2. 高压汞灯

高压汞灯主要由放电管、玻璃外壳和灯头等部件组成。放电管内有上电极、下电极和引燃极，管内还充有水银和氩气。高压汞灯的结构如图 4-31 所示。

高压汞灯的接线如图 4-32 所示，电源接通后，电压加在引燃极和相邻的下电极之间，也加在上、下电极之间。由于引燃极和相邻的下电极靠近，加上电压后即产生辉光放电，使放电管温度上升，接着在上下电极之间便产生弧光放电，使放电管内水银气化而产生紫外线，紫外线激发玻璃外壳内壁上的荧光粉，发出近似日光的光线，灯管就稳定工作了。由于引燃极上串联着一个很大的电阻，当上、下电极间产生弧光放电时，引燃极和下电极间电压不足以产生辉光放电，因此引燃极就停止工作了。灯泡工作时，放电管内水银蒸汽的压力很高，故称这种灯为高压水银荧光灯。高压水银荧光灯需点燃 4～8min 才能正常放光。

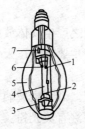

图 4-31　高压汞灯的结构

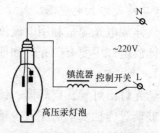

图 4-32　高压汞灯的接线

1—第一主电极；2—第二主电极；3—金属支架；4—内层石英玻壳（内充适量汞和氩）；5—外层硬玻壳（内涂荧光粉，内外玻壳间充氮）；6—辅助电极（触发极）；7—限流电阻

高压汞灯使用注意事项：

（1）灯泡必须与相同规格的镇流器配套使用，否则灯泡将不能起动或缩短寿命。

（2）电源电压应相对稳定，瞬时变化不宜过大。如果电源电压突然降低 10％，高压汞灯会自行熄灭，电压过高时会缩短灯泡寿命。

（3）灯泡可在任意位置点燃，但是，高压汞灯水平点燃时，光通量将减少 7％，且灯泡易自熄。

（4）灯具应有良好的散热条件，内部空间不能太小，否则会影响灯泡寿命。

（5）高压汞灯破碎后应及时处理，以免大量紫外线辐射灼伤人眼和皮肤。

（6）高压汞灯再起动时间较长。在要求迅速点燃的场合使用高压汞灯时，应安装电子触发器，以便瞬时起动。

3. 金属卤化物灯

金属卤化物灯是在高压汞灯的基础上添加金属卤化物，使金属原子或分子参与放电而发光的气体放电灯。金属卤化物灯与高压汞灯相比较具有寿命长、光效高、显色性好等特点，用于工业照明、城市亮化工程照明、商业照明、体育场馆照明以及道路照明等。

4. 高压钠灯

高压钠灯是利用高压钠蒸气放电发光的电光源。高压钠灯发出的是金黄色的光，是电光源中发光效率很高的一种电光源。高压钠灯的发光效率是高压汞灯 2～3 倍，平均寿命是高压汞灯的 4 倍。高压钠灯的显色指数和功率因数明显低于高压汞灯。高压钠灯主要用于道路照明、泛光照明、广场照明、工业照明等。

5. 低压钠灯

低压钠灯是利用低压钠蒸气放电发光的电光源。低压钠灯发出的是单色黄光，显色性很差，用于对光色没有要求的场所。低压钠灯具有发光效率特高、寿命长、光通维持率高、透雾性强等特点，用于隧道、港口、码头、矿场等照明。

二、电气照明

（一）电气照明线路

（1）单灯控制线路。用一个开关控制一盏灯的电路如图 4 - 33 所示。

（2）多灯控制线路。多灯控制电路如图 4 - 34 所示。

（3）两只双联开关控制一盏灯的线路。两只双联开关在两个地方控制一盏灯，其接线如图 4 - 35 所示。这种控制的方式通常用于楼梯灯，在楼上楼下都可控制。

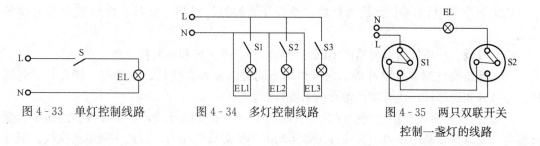

图 4 - 33　单灯控制线路　　　图 4 - 34　多灯控制线路　　　图 4 - 35　两只双联开关控制一盏灯的线路

（二）室内配线

1. 室内配线种类

室内配线是指室内接到用电设备的供电及控制线路，分为明配线和暗配线两种。导线沿墙壁、天花板、桁架及梁柱等明敷的称明配线；导线穿管埋设在墙内、地板下或安装在顶棚里称为暗配线。室内配线按敷设方法的不同有：瓷夹板配线、瓷柱明配线、槽板配线、塑料护套线、硬塑料管明暗敷设、钢管明暗敷设及电缆敷设等类型。

2. 室内配线方法

（1）护套线配线。护套线是一种有塑料护层的双芯或多芯绝缘导线，它可直接敷设在建筑物的表面和空心楼板内，用塑料线卡、铝片卡固定。

（2）塑料槽板配线。塑料槽板配线是将绝缘导线敷设在槽板的线槽内，上面用盖板盖住。

（3）穿管配线。穿管配线是将绝缘导线穿在管内配线。穿线管配线具有耐腐蚀、导线不易遭受机械损伤等优点，但安装维修不方便，且造价高，适用于室内外照明和动力配线。

3. 照明施工步骤

（1）根据照明设计、施工图确定配电板（箱）、灯座、插座、开关、接线盒和木砖等预埋件的位置。

（2）确定导线敷设的路径，穿墙和穿楼板的位置。

（3）配合土建施工，预埋好线管或布线固定材料、接线盒（包括插座盒、开关盒、灯座盒）及木砖等预埋件。

（4）安装固定导线的元件。

（5）敷设导线。

（6）连接导线及分支、包缠绝缘。

（7）检查线路安装质量。

（8）完成灯座、插座、开关及用电设备的接线。

（9）绝缘测量及通电试验，全面验收。

第五节　低压配电线路

低压配电线路是指 380/220V 线路，一般从配电变压器把电力送到用电点的线路叫低压电力线路，其作用是用于分配电能的线路。按其架设方式不同可分为架空配电线路和电力电缆配电线路。

一、架空线路

低压架空配电线路主要是由杆塔、绝缘子、导线、横担、金具、接地装置及基础等构成。

（1）杆塔。杆塔按所用材质的不同可分为木杆、水泥杆和金属杆三种。

（2）低压架空配电线路杆塔。它按作用不同可以分为直线杆、耐张杆、转角杆、终端杆、分枝杆和跨越杆，还有带预留孔的水泥杆等。

1）直线杆。直线杆位于架空线路的直线段上，用来支撑导线，承受导线、绝缘子、金具的自重及冰重和侧向风力。直线杆正常运行时不受导线的拉力，因此一般不装拉线。但在多风多雨地区，可每隔几档在线路两侧打一对拉线，以防电杆倾倒。直线杆的结构尺寸如图 4-36 所示。

2）耐张杆。耐张杆又称承力杆，用于限制线路发生断线、倒杆事故时波及范围。每隔若干基直线杆，设一基耐张杆，两基耐张杆之间的线路为一耐张段，其间距离称为耐张档距。耐张杆可加装高压跌落开关或真空断路器、隔离开关等，以减小停电范围。由于耐张杆要承受邻档导线拉力差所引起的顺线路方向的拉力，及发生断线时断线的张力，因此在电杆顺线路方向两侧各装设一根拉线。耐张杆两侧导线固定于耐张杆上，两侧导线用跳线（弓子线）连接，如图 4-37 所示。

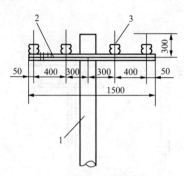

图 4-36　低压直线杆结构尺寸

1—水泥电杆；2—角钢横担；

3—蝶式绝缘子

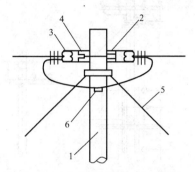

图 4-37　低压耐张杆跳线接法

1—水泥电杆；2—双脚钢横担；3—蝶式绝缘子；

4—绝缘子拉板；5—拉线；6—跳线接头

3）转角杆。转角杆用在线路的改变方向处，分为直线型和耐张型两种：对于 0.4kV 线路，30°以下转角杆为直线杆时，采用双担、双针式绝缘子；30°以上转角杆为耐张杆时，可采用蝶式绝缘子。转角杆承受双向侧导线的合力，合力随转角增大而增大，因此，在合力的反方向应加设拉线。

低压线路转角杆外形如图 4-38 所示。线路偏转的角度在 15°以内时，可用一根横担的直线杆来承担转角，如图 4-38（a）所示。线路偏转的角度在 15°～30°时，可用双横担的直线杆来承担转角。30°以内的转角杆，应在导线合成拉力的反方向装设一根拉线，用来平衡两侧导线的拉力，如图 4-38（b）所示。

线路偏转角度在 30°～45°时，除用双横担外，两侧导线应作耐张固定并用跳线（弓子线）连接，在导线拉力的反方向各装设一根拉线，如图 4-38（c）所示。

线路偏转角在 45°～90°时，应用两层双横担，两侧导线分别作耐张固定在上下两层的双横担上，并用跳线连接两侧导线，在导线拉力的反方向各装设一根拉线，如图 4-38（d）所示。

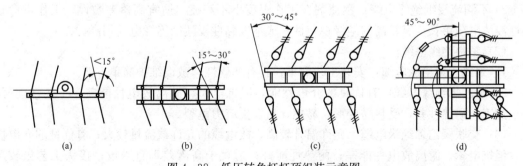

图 4-38　低压转角杆杆顶组装示意图

（a）15°以下转角；（b）15°～30°转角；（c）30°～45°转角；（d）45°～90°转角

4）分支杆。分支杆是由两种杆型组成，向一侧分支为丁字形，向两侧分支为十字形。分支杆大多用在0.4kV以下线路干线向外分支处。分支杆外形结构如图4-39所示。丁字形分支杆是在原线路电杆的横担下部增加一层双横担而成，以耐张方式引出分支线，并在引出分支线的反方向装设一根拉线。

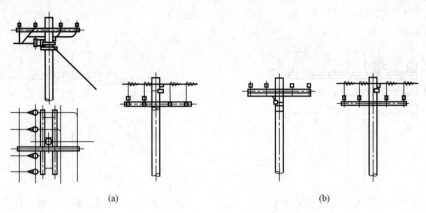

图4-39　低压分支杆外形结构
(a) 丁字形分支杆；(b) 十字形分支杆

十字型分支杆是在原线路电杆的横担下部增加一层90°方向的直线型或耐张型横担而成。若是耐张型分支杆则必须在导线的反方向加装一根拉线。

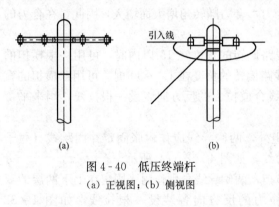

图4-40　低压终端杆
(a) 正视图；(b) 侧视图

5）终端杆。设置在线路终端处的电杆叫做终端杆，如图4-40所示。终端杆除承受导线的垂直荷重和水平风力外，还要承受单侧顺线路方向的导线拉力。因此，终端杆分支杆的无线路导线侧必须安装拉线。

二、电缆线路

1. 种类及特点

（1）油纸绝缘电缆。

1）黏性浸渍纸绝缘电缆：成本低；工作寿命长；结构简单，制造方便；易于安装和维护；油易淌流，不宜作高落差敷设；允许工作场强较低。

2）不滴流浸纸绝缘电缆：浸渍剂在工作温度下不滴流，适宜高落差敷设；工作寿命较黏性浸渍电缆更长；有较高的绝缘稳定性；成本较黏性浸渍纸绝缘电缆稍高。

（2）塑料绝缘电缆。

1）聚氯乙烯绝缘电缆：安装工艺简单；具有非燃性；敷设维护简单方便。

2）聚乙烯绝缘电缆：有优良的介电性能，但抗电晕、游离放电性能差；工艺性能好，易于加工，耐热性差，受热易变形，易燃，易发生应力龟裂。

（3）交联聚乙烯绝缘电缆。允许温升较高，故电缆的允许载流量较大；有优良的介电性能，但抗电晕、游离放电性能差；耐热性能好；适宜于高落差垂直敷设；接头工艺虽较严格，但对技工的工艺技术水平要求不高，因此便于推广。

（4）橡胶绝缘电缆。柔软性好，易弯曲，橡胶在很大的温差范围内具有弹性，适宜作多次拆装的线路；对气体、潮气、水的渗透性较好；耐电晕、耐臭氧、耐热、耐油的性能差；只能作低压电缆使用。

选择电缆时，一般应优先交联聚乙烯电缆，其次是不滴油纸绝缘电缆，最后为普通油浸纸绝缘电缆。尤其是敷设路径环境好坏差别较大时，不应选用黏性油浸纸绝缘电缆。

2. 低压电缆的结构

低压电力电缆的结构主要包括导体、绝缘层和保护层三部分，如图 4-41 所示。

（1）导体。导体通常采用多股铜绞线或铝绞线制成，根据电缆中导体的数目多少，电缆可分为单芯、四芯等种类。

单芯电缆的导体截面为圆形，三芯、四芯电缆的导体除了圆形外，还有扇形和卵圆形。

（2）绝缘层。电缆的绝缘层用来使导体间及导体与包皮之间相互绝缘。一般电缆的绝缘包括芯绝缘与带绝缘两部分，芯绝缘层包裹着导体芯；带绝缘层包裹着全部导体，空隙处填以充填物。电缆所用的绝缘材料一般有油浸纸、橡胶、聚乙烯、交联聚氯乙烯等。

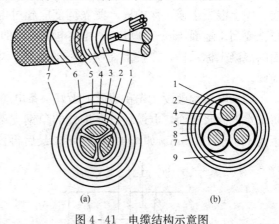

图 4-41 电缆结构示意图
(a) 三相统包层；(b) 分相铅包层
1—导体；2—相绝缘；3—纸绝缘；4—铅包皮；5—麻衬；
6—钢带铠甲；7—麻被；8—钢丝铠甲；9—填充物

（3）保护层。电缆的保护层用来保护绝缘物及芯线，分为内保护层和外保护层。内保护层由铅或铝制成筒形，它增加电缆绝缘的耐压作用，并且防水防潮、防止绝缘油外渗。

3. 低压电缆的允许截流量

载流量是指某种电缆允许传送的最大电流量值。刚好使导线的稳定温度达到电缆最高允许温度时的载流量，称为允许载流量或安全载流量。

电缆的载流量主要取决于：规定的最高允许温度和电缆周围的环境温度，电缆各部分的结构尺寸及其各部分材料特性（如绝缘热阻系数、金属的涡流损耗因数）等因素。

由于电缆导体的发热有一个时间过程才能达到稳定值，因此在实用中的电流量就有三类：一是长期工作条件下的允许载流量；二是短时间允许通过的电流；三是在短路时允许通过的最大电流。

（1）长期允许载流量。当电缆导体温度等于电缆最高长期工作温度，而电缆中的发热与散热达到平衡时的负载电流，即为长期允许载流量。

（2）短时允许负载电流。由于电缆检修试验或发生故障等原因而倒负荷时，使电缆导体温度短时超过最高允许长期工作温度，此时的电流称为短时允许负载电流。一般以允许过载倍数表示，而且要限制过载时间。

（3）允许短路电流。电缆线路发生短路故障时，电缆导体中允许通过的短路电流最大值。

4. 低压电缆线路的敷设

电缆线路的敷设方式有直接埋地敷设、电缆沟敷设、沿墙敷设或吊挂敷设、排管敷设及隧道敷设等多种。

（1）直接埋地敷设。在地面上挖一条深度为 0.8m 以上的沟，沟宽应视电缆的数量而定，一般取 600mm 左右，10kV 以下的电缆，相互的间隔要保证在 100mm 以上，每增加一根电缆，沟宽加大 170～180mm，电缆沟的横断面呈上宽（比沟底宽 200mm）下窄形状，如图 4-42 所示。沟底应平整，清除石块后，铺上 100mm 厚筛过的松土或细沙土作为电缆的垫层。电缆应松弛地敷在沟底，以便伸缩。然后在电缆上面再铺上 100mm 厚软土或砂层，盖上混凝土或石保护板，覆盖宽度应超过电缆直径两侧 50mm。最后在电缆沟内填土，覆土要高于地面 150～200mm，并在电缆线路的两端、转弯处和中间接头处均竖一根露出地面的混凝土标示桩，在桩上注明电缆的型号、规格、敷设日期和线路走向等，以便于日后检修。

（2）电缆沟敷设。先在地面上做好一条电缆沟，沟的尺寸视电缆的多少而定，沟壁要用防水水泥砂浆抹面，电缆敷设在沟壁的角钢支架上，电缆间平行距离不小于 100mm，垂直距离不小于 150mm，如图 4-43 所示。最后再盖上水泥盖板。

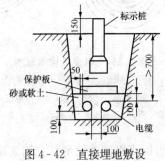

图 4-42 直接埋地敷设

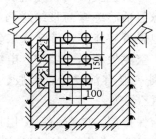

图 4-43 电缆沟敷设

（3）沿墙敷设或吊挂敷设。这种敷设方式就是把电缆明敷在（预埋）墙壁或屋顶板的角钢支架上（见图 4-44）。其特点是结构简单、维护检修方便，但易积灰及受外界影响，也不够美观。

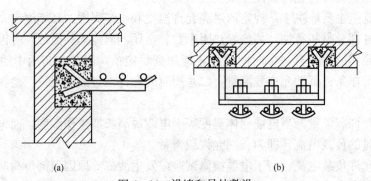

(a)   (b)

图 4-44 沿墙和吊挂敷设

(a) 沿墙敷设；(b) 吊挂敷设

以上电缆几种主要敷设方式的适用条件，各在选择电缆线路路径和敷设方式时，还应同时根据当地的发展规划，现有建筑物的密度、电缆线路的长度、敷设电缆的条数及周围环境的影响等，进行综合分析，合理选择电缆的安装方式。

三、接户线及进户线

用户计量装置在室内时，从低压电力线路到用户室外第一支持物的一段线路为接户线；从用户室外第一支持物至用户室内计量装置的一段线路为进户线。

用户计量装置在室外时，从低压电力线路到用户室外计量装置的一段线路为接户线；从用户室外计量箱出线端至用户室内第一支持物或配电装置的一段线路为进户线。

接户线、进户线装置要求：

（1）接户线的相线和中性线或保护中性线应从同一基电杆引下，其档距不应大于25m，应加装接户杆，但接户线的总长度（包括沿墙敷设部分）不宜超过50m。

（2）接户线与低压线如系铜线与铝线连接，应采取加装铜铝过渡接头的措施。

（3）接户线和室外进户线应采用耐气候型绝缘电线，电线截面按允许载流量选择，其最小截面应符合有关规定。

（4）沿墙敷设的接户线以及进户线两支持点间的距离，不应大于6m。

（5）接户线和室外进户线最小线间距离一般不小于：①自电杆引下150mm；②沿墙敷设100mm。

（6）接户线两端均应绑扎在绝缘子上，绝缘子和接户线支架按下列规定选用：

1）电线截面在16mm^{2}及以下时，可采用针式绝缘子，支架宜采用不小于50mm×5mm的扁钢或40mm×40mm×4mm角钢。

2）电线截面在16mm^{2}以上时，应采用蝶式绝缘子，支架宜采用50mm×50mm×5mm的角钢。

（7）接户线和进户线的进户端对地面的垂直距离不宜小于2.5m。

（8）接户线和进户线对公路、街道和人行道的垂直距离，在电线最大弧垂时，不应小于：①公路路面6m；②通车困难的街道、人行道3.5m；③不通车的人行道、胡同3m。

（9）接户线、进户线与建筑物有关部分的距离不应小于：①与下方窗户的垂直距离0.3m；②与上方阳台或窗户的垂直距离0.8m；③与窗户或阳台的水平距离0.75m；④与墙壁、构架的水平距离0.05m。

（10）接户线、进户线与通信线、广播线交叉时，其垂直距离不应小于：①接户线、进户线在上方时0.6m；②接户线、进户线在下方时0.3m。

（11）进户线穿墙时，应套装硬质绝缘管，电线在室外应做滴水弯，穿墙绝缘管应内高外低，露出墙壁部分的两端不应小于10mm；滴水弯最低点距地面小于2m时进户线应加装绝缘护套。

（12）进户线与弱电线路必须分开进户。

四、室内配线

室内配线就是在房屋内对各种电器装置的供电和控制的电气线路，包括敷设在室内的导线、电缆及其固定配件等，统称为室内线路或室内布线。按其用途和性质分，主要分照明和动力两种线路；按其敷设方式，分为瓷瓶、瓷珠、瓷夹板、木槽板、钢管、塑料管和铝片卡、塑料护套线。

1. 室内配线线路

照明线路即对照明灯具等用电设备供电和控制的线路。供电电压一般为单相220V二线制，负荷大时，采用380/220V三相四线制，其系统图如图4-45所示。通过引入导线的工作电流，为所有灯具及电气设备工作电流的总和，乘以同时使用系数。引入导线的载流量，应大于或等于引入导线的工作电流。负荷不大时，总开关一般选用单相或三相瓷底胶盖闸刀开关，其额定电流应大于或等于引入导线的工作电流（当采用碘钨灯时，应大于或等于 1.5 倍通过支路熔断器的工作电流）。每支路所装的灯和插座的总数不宜过多。

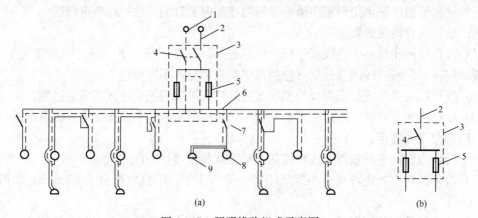

图 4-45　照明线路组成示意图

(a) 照明系统；(b) 单回路

1—电源；2—引入导线；3—配电盘；4—总开关；5—支路熔断器；

6—支路线；7—电灯开关；8—电灯；9—插座

动力线路即对电动机等生产用电设备供电和控制的线路。供电电压，一般为三相 380V，有单相设备的，为三相四线 220/380V，其线路组成如图 4-46 所示。通过引入导线的工作电流，为所有电动机工作电流与其他电器设备工作电流的总和，乘以同时系数。引入导线的载流量，应大于或等于引入导线的工作电流。总开关的额定电流应大于或等于引入导线的工作电流。

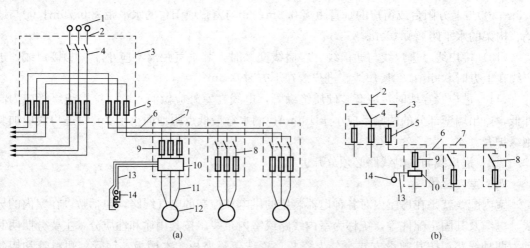

图 4-46　低压电力配电线路组成示意图

(a) 动力配电系统；(b) 单支线回路

1—电源；2—引入导线；3—配电盘；4—总开关；5—分支路熔断器；6—支路线路；7—电动机电源控制盘；

8—电动机及其线路的控制与保护开关；9—保护电动机及其线路的熔断器；10—接触器或磁力起动器；

11—电动机支线；12—电动机；13—控制线路；14—控制按钮

2. 室内布线的一般要求

室内各种布线方式，均应满足使用、安全、合理、可靠的要求。

（1）使用绝缘导线的额定电压应大于线路的工作电压；其绝缘层，应符合线路的安装方式和敷设环境的条件；其截面应满足最大工作电流和机械强度的要求。

（2）布线采用的方式应便于导线更换。

（3）导线连接和分支处，不应受到机械力的作用。

（4）线中应尽量减少导线接头，以此来减少故障点。

（5）导线与电器端子的连接要紧密压实，力求减少接触电阻和防止脱落。

（6）室内布线的线路应尽可能避开热源和不在发热的表面物体上敷设。

（7）水平敷设的线路，若距地面低于 2m 或垂直敷设的线路距地面低于 1.8m 的线段，均应装设预防机械损伤的保护装置。

（8）布线的位置，应便于检查和维修。

（9）为保证剩余电流动作保护装置正确动作，线路的对地电阻不应小于 0.5Ω。

五、线路保护

（1）城市民用建筑，特别是高层建筑，其低压配电网应采用三相五线和局部三相五线系统。

对三相四线制架空进线，中性线接地电阻不大于 10Ω，以尽量降低接触电压。从引入线开始，要利用穿线钢管保护零线到配电箱，直到每个插座的接地插孔。从而达到中性线 N 和保护线 PE 严格分开的三相五线配电要求。

（2）保护线（PE）的截面选择应与中性线（N）相同，保护线在正常情况虽不会通过电流，但故障时有电流通过并且应能使保护电器迅速动作。

（3）低压网络中实行分级安装剩余电流保护器。末端分支线选用剩余电流断路器，主要是用于人身电击保护（通常选用动作电流为 30mA、一般型无延时的剩余电流断路器）。从系统防火保护考虑，要求装设 2~3 级的剩余电流动作保护装置，同时还必须保证各级线路剩余电流动作保护器动作特性的选择性配合。

（4）配电系统中的主干线及分支线应装设短路和过载保护，而用户支线的保护可采用自动空气断路器、熔断器或带有剩余电流保护的自动断路器。

（5）在三相四线（TN−C）系统的 PEN 线、三相五线（TN−S）系统的 N 线上，从变压器到干线、支线及插座的接地孔上，均不得装设熔断器和断路器。

（6）室内用电宜采用单相三线制（三根线）配电。这样，在相线和零线上便均可装设熔断器或其他保护电器。熔断器之后的工作零线在插座处或其他地方均不应与保护线相连。单相三线制中，只有在保护线断开且设备发生相线碰壳这两者同时出现时，才会产生外壳危险电位。故若保护线用一定截面的钢线经避免断裂，则可最大限度地降低触电危险。

（7）室内用电设备应采用有单相三极插座配电，其中第三极（保护极）必须接到为使用的接地线孔 PE 上。目前使用的配电箱许多都只有接零端子而无接地端子，这是老产品的不足之处。今后使用的产品要符合上述要求（内含两组接线端子）的产品。

（8）TN 系统的保护线与 TT 系统的保护地线，应与建筑物内的基础、钢筋等自然接地体相连接，以保证在故障情况下使保护线的电位尽可能近于大地零电位。

（9）对架空进线的电源线（包括 N 线），其截面选择应按规定：铝线不应小于 16mm²，

铜线不应小于 $10mm^2$ 。

为便于识别各种导线的不同用途，相线、中性线与保护线均应以不同颜色加以区别，一般三根相线 U、V、W 以黄、绿、红色表示，中性线以蓝色表示，保护线以黄、绿相间表示。防止相线与 N 线混用，或 N 线与 PE 线混用，从而为保证各种插座的正确接线提供条件与方便。

（10）家用电器中的电吹风、电熨斗属携带式电器设备，台式电风扇、洗衣机、电冰箱属移动式电气设备，两者的电气安装方法都属于携带式设备的安装方法。按规程规定：携带式用电设备应采用专用线接地，并严禁通过工作电流；N 线和 PE 线应分别与接地网相连。

复习思考题

（1）常用的低压电器主要有哪些？

（2）低压成套装置有哪些安全运行要求？

（3）举例说明异步电动机的起动方式。

（4）异步电动机运行时有哪些基本要求？

（5）简述电容器组的巡视检查项目和常见故障处理。

（6）简述室内布线的要求。

（7）照明电路的常见故障有哪些？

第 五 章

高压运行维修安全技术理论

第一节 用户供电和配电

一、电力系统

电力系统是由发电厂、送变电线路、供配电站和用电单位组成的整体，在同一瞬间，发电厂将发出的电能通过送变电线路，送到供配电站，经过变压器将电能送到用电单位，供给工农业生产和人民生活。

电力系统中除去发电部分，即送电、变电、配电三个部分称为电力网。电力系统、电力网关系示意如图 5-1 所示。

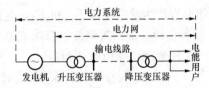

图 5-1 电力系统，电力网关系示意图

二、变配电站

变配电站是连接电力系统的中间环节，用以汇集电源、升降电压和分配电力，通常由高低压配电装置、主变压器，主控制室和相应的设施以及辅助生产建筑物等组成。

变配电站主接线是电气部分的主体，由其将电力系统电源、变压器、断路器等各种电气设备通过母线、导线有机地连接起来，并配置避雷器、互感器等保护、测量电器，构成变电站汇集和分配电能的一个系统。变配电站的主接线示意图如图 5-2 所示。

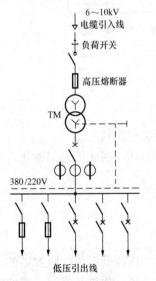

图 5-2 500kVA 及以下变电所主接线示意图

三、用户低压配电

1. 低压配电接线方式

低压的配电接线方式是指低压电力网相线、中性线的连接方式，主要有三相四线、三相三线和单相两线，其次有单相三线、两相三线、两相四线和三相五线等。

2. 低压电力网相色标志

低压电力网的相色标志为：第一相 L1（U）黄色；第二相 L2（V）绿色；第三相 L3（W）红色；中性线 N 淡蓝色；保护中性线 PEN 竖条间隔淡蓝色；接地保护线 PE 绿黄双色线；接地线 E 明敷部分深黑色。

按规程规定，低压电力网三相三线制或三相四线制的导线，在下列地点应标明相别：①配电变压器低压侧套管端部；②配电室进出线穿墙套管内外侧；③配电室（如箱、盘、屏）母线和引下线；④配电室（箱）外第一基电杆；⑤线路分支干线和分支线的第一基电杆；⑥线路转角杆，线路干线、分支干线和分支线的末基电杆；⑦电缆或地埋线进出线端部。

第二节　电力变压器

变压器是利用电磁感应原理将一种电压等级的交流电能转变成另一种电压等级的交流电能。变压器用途一般分为电力变压器、特种变压器及仪用互感器（电压互感器和电流互感器）。变压器只能传递能量，而不能产生能量。电力变压器按冷却介质可分为油浸式和干式两种。

一、变压器工作原理

变压器是根据电磁感应原理工作的。图 5-3 所示为单相变压器的原理图。图中在闭合的铁芯上，绕有两个互相绝缘的绕组，其中，接入电源的一侧叫一次侧绕组，输出电能的一侧为二次侧绕组。当交流电源电压 U_1 加到一次侧绕组后，就有交流电流 I_1 通过该绕组，在铁芯中产生交流磁通 Φ。这个交变磁通不仅穿过一次侧绕组，同时也穿过二次侧绕组，两个绕组分别产生感应电势 E_1 和 E_2。这时，如果二次侧绕组与外电路的负荷接通，便有电流 I_2 流入负荷，即二次侧绕组有电能输出。根据电磁感应定律可以导出：

一次侧绕组感应电势为

$$E_1 = 4.44 f N_1 \Phi_m \qquad (5-1)$$

二次侧绕组感应电势为

$$E_2 = 4.44 f N_2 \Phi_m \qquad (5-2)$$

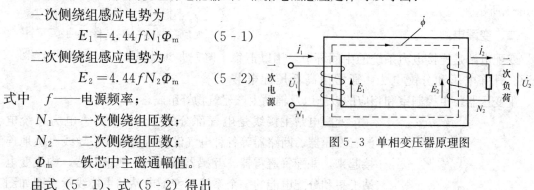

图 5-3　单相变压器原理图

式中　f——电源频率；

　　　N_1——一次侧绕组匝数；

　　　N_2——二次侧绕组匝数；

　　　Φ_m——铁芯中主磁通幅值。

由式（5-1）、式（5-2）得出

$$\frac{E_1}{E_2} = \frac{N_1}{N_2} \qquad (5-3)$$

由此可见，变压器一、二次侧感应电势之比等于一、二次侧绕组匝数之比。

由于变压器一、二次侧的漏电抗和电阻都比较小，可以忽略不计，因此可近似地认为一次电压有效值：$U_1 = E_1$，二次电压有效值：$U_2 = E_2$。于是

$$\frac{U_1}{U_2} = \frac{E_1}{E_2} = \frac{N_1}{N_2} = K \qquad (5-4)$$

式中　K——变压器的变比。

变压器一、二次侧绕组因匝数不同将导致一、二次侧绕组的电压高低不等，匝数多的一边电压高，匝数少的一边电压低，这就是变压器能够改变电压的道理。如果忽略变压器的内损耗，可认为变压器二次输出功率等于变压器一次输入功率，即

$$U_1 I_1 = U_2 I_2 \qquad (5-5)$$

式中　I_1、I_2——变压器一次、二次电流的有效值。

由此可得出

$$\frac{I_1}{I_2} = \frac{N_1}{N_2} = \frac{1}{K} \qquad (5-6)$$

由此可见，变压器一、二次电流之比与一、二次绕组的匝数比成反比。即变压器匝数多

的一侧电流小，匝数少的一侧电流大，也就是电压高的一侧电流小，电压低的一侧电流大。

二、变压器结构

变压器的结构如图 5-4 所示。其各部件的作用如下所述。

（一）铁芯

变压器的最基本组成部件，用于构成变压器的闭合磁路，变压器的一次、二次绕组绕在其上。铁芯从形式上分为内铁式（变压器的一次、二次线圈围住铁芯柱）和外铁式（铁芯柱围住变压器的一次、二次线圈），由铁芯柱和铁轭组成。

（二）线圈

线圈是变压器的电路部分，用纸包或纱包的绝缘扁线或圆线绕成。

（三）净油器

用来改善运行中变压器的绝缘油特性，防止绝缘油老化的装置。它利用变压器上下部的油温差形成的油循环，从绝缘油中清除数量不大的一些水、渣、酸和氧化物。净油器中的吸附剂是硅胶或活性氧化铝。

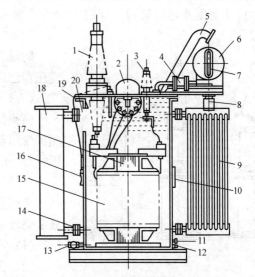

图 5-4　变压器结构示意图

1—高压套管；2—分接开关；3—低压套管；4—气体继电器；
5—安全气道（放爆管）；6—油枕（储油柜）；7—油表；8—呼吸器
（吸湿器）；9—散热器；10—铭牌；11—接地螺栓；12—油样活门；
13—放油阀门；14—活门；15—绕组（线圈）；16—信号温度计；
17—铁芯；18—净油器；19—油箱；20—变压器油

（四）油枕

油枕也称储油柜，安装在变压器的顶端，其容量为油箱容积的 8%～10%，与本体之间有管路相连，结构如图 5-5 所示。其作用有调节变压器油量，保证变压器内始终充满变压器油；减少油和空气的接触，防止变压器油的过快老化和受潮。

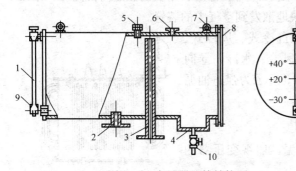

图 5-5　变压器油枕结构图

1—油位计；2—气体继电器连通管的法兰；3—呼吸器连通管；
4—集污盒；5—注油孔；6—与防爆管连通的法兰；7—吊攀；
8—端盖；9、10—阀门

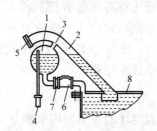

图 5-6　防爆管与变压器油枕间的连通

1—油枕；2—防爆管；3—油枕与安全
气道的连通管；4—吸湿器；5—防爆膜；
6—气体继电器；7—蝶形阀；8—箱盖

（五）防爆管—安全气道

当变压器内部发生短路或严重对地放电时，变压器油箱内部的压力将急剧增高。为防止变压器油箱发生爆炸，高压油和气体通过防爆管冲破防爆膜向外喷出，迅速释放变压器的内部压力。《变压器运行规程》规定，8000kVA 及以上的变压器均需安装防爆管，如图 5-6 所示。

防爆管分为通气式和密封式两类。现在大、中型变压器已广泛采用压力释放阀。

（六）油箱

油箱是变压器的外壳，其内部装设变压器器身并注满变压器油。油箱一般分为平顶式和拱顶式（即钟罩式），如图 5-7 所示。

（七）变压器油

变压器油是石油在 280～350℃ 的分馏物，主要成分是烷族和环烷族碳氢化合物。变压器油的作用如下：

（1）绝缘作用，用于相间、层间和主绝缘。

（2）作为冷却介质。

（3）使设备与空气隔绝，防止发生氧化受潮，降低绝缘能力。

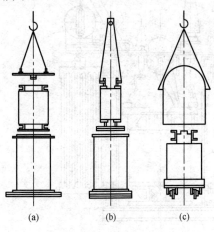

图 5-7　变压器油箱

（a）、（b）箱式；（c）钟罩式

（八）出线装置

出线装置将变压器绕组的引线从油箱内引出，使引出线穿过油箱时与接地的油箱之间保持一定的绝缘，并固定引出线。

变压器的出线装置一般采用绝缘套管，分为纯瓷式、充油式和电容式套管。1kV 以下的套管采用纯瓷式，10～35kV 采用空心充气或充油式套管，110kV 及以上采用电容式套管。

（九）冷却装置

由于变压器运行中铁芯、绕组将产生一定的热量，将使变压器油的温度升高、比重降低，形成油的自循环，将铁芯、绕组的热量带走。冷却装置是利用变压器油的自循环，采用有效的方法，加快油的循环速度，使热量更快地散发到空气中的装置。

变压器冷却装置按照冷却方式可以分为自冷式、风冷式、强迫油循环式，其中强迫油循环式又可分为风冷、水冷、导向式风冷。图 5-8 所示为自冷式变压器。图 5-9 所示为强迫油循环风冷式冷却器。

（十）温度计

温度计的作用为用来测量变压器上层油温，监视变压器的运行状态。

压力式温度计也叫信号式温度计，采用一只弹簧管式压力计。基于密封的测温系统内蒸发液体的饱和蒸气压力和温度之间的变化关系而设计，由测温装置、压力指示、毛细管和氯甲烷液体组成。带有可调节的上下限接点，根据需要可以发出信号或控制冷却装置。压力式温度计如图 5-10 所示。

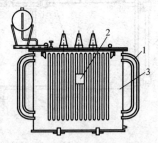

图 5-8　自冷式变压器

1—扁管散热管；2—变压器铭牌；
3—油箱

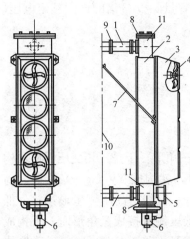
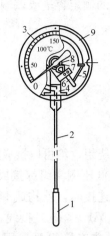
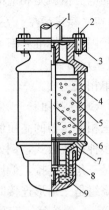

图 5-9　强迫油循环风冷式冷却器　　　图 5-10　压力式温度计　　　图 5-11　呼吸器的构造

1—连接管；2—冷却器；3—导风筒；　　1—测温包；2—毛细管；3—压力计；　　1—连接管；2—螺钉；3—法兰盘；
4—冷却风扇；5—分控制箱；6—潜油泵；　4—支架；5—拉杆；6—扇形齿轮；　　4—玻璃管；5—硅胶；6—螺杆；
7—拉杆；8—端盖；9—蝶形阀；　　　7—小齿轮；8—游丝；9—弹簧管　　　7—底座；8—底罩；9—变压器油
10—变压器；11—集油室

（十一）吸湿器

吸湿器又叫呼吸器。如图 5-11 所示，当油枕随变压器油的体积膨胀或缩小，呼出或吸入空气时，气体需经过吸湿器。吸湿器中的吸湿剂和底部的油封吸收空气中的水分和杂质，对空气进行过滤，从而避免变压器油受潮和氧化。

（十二）绝缘材料

变压器的绝缘可分为内、外绝缘。内绝缘是指变压器油箱中各部件的绝缘；外绝缘是指变压器套管上部对地和套管之间的绝缘。变压器内绝缘常用绝缘材料有变压器油、电缆纸、绝缘纸板、酚醛压制品、环氧制品、电瓷、黄蜡管、黄蜡绸、木材、布带和绝缘漆等。

三、变压器技术参数

变压器在给定的技术条件下其性能规定的各种量值，包括冷却介质的条件等，称为定额。定额中所规定的各量值称为额定值，这些额定值都写在每台变压器的铭牌上。

（一）额定容量（S_N）和容量比

额定容量是指变压器在铭牌规定的条件下，以额定电压、电流连续运行时所输送的单相或三相总视在功率。变压器的额定容量，是以绕组的额定电压和额定电流的乘积所决定的视在功率来表示的，它的单位为 VA 或 MVA。变压器各侧额定容量之间的比值称为容量比。

（二）额定电压（U_N）和电压比（变比）

额定电压是指变压器长时间运行时，设计条件所规定的电压值（线电压）。

变压器一次侧的额定电压是指规定的加到一次侧的线电压，变压器二次侧的额定电压是指变压器空载，而一次侧加上额定电压时，二次侧的端电压（线电压）。

电压比（变比）是指变压器各侧额定电压之间的比值。

（三）额定电流（I_N）

额定电流是指变压器在额定容量、额定电压下运行时通过的线电流。三相变压器一次侧和二次侧的额定电流，等于变压器的额定容量或该侧的额定容量除以 $\sqrt{3}$ 倍的该侧额定电压，所得的电流值就是相应的额定电流。

（四）额定频率（f_N）

我国规定标准频率为 50Hz。

（五）相数

单相或三相。

（六）连接组标号（接线组别）

三相变压器的高压侧和低压侧绕组，均可以接成星形或三角形，于是三相变压器便可构成很多种接线方式，例如高压侧和低压侧绕组都接成星形时，就构成 Yy（Y/y）接线。高压侧是三角形连接，低压侧是星形连接时，就构成 Dy（△/y）接线。高压侧星形连接，低压侧绕组是三角形连接时，就构成 Yd（Y/△）接线。高、低压侧都接成三角形时，就构成 Dd（△/△）接线。我国规定的标准连接组只采用 Yy（Y/Y）和 Yd（Y/△）两种接线方式。

1. Yy0（Y/Y−12）接线组

当变压器的高压侧和低压侧都采用星形接线方式时，可以得到各偶数的接线组别。图 4-44 所示为 Yy0（Y/Y−12）接线组，变压器的高压侧和低压侧都接成星形接线，且高压侧和低压侧都以同极性的端头作为首端，末端 X、Y、Z 和 x、y、z 都连接成中性点，在这种接线组中，高压和低压绕组对应的相电压 $\dot{U}_\mathrm{U}$ 与 $\dot{U}_\mathrm{u}$、$\dot{U}_\mathrm{V}$ 与 $\dot{U}_\mathrm{v}$、$\dot{U}_\mathrm{W}$ 与 $\dot{U}_\mathrm{w}$ 都是同相位的，同时高、低压侧对应的线电压 $\dot{U}_\mathrm{UV}$ 与 $\dot{U}_\mathrm{uv}$、$\dot{U}_\mathrm{VW}$ 与 $\dot{U}_\mathrm{vw}$、$\dot{U}_\mathrm{WU}$ 与 U_wu 也都是同相位的，即它们之间没有相位差。如采用时钟表示法，把高压侧的线电压 $\dot{U}_\mathrm{UV}$ 相量当作时钟的长针指向 12 点钟，这时低压侧的线电压的相量 $\dot{U}_\mathrm{uv}$ 作为时钟的短针也指向 12 点钟，所以这种连接法应为 Yy0（Y/Y−12）接线组。

2. Yd11（Y/△−11）接线组

当变压器采用此种接法时，可以得到各奇数的接线组别。如 Yd11（Y/△−11）接线组，高压侧接成星形，而低压绕组按顺序 ux−wz−vy 接成三角形，高、低压绕组都以同极性的端头作为首端。这时相电压 $\dot{U}_\mathrm{U}$ 与 $\dot{U}_\mathrm{u}$、$\dot{U}_\mathrm{V}$ 与 $\dot{U}_\mathrm{v}$、$\dot{U}_\mathrm{W}$ 与 $\dot{U}_\mathrm{w}$ 都是同相位的，而线电压 $\dot{U}_\mathrm{UV}$ 与 $\dot{U}_\mathrm{uv}$、$\dot{U}_\mathrm{VW}$ 与 $\dot{U}_\mathrm{vw}$、$\dot{U}_\mathrm{WU}$ 与 U_wu 均有滞后 30° 的相位差角，即高压侧线电压比对应的低压侧线电压滞后 30°。采用时钟法来表示时，应将 $\dot{U}_\mathrm{UV}$ 指在 12 点钟位置，而 $\dot{U}_\mathrm{uv}$ 则指在 11 点钟处，所以这种接法是 Yd11（Y/△−11）接线组。

（七）额定冷却介质温度

额定冷却介质温度指的是变压器运行时，其周围环境中空气的最高温度。

（八）额定温升（τ_N）

变压器内绕组或上层油面的温度与变压器外围空气的温度之差，称为绕组或上层油面的温升。在变压器的铭牌上都规定了变压器温升的限值。根据国家标准的规定，变压器在运行时，上层油面的最高温度不应超过 +95℃。

（九）冷却方式

（1）油浸自冷却 ONAN。

（2）油浸风冷却 ONAF。

（3）油浸强迫非导向油循环，风冷却 OFAF。

（4）油浸强迫非导向油循环，水冷却 OFWF。

（5）油浸强迫导向油循环，风冷却 ODFA。

（6）油浸强迫导向油循环，水冷却 ODWF。

（十）空载损耗（P_0）

空载损耗又称铁损，是指变压器一个绕组加上额定电压，其余绕组开路时，在变压器中消耗的功率。

（十一）空载电流（$I_0\%$）

空载电流是指变压器在额定电压下空载运行时，合闸后一次侧通过的稳态电流。

（十二）负载损耗（P_d）

负载损耗是考核变压器性能的主要参数之一。实际运行时的变压器负载损耗并不是上述规定的负载损耗值，因为负载损耗不仅决定于负载电流大小，而且还与周围环境温度有关。

（十三）阻抗电压百分数（$u_k\%$）

双绕组变压器，当一侧人为地短路，另一侧施加一个降低了的电压并使两侧的电流都达到额定值时，这一降低了的电压数值与额定电压之比的百分数，即为这台双绕组变压器的阻抗电压百分数。

四、变压器保护

1. 继电保护概要

（1）继电保护的任务。继电保护是当电气设备发生短路故障时，能自动迅速地将故障设备从电力系统切除，将事故尽可能限制在最小范围内。当正常供电的电源因故突然中断时，通过继电保护和自动装置还可以迅速投入备用电源，使重要设备能继续获得供电。

（2）继电保护的基本要求。针对电气设备发生故障时的各种形态及电气量的变化，设置了各种继电保护方式：电流过负荷保护、过电流保护、电流速断保护、电流方向保护、低电压保护、过电压保护、电流闭锁电压速断保护、差动保护、距离保护、高频保护等，此外还有反映非电气量的气体保护等。

为了能正确无误而又迅速地切断故障，使电力系统能以最快速度恢复正常运行，要求继电保护具有足够的选择性、快速性、灵敏性和可靠性。

（3）电力变压器保护设置要求。3～10kV 配电变压器的继电保护主要有过电流保护、电流速断保护。变电站单台油浸变压器容量在 800kVA 及以上，或车间内装设的容量在 400kVA 及以上的油浸变压器应装设瓦斯保护。

大容量变压器，例如单台容量10 000kVA 及以上，或者单台容量在 6300kVA 及以上的并列运行变压器，根据规程规定应装设电流差动保护，以代替电流速断保护。对于大容量、高电压的降压变电器，为了提高灵敏度，常采用复合电压闭锁的过电流保护代替普通的过电流保护。

2. 变压器过电流保护

图 5-12 所示为变压器定时限过电流保护接线方式图。实际上，各种电气设备过电流保护接线图都是相同的，只是动作电流和动作时间要求不一样。动作时间固定不变的，称为定时限过电流保护。

当电气设备发生短路事故时，将产生很大的短路电流，利用这一特点可以设置过电流保护和电流速断保护。

过电流保护的动作电流是按照避开被保护设备（包括线路）的最大工作电流来整定的。考虑到可能由于某种原因会出现瞬间电流波动，为避免频繁跳闸，过电流保护一般都具有动作时限。为了使上、下级各电气设备继电保护动作具备选择性，过流保护在动作时间整定上采取阶梯原则，即位于电源侧的上一级保护的动作时间要比下级保护时间长。因此过电流保护动作的快速性受到一定限制。

过电流保护的动作时限有两种实现办法：一种是采用时间继电器，其动作时间一经整定后就固定不变，即构成定时限过电流保护；另一种方式是动作时间随电流的大小而变化，电流越大动作时间越短。由这种继电器构成的过电流保护装置称为反时限过电流保护。

图 5-12（a）所示为定时限过电流保护的原理图，当被保护变压器电流超过继电器 KA 的整定电流时，KA1 和 KA2 两块继电器无论是一块动作或两块动作，继电器 KA1 或 KA2 的动合触点闭合，接通时间继电器 KT 的线圈电源；时间继电器 KT 起动，经过预先整定的时间后，时间继电器延时闭合的动合触点闭合，接通中间继电器 KOM 的线圈电源；中间继电器 KOM 动作，KOM 的触点闭合，经信号继电器 KS 电流线圈，断路器 KF 辅助触点 QF1 接通跳闸线圈 YT 的电源，断路器 QF 跳闸，将故障线路停电。接通 YT 的同时，使信号继电器 KS 启动，其手动复归动合触点闭合，给出信号。

图 5-12（b）所示为展开图。图中+BM、—BM 为直流操作电源。QF1 为断路器 QF 的动合辅助触点，当 QF 跳闸后，QF1 断开，保证 YT 断电，避免长时间通电而烧坏跳闸线圈 YT。

图 5-13 所示为反时限过电流保护接线方式，采用的电流继电器型号为 GL 型，是一种感应式电流继电器。

图 5-13（a）所示为两相不完全星形反时限电流保护的原理图，图 5-13（b）所示为两相差接线原理图，图 5-13（c）所示为两相不完全星形接线展开图。

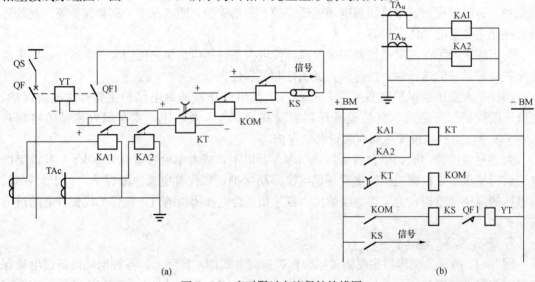

(a)　　　　　　　　　　　　　(b)

图 5-12　定时限过电流保护接线图

(a) 原理接线图；(b) 展开图

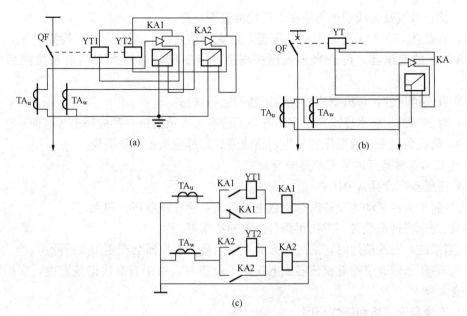

图 5 - 13　反时限过电流保护接线方式
(a) 两相不完全星形接线；(b) 两相差接线；(c) 两相不完全星形接线展开图

如图 5 - 13 所示，当被保护设备发生短路事故时，电流互感器一、二次侧流过很大电流，二次侧电流经 KA1、KA2 的动断触点和电流线圈成回路。当继电器电流线圈流过的电流达到继电器的整定电流后，继电器动作，动合触点首先闭合，动断触点随之打开。于是 TA$_u$、TA$_w$ 的二次电流经过闭合的 KA1、KA2 动合触点、跳闸线圈 YT1、YT2 和继电器 YT1、YT2 的电流线圈而成回路，于是 YT1、YT2 动作，断路器跳闸。

图 5 - 13 (b) 所示为两相差接线方式的过电流保护，动作原理与图 5 - 13 (a) 相似，只是当被保护设备发生三相短路时，流过继电器电流线圈和跳闸线圈的电流为两相电流的相量之差，等于一相电流的 $\sqrt{3}$ 倍，而当发生 u、w 相两相短路时，流过电流继电器的电流为一相电流的两倍。其余情况与图 5 - 13 (a) 的动作情况相同。采用两相差接线可以节省一个继电器和一个跳闸线圈。

对于 35kV 及以上连接组为 Yd 的电力变压器采用两相不完全星接的过电流保护，为提高动作灵敏度，要接三个继电器，在电流互感器二次回路中性线上也接有电流继电器。

五、变压器巡视

1. 变压器巡视检查

按变压器运行有关规定，巡视检查内容和周期如下：

(1) 检查储油柜和充油绝缘套管内油面的高度和封闭处有无渗漏油现象，以及油标管内的油色。

(2) 检查变压器上层油温。正常时一般应在 85℃ 以下，对强油循环水冷却的变压器为 75℃。

(3) 检查变压器的响声。正常时为均匀的嗡嗡声。

(4) 检查绝缘套管是否清洁、有无破损裂纹和放电烧伤痕迹。

(5) 清扫绝缘套管及有关附属设备。

（6）检查母线及接线端子等连接点的接触是否良好。

（7）容量在 630kVA 及以上的变压器，且无人值班的，每周应巡视检查一次。容量在 630kVA 以下的变压器，可适当延长巡视周期，但变压器在每次合闸前及拉闸后应检查一次。

（8）有人值班的，每班都应检查变压器的运行状态。

（9）对于强油循环水冷或风冷变压器，不论有无人员值班，都应每小时巡视一次。

（10）负载急剧变化或变压器发生短路故障后，都应增加特殊巡视。

2. 变压器异常运行和常见故障分析

（1）变压器声音异常原因：

1）当起动大容量动力设备时，负载电流变大，使变压器声音加大。

2）当变压器过负载时，发出很高且沉重的嗡嗡声。

3）当系统短路或接地时，通过很大的短路电流，变压器会产生很大的噪声。

4）若变压器带有可控硅整流器或电弧炉等设备时，由于有高次谐波产生，变压器的声音也会变大。

（2）绝缘套管闪络和爆炸原因：

1）套管密封不严进水而使绝缘受潮损坏。

2）套管的电容芯子制造不良，使内部游离放电。

3）套管积垢严重或套管上有大的裂纹和碎片。

六、变压器运行

1. 变压器允许运行方式

（1）允许温度与温升。我国电力变压器大部分采用 A 级绝缘材料。即浸渍处理过的有机材料、如纸、棉纱、木材等。对于 A 级绝缘材料，其允许最高温度为 105℃，由于绕组的平均温度一般比油温高 10℃，同时为了防止油质劣化，所以规定变压器上层油温最高不超过 95℃。对于强迫油循环的水冷或风冷变压器，其上层油温不宜经常超过 75℃。

变压器的温度与周围环境温度的差称为温升。当变压器的温度达到稳定时的温升时称为稳定温升。我国规定周围环境最高温度为 40℃。

对于 A 级绝缘的变压器，在周围环境最高温度为 40℃时，其绕组的允许温升为 65℃，而上层油温则为 55℃。

（2）变压器过负载能力。在不损害变压器绝缘和降低变压器使用寿命的前提下，变压器在较短时间内所能输出的最大容量为变压器的过负载能力。一般以过负载倍数（变压器所能输出的最大容量与额定容量之比）表示。

1）变压器在正常情况下过负载能力：规程规定，对室外变压器，总的过负载不得超过 30%，对室内变压器为 20%。

2）变压器在事故时过负载能力：当电力系统或用户变电站发生事故时，为保证对重要设备的连续供电，允许变压器短时过负载的能力称为事故过负载能力。

3）变压器允许短路电流：当变压器发生短路故障时，由于保护动作和断路器跳闸均需一定的时间，因此难免不使变压器受到短路电流的冲击。

变压器突然短路时，其短路电流的幅值一般为额定电流的 25～30 倍。因而变压器的铜损将达到额定电流的几百倍，故绕组温度上升极快。目前一般设计允许短路电流为额定电流的 25 倍。

（3）允许电压波动范围。变压器的电源电压一般不得超过额定值的±5％。不论变压器分接头在任何位置，只要电源电压不超过额定值的±5％，变压器都可在额定负载下运行。

2. 变压器并列运行

并列运行是将两台或多台变压器的一次侧和二次侧绕组分别接于公共的母线上，同时向负载供电。其接线如图 5-14 所示。

理想并列运行的条件：

（1）变压器的连接组标号相同。

（2）变压器的电压比相等（允许有±5％的差值）。

（3）变压器的阻抗电压 u_z％相等（允许有±10％的差值）。

3. 变压器油及运行

（1）变压器油作用。

1）绝缘作用，用于相间、层间和主绝缘。

2）作为冷却介质。

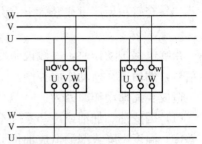

图 5-14　变压器并列运行接线图

3）使设备与空气隔绝，防止发生氧化受潮，降低绝缘能力。

（2）变压器油运行。

1）变压器试验。新的和运行中的变压器油都需要做试验。按规定，变压器油每年要取样试验。试验项目一般为耐压试验、介质损耗试验和简化试验。

2）变压器油运行管理。应经常检查充油设备的密封性，储油柜、呼吸器的工作性能，以及油色、油量是否正常，另外，应结合变压器运行维护工作，定期或不定期取油样作油的气相色谱分析，以预测变压器的潜伏性故障，防止变压器发生事故。

七、变压器异常运行和常见故障

1. 变压器的声音异常原因

（1）当起动大容量动力设备时，负载电流变大，使变压器声音加大。

（2）当变压器过负载时，发出很高且沉重的嗡嗡声。

（3）当系统短路或接地时，通过很大的短路电流，变压器会产生很大的噪声。

（4）若变压器带有可控硅整流器或电弧炉等设备时，由于有谐波存在。变压器声音也会变大。

（5）若系统发生铁磁谐振，变压器会发出粗细不匀的噪声。

（6）若穿芯螺杆未将铁芯夹紧，变压器会发出强烈而不均匀的噪声。

（7）变压器内部接触不良或有绝缘击穿时，会发出噼啪的放电声。

2. 当负载和冷却方式正常，变压器油温却不断升高原因

（1）铁芯的穿芯螺杆绝缘损坏，与硅钢片短接，通过很大电流使螺杆发热，造成油温升高。

（2）绕组局部层间或匝间短路。

（3）绕组内部接点有故障，接触电阻加大。

3. 油色明显变化

说明油质变坏，油的绝缘强度降低，易引起绕组与外壳的击穿。

4. 安全气道喷油

如二次系统突然短路或内部有短路故障，而气体继电器失灵，变压器内部产生高压将油喷出。

5. 绝缘套管闪络和爆炸原因

（1）套管密封不严进水而使绝缘受潮损坏。

（2）套管的电容芯子制造不良，使内部游离放电。

（3）套管积垢严重或套管上有大的裂纹和碎片。

6. 继电保护动作

当继电保护动作时，一般说明变压器内部有故障。往往是气体继电器的轻瓦斯先动作发出信号，然后重瓦斯动作而掉闸。

造成轻瓦斯动作原因为：

（1）因滤油、加油或冷却系统不密封，导致空气进入变压器。

（2）温度下降或漏油造成油位下降。

（3）变压器内部故障或短路。

（4）保护装置二次回路发生故障。

当继电保护动作而变压器外部没有异常现象时，可由气体继电器中气体的性质来判断故障原因。

若气体不可燃、无色无臭，且气体中主要为惰性气体、含氧量大于 16%、油的闪点不降低，则说明空气进入继电器。此时变压器可继续运行。

若气体可燃，则说明变压器内部出现故障。

如气体为黄色、不易燃、CO 含量大于 1%～2%，则为木质绝缘损坏；如气体为灰色或黑色、易燃、氢气含量小于 30%、有焦油味、闪点降低，则为油过热而分解或油内发生过闪络故障；如气体为浅灰色，且带强烈臭味、可燃，则为纸或纸板绝缘损坏。

若上述方法还不能对故障原因作出正确判断，则可用气相色谱法分析。

7. 变压器油箱上有吱吱放电声，电流表随之摆动

可能是分接开关故障，具体为：

（1）分接开关接触不良（触头弹簧压力不足、触头滚轮压力不匀、触头镀银层的机械强度不够而严重磨损），引起开关烧坏。

（2）切换分接开关时，位置切换错误，烧坏开关。

（3）绝缘性能降低，在过电压作用下短路。

8. 三相电压不平衡原因

（1）绕组局部层间或匝间短路。

（2）三相负载不对称，引起中性点位移。

（3）系统发生铁磁谐振。

八、仪用互感器

互感器分电压互感器和电流互感器两大类，它们是供电系统中测量和保护用的重要设备。

电压互感器是将系统的高电压改变为标准的低电压（100V 或 100/3V）；电流互感器是将高压系统中的电流或低压系统中的大电流改变为低压的标准小电流（5A 或 1A）。其接线

原理如图5-15所示，TA为电流互感器，TV为电压互感器。互感器有如下作用：

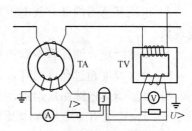

（1）与测量仪表配合，对线路的电压、电流、电能进行测量；与继电器配合，对系统和电气设备进行过电压、过电流和单相接地等保护。

（2）将测量仪表、继电保护装置和线路的高电压隔开，以保证操作人员和设备的安全。

图5-15 互感器在电力系统中的接线原理图

（3）将电压和电流变换成统一的标准值，以利于仪表和继电器的标准化。

（一）电压互感器

1. 电压互感器原理

图5-16所示为电压互感器的原理图。互感器的高压绕组与被测电路并联，低压绕组与测量仪表电压线圈并联。由于电压线圈的内阻抗很大，所以电压互感器运行时，相当于一台空载运行的变压器。故二次侧不能短路，否则绕组将被烧毁。

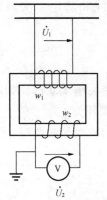

2. 电压互感器容量

电压互感器的容量是指其二次绕组允许接入的负载功率（以VA值表示），分额定容量和最大容量。

3. 电压互感器运行

（1）电压互感器的一、二次接线应保证极性正确，当两台同型号的电压互感器接成V形时，必须注意极性正确，否则互感器线圈烧坏。

图5-16 电压互感器原理图

（2）电压互感器的一、二次绕组都应装设熔断器（保护专用电压互感器二次侧除外）以防止发生短路故障。电压互感器的二次绕组不准短路，否则电压互感器将因过热而烧毁。

（3）电压互感器二次绕组、铁芯和外壳都必须可靠接地，在绕组绝缘损坏时，二次绕组对地电压不会升高，以保证人身和设备安全。

（4）电压互感器二次绕组的电压降一般不得超过额定电压的0.5%，接用0.5级电能表时不得超过0.25%。

（5）电压互感器运行的巡视检查：

1）瓷套管是否清洁、完整、绝缘介质有无损坏、裂纹和放电痕迹。

2）充油电压互感器的油位是否正常，油色是否透明（不发黑）有无严重的渗、漏油现象。

3）一次侧引线和二次侧连接部分是否接触良好。

4）电压互感器内部是否有异常，有无焦臭味。

（6）电压互感器的异常运行。运行中的电压互感器出现下列故障之一时，应立即退出运行：

1）瓷套管破裂、严重放电。

2）高压线圈的绝缘击穿、冒烟、发出焦臭味。

3）电压互感器内部有放电声及其他噪声，线圈与外壳之间或引线与外壳之间有火花放电现象。

4）漏油严重，油标管中看不见油面。

5）外壳温度超过允许温升，并继续上升。

6）高压熔体连续两次熔断，当运行中的电压互感器发生接地、短路、冒烟着火故障时，对于6~35kV装有0.5A熔体及合格限流电阻时，可用刀开关将电压互感器切断，对于10kV以上电压互感器，不得带故障将隔离开关拉开，否则，将导致母线发生故障。

（7）对运行中的电压互感器及二次线圈需要更换时，除执行安全规程外还应注意：

1）个别电压互感器在运行中损坏需要更换时，应选用电压等级与电网电压相符、变比相同、极性正确、励磁特性相近的电压互感器，并经试验合格。

2）更换成组的电压互感器时，还应对并列运行的电压互感器检查其接线组别，并核对相位。

3）电压互感器二次线圈更换后必须进行核对，以免造成错误接线和防止二次回路短路。

4）电压互感器及二次线圈更换后必须测定极性。

（8）电压互感器停用注意事项：

1）停用电压互感器，应将有关保护和自动装置停用，以免造成装置失压误动作。为防止电压互感器反充电，停用时应将二次侧熔断器取下，再拉开一次侧隔离开关。

2）停用的电压互感器，若一年未带电运行，在带电前应进行试验和检查，必要时，可先安装在母线上运行一段时间，再投入运行。

（二）电流互感器

1. 电流互感器工作原理

图5-17所示为电流互感器的原理图。它的一次绕组匝数很少，串联在线路里，其电流大小取决于线路的负载电流，与二次负载无关，由于接在二次侧的电流线圈的阻抗很小，所以电流互感器正常运行时，相当于一台短路运行的变压器。

利用一、二次绕组不同的匝数比就可将系统的大电流变为小电流来测量。

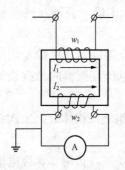

图5-17 电流互感器原理图

电流互感器正常运行时，互感器的二次绕组不允许开路，否则二次绕组会产生很高电压，危及操作人员和仪表的安全。所以，电流互感器运行时，严禁二次绕组开路，且在二次回路中不允许装设熔断器或隔离开关。为安全起见，二次侧应接地。

2. 电流互感器的变流比

电流互感器的变流比为一次绕组的额定电流与二次绕组额定电流之比。二次额定电流一般为5A，一次额定电流的等级有5~25 000A。

3. 电流互感器的容量

电流互感器的容量，即允许接入的二次负载容量S_e（V·A），其标准值为5~100VA。

4. 电流互感器运行

（1）电流互感器的一次线圈串联接入被测电路，二次线圈与测量仪表连接，一、二次线圈极性应正确。

（2）电流互感器一次线圈和铁芯均应可靠的接地。

（3）二次侧的负载阻抗不得大于电流互感器的额定负载阻抗，以保证测量的准确性。

（4）电流互感器不得与电压互感器二次侧互相连接，以免造成电流互感器近似开路，出现高电压的危险。

（5）电流互感器二次侧有一端必须接地，以防止一、二次线圈绝缘击穿时，一次侧的高压窜入二次侧，危及人身和设备的安全。

（6）电流互感器一次侧带电时，在任何情况下都不允许二次线圈开路。这是因为在正常运行情况下，电流互感器的一次磁势与二次磁势基本平衡，励磁磁势很小，铁芯中的磁通密度和二次线圈的感应电势都不高，当二次开路时，一次磁势全部用于励磁，铁芯过度饱和，磁通波形为平顶波，而电流互感器二次电势则为尖峰波，因此二次绕组将出现高电压，对人体及设备安全带来危险。

（7）运行前检查：

1）套管有无裂纹、破损现象。

2）充油电流互感器外观应清洁，油量充足，无渗漏油现象。

3）引线和线卡子及二次回路各连接部分应接触良好，不得松弛。

4）外壳及一、二次侧应接地正确良好，接地线应坚固可靠。

5）按电气试验规程，进行全面试验并应合格。

（8）电流互感器巡视检查：

1）各接头有无过热及打火现象，螺栓有无松动，有无异常气味。

2）瓷套管是否清洁，有无缺损、裂纹和放电现象，声音是否正常。

3）对于充油电流互感器应检查油位是否正常，有无渗漏现象。

4）电流表的三相指示是否在允许范围之内，电流互感器有无过负荷运行。

5）二次线圈有无开路，接地线是否良好，有无松动和断裂现象。

（9）电流互感器更换：

1）个别电流互感器在运行中损坏需要更换时，应选择电压等级与电网额定电压相同、变比相同、准确级相同，极性正常、伏安特性相近的电流互感器，并测试合格。

2）由于容量变化而需要成组地更换电流互感器，还应重新审核继电保护整定值及计量仪表的倍率。

第三节　高　压　电　器

高压电器应满足下列各项基本要求：

（1）绝缘可靠。高压电器既要能承受工频最高工作电压的长期作用，又要能承受内部过电压和外部（大气）过电压的短期作用，因此它的绝缘要可靠。

（2）在额定电流下长期运行时，其温度及温升应符合国家标准且要有一定的短时过载能力。

（3）能承受短路电流的热效应和电动力效应而不致损坏。

（4）开关电器应能安全可靠地关合和开断规定数值的电流。提供继电保护和测量信号的电器还应具有符合规定的测量精度。

（5）高压电器应能承受一定自然条件的作用，在规定的使用环境条件下它们均应能安全可靠地运行。

一、高压隔离开关

1. 隔离开关作用

隔离开关是一种没有专门的灭弧装置的开关电器，不能用来切除负荷电流和短路电流，不允许用它带负载进行拉闸或合闸操作。隔离开关拉闸时，必须在断路器切断电路之后才能再拉隔离开关；合闸时，必须先合隔离开关后，再用断路器接通电路。隔离开关的主要作用如下。

（1）隔离电源。在电气设备停电检修时，用隔离开关将需停电检修设备与电源隔离，形成明显可见的断开点，以保证工作人员和设备安全。

（2）倒闸操作。电气设备运行状态可分为运行、备用和检修三种工作状态。将电气设备由一种工作状态改变为另一种工作状态的操作称为倒闸操作。例如在双母线接线的电路中，利用与母线连接的隔离开关（称母线隔离开关），在不中断用户供电条件下可将供电线路从一组母线供电切换到另一组母线上供电。

（3）拉、合无电流或小电流电路。隔离开关的主要用途是为设备或者线路检修时形成明显的断开点（即可见的空气绝缘间隔），以确保检修工作的安全。因隔离开关没有灭弧能力，所以一般不允许带负荷操作；但当回路中没有装设油断路器时，在一定的技术条件下（例如回路中的电压、电流以及功率因数和电弧能否自灭等），隔离开关也可以带电操作。因此，高压隔离开关允许拉、合以下电路：

1）拉、合电压互感器与避雷器回路。

2）拉、合母线和直接与母线相连设备的电容电流。

3）拉、合励磁电流小于 2A 的空载变压器：一般电压为 35kV，容量为 1000kVA 及以下变压器；电压为 110kV 容量为 3200kVA 及以下变压器。

4）拉、合电容电流不超过 5A 的空载线路：一般电压为 10kV，长度为 5km 及以下的架空线路；电压为 35kV、长度为 10km 及以下的架空线路。

2. 隔离开关类型

按安装地点分：户内式和户外式；

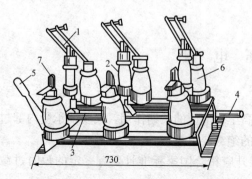

图 5-18　GN2-10 系列隔离开关示意图

1—动触头；2—拉杆绝缘子；3—拉杆；4—转动轴；
5—转动杠杆；6—支持绝缘子；7—静触头

按隔离开关运动方式分：水平旋转式、垂直旋转式和插入式；

按每相支柱绝缘子数目分：单柱式、双柱式和三柱式；

按操作特点分：单极式和三极式；

按有无接地刀闸分：带接地刀闸和无接地刀闸的。

3. 户内式隔离开关

GN2-10 系列隔离开关为 10kV 户内式隔离开关，额定电流为 400～3000A，其结构如图5-18所示。

隔离开关进行操作时，由操动机构经连杆驱动转动轴4旋转，再由转动轴经拉杆绝缘子2控制动触头运动，实现分、合闸。

常用的户内式隔离开关还有GN10-10系列、GN19-10系列、GN22-10系列、GN24-10系列和GN2-35系列、GN19-35系列等，它们的基本结构大致相同，区别在于额定电流、外形尺寸、布置方式和操动机构等不相同。

4. GW4-35系列户外式隔离开关

GW4-35系列隔离开关为35kV户外式隔离开关，额定电流为630～2000A。GW4-35系列隔离开关的结构如图3-22所示，为双柱式结构，一般制成单极型式，可借助连杆组成三极联动的隔离开关，但也可单极使用。

由图5-19可见，GW4-35系列隔离开关的左闸刀3和右闸刀5分别安装在支柱绝缘子2之上，支柱绝缘子安装在底座1两端的轴承座上。图5-19所示为隔离开关合闸状态，分闸操作时，由操动机构通过交叉连杆机构带动使两个支柱绝缘子向相反的方向各自转动90°，使隔离开关在水平面上转动，实现分闸。

二、户内式高压负荷开关

高压负荷开关不能开断短路电流，可以切除负荷电流，它只有简单的灭弧装置。负荷开关结构比较简单，是一个隔离开关与简单灭弧装置的结合。它除有和隔离开关相同的明显的断开点外，还具有比隔离开关大得多的开断能力。负荷开关与高压熔断器串联组成的综合负荷开关，除能开断负荷电流外，尚可作过负荷与短路保护。

FN3-10R/400型高压负荷开关结构示意图如图5-20所示。

FN3-10R/400型负荷开关主要由隔离开关4和熔断器3两部分组成。隔离开关有工作触头和灭弧触头。负

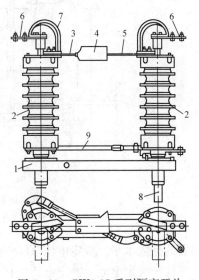

图5-19　GW4-35系列隔离开关
（一相）结构示意图
1—底座；2—支柱绝缘子；3—左闸刀；
4—触头防护罩；5—右闸刀；6—接线端；
7—软连线；8—轴；9—交叉连杆

荷开关合闸时，灭弧触头先闭合，然后工作触头再闭合。合闸后，工作触头与灭弧触头同时接通，工作触头与灭弧触头形成并联回路，电流大部分流经工作触头。分闸时，工作触头先断开，然后灭弧触头再断开。灭弧装置由具有气压装置的绝缘气缸及喷嘴构成，绝缘气缸为瓷质，内部有活塞，为兼作静触头的上绝缘子2。分闸时，传动机构带动活塞在气缸内运动，当灭弧触头断开时，压缩空气经喷嘴喷出，横向吹动电弧使电弧熄灭。

三、高压断路器

高压断路器在高压电路中起控制作用，用于在正常运行时接通或断开电路，故障情况在继电保护装置的作用下迅速断开电路，特殊情况（如自动重合到故障线路上时）可靠地接通短路电流。

断路器的工作状态（断开或闭合）是由它的操动机构控制的。

1. 高压断路器主要参数

（1）额定电压。额定电压是指高压断路器正常工作时所能承受的电压等级，它决定了断

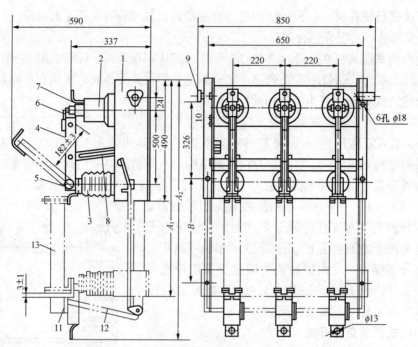

图 5-20　FN3-10R/400 型户内高压负荷开关结构示意图
1—框架；2—上绝缘子；3—下绝缘子；4—闸刀；5—下触座；
6—灭弧动触头；7—工作静触头；8—绝缘拉杆；9—拐臂；
10—接地螺丝；11—小拐臂；12—绝缘拉杆；13—熔断器

路器的绝缘水平。额定电压（U_N）是指其线电压。

（2）额定电流。额定电流是在规定的环境温度下，断路器长期允许通过的最大工作电流（有效值）。断路器规定的环境温度为 40℃。

（3）额定开断电流。额定开断电流是指在额定电压下断路器能够可靠开断的最大短路电流值，它是表明断路器灭弧能力的技术参数。

（4）关合电流。在断路器合闸前，如果线路上存在短路故障，则在断路器合闸时将有短路电流通过触头，并会产生巨大的电动力与热量，因此可能会造成触头的机械损伤或熔焊。

关合电流是指保证断路器能可靠关合而又不会发生触头熔焊或其他损伤时，断路器所允许接通的最大短路电流。

2. 少油断路器

少油断路器中的绝缘油主要作为灭弧介质使用，而带电部分与地之间的绝缘主要采用瓷瓶或其他有机绝缘材料。这类断路器因用油量少，故称为少油断路器。少油断路器具有耗材少、价格低等优点，但需要定期检修，有引起火灾与爆炸的危险。少油断路器目前虽有使用，已逐渐被真空断路器和 SF_6 断路器等新型断路器替代。

3. 真空断路器

真空断路器，是利用“真空”作绝缘介质和灭弧介质的断路器。这里所谓的“真空”可以理解为气体压力远远低于一个大气压的稀薄气体空间，空间内气体分子极为稀少。真空断路器是将其动、静触头安装在“真空”的密封容器（又称真空灭弧室）内，而制成的一种断路器。

（1）真空灭弧室。真空断路器的关键元件是真空灭弧室。真空断路器的动、静触头安装在真空灭弧室内，其结构如图 5-21 所示。

真空灭弧室的结构像一个大的真空管，它是一个真空的密闭容器。真空灭弧室的绝缘外壳主要用玻璃或陶瓷材料制作。玻璃材料制成的真空灭弧室的外壳具有容易加工、具有一定的机械强度、易于与金属封接，透明性好等优点。它的缺点是承受冲击的机械强度差。

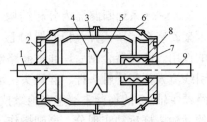

图 5-21 真空灭弧室结构示意图

1—静导电杆；2—上端盖；3—屏蔽罩；
4—静触头；5—动触头；6—绝缘外壳；
7—密封波纹管；8—下端盖；
9—动静头杆

真空灭弧室中的触头断开过程中，依靠触头产生的金属蒸气使触头间产生电弧。当电流接近零值时，电弧熄灭。一般情况下，电弧熄灭后，弧隙中残存的带电质点继续向外扩散，在电流过零值后很短时间（约几微秒）弧隙便没有多少金属蒸气，立刻恢复到原有的"真空"状态，使触头之间的介质击穿电压迅速恢复，达到触头间介质击穿电压大于触头间恢复电压条件，使电弧便彻底熄灭。

（2）ZN-28 系列真空断路器。ZN-28 系列真空断路器一相结构如图 5-22 所示。

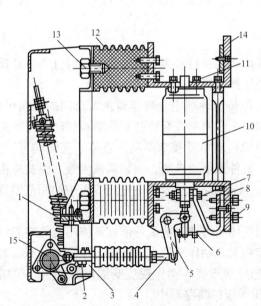

图 5-22 ZN-28 系列断路器示意图

1—跳闸弹簧；2—框架；3—触头弹簧；4—绝缘拉杆；5—拐臂；
6—导向板；7—导电夹坚固螺栓；8—动触头支架；9—螺栓；
10—真空灭弧室；11—坚固螺栓；12—支持绝缘子；
13—固定螺栓；14—静触头支架；15—主轴

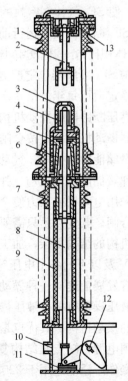

图 5-23 支柱式 SF₆ 断路器

1—灭弧室瓷套；2—静触头；3—喷口；4—动触头；
5—压气缸；6—压气活塞；7—支柱绝缘子；
8—绝缘操作杆；9—绝缘套筒；10—充放气孔；
11—缓冲定位装置；12—联动轴；13—过滤器

ZN-28 系列断路器为分相结构，真空灭弧室 10 用支持绝缘子 12 固定在钢制框架 2 上。框架安装在墙壁或开关柜的架构上，支持绝缘子支撑固定真空灭弧室，并起着各相对地绝缘的作用。断路器合闸后，通过断路器电流的流经路径是由与静触头支架 14 上的螺栓连接的引线流入，经静触头杆、静触头、动触头、动触头杆、导电夹坚固螺栓 7 和螺栓 9 流出。断路器主轴 15 的拐臂末端连有绝缘拉杆 4，绝缘拉杆的另一端连接拐臂 5，由拐臂驱动断路器的动触头杆运动实现分、合闸操作。

4. 六氟化硫断路器

六氟化硫（SF_6）断路器是采用具有优质绝缘性能和灭弧性能的 SF_6 气体作为灭弧介质的断路器，具有灭弧性能强，不自燃，体积小等优点。

SF_6 断路器在结构上可分为支柱式和罐式两种。支柱式在 6kV 及以上的高压电路中广泛使用，其外形结构如图 5 - 23 所示。

支柱式 SF_6 断路器在断路过程中，由动触头 4 带动压气缸 5 运动使缸体内建立压力。当动、静触头分开后灭弧室的喷口 3 被打开时，压气缸内高压 SF_6 气体吹动电弧，使电弧迅速熄灭。在灭弧过程中由于电弧的高温使 SF_6 分解，体积膨胀也建立一定压力，亦能提供一定的压力，增强断路器弧熄灭能力。在电弧熄灭后，被电弧分解的低氟化合物会急剧地结合成 SF_6 气体，使 SF_6 气体在密封的断路器内循环使用。

新装 SF_6 断路器投入运行前必须复测气体含水量和漏气率，要求灭弧室的含水量应小于 150ppm（体积比），其他气室小于 250ppm（体积比）；SF_6 气体的年漏气量小于 1%。

运行中 SF_6 断路器应定期测量 SF_6 气体含水量，断路器新装或大修后，每三个月一次，待含水量稳定后可每年测量一次。

四、高压断路器的操动机构

断路器操动机构一般按合闸能源取得方式的不同进行分类，目前常用的可分为手动操动机构、弹簧储能操动机构、气动操动机构和液压操动机构等。

（1）弹簧储能操动机构。弹簧储能操动机构是一种利用合闸弹簧张力合闸的操动机构。合闸前，采用电动机或人力使合闸弹簧拉伸储能。合闸时，合弹弹簧收缩释放已储存的能量将断路器合闸。其优点是只需要小容量合闸电源，对电源要求不高（直流、交流均可），缺点是操动机构的结构复杂，加工工艺要求高、机件强度要求高、安装调试困难。弹簧机构适用于 220kV 及以下的各个电压等级的断路器。目前在 35kV 及以下电压等级中使用范围日益广泛，是有发展前途的一种操动机构。

（2）液压操动机构。液压操动机构是利用气体压力储存能源，依靠液体压力传递能量进行分合闸的操动机构。其优点是体积小、操作功大、动作平稳、无噪音、速度快、不需要大功率的合闸电源；缺点是结构复杂、加工工艺要求很高、动作速度受温度影响大、价格昂贵。这种操作广泛地适用于 220kV 及以上电压等级的断路器中。

五、高压熔断器

高压熔断器在通过短路电流或过载电流时熔断，作为电气设备过载和短路保护的电器。熔断器的灭弧方式分有填充料和无填充料两种。有填充料灭弧方式是在管内充填石英砂，利用石英砂来吸收电弧的热量，使之冷却，迫使电弧熄灭。无填充料灭弧方式是用纤维或硬绝缘材料制作熔断器管体，然后借熔管内壁在电弧的高热作用下而产生的高压气体将电弧熄灭。

1. 户内式高压熔断器

RN1 系列熔断器路为限流式有填料高压熔断器，其结构如图 5-24 所示。瓷质熔件管 1 的两端焊有黄铜罩 2，黄铜罩的端部焊上管盖 4，构成密封的熔断器熔管。熔管的陶瓷芯上绕有工作熔体和指示熔体，熔体两端焊接在管盖上，管内填充满石英砂之后再焊上管盖密封。

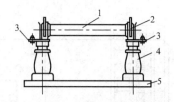

图 5-24 RN1 系列高压熔断器
1—熔件管；2—静触头座；3—接线座；
4—支柱绝缘子；5—底座

在熔断器保护的电路发生短路时，熔体熔化后形成电弧，电弧与周围石英砂紧密接触，根据电弧与固体介质接触加速灭弧的原理，电弧能够在短路电流达到瞬时最大值之前熄灭，从而起到限制短路电流的作用。

熔体的熔断指示器在熔管的一端，正常运行时指示熔体拉紧熔断指示器。工作熔体熔断时也使指示熔体熔断，指示器被弹簧推出，显示熔断器已熔断。

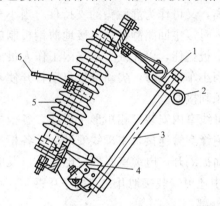

图 5-25 RW4-10 型户外跌落式熔断器
1—上触头；2—操作环；3—熔管；
4—下触头；5—绝缘子；6—安装铁板

2. RW4-10 系列户外跌落式高压熔断器

RW4-10 系列跌落式熔断器是喷射式熔断器，外形如图 5-25 所示。

熔管 3 由环氧玻璃钢或层卷纸板组成，其内壁衬以红钢纸或桑皮作成消弧管。熔体又称熔丝，熔丝安装在消弧管内。熔丝的一端固定在熔管下端，另一端拉紧上面的压板，维持熔断器的通路状态。熔断器安装时，熔管的轴线与铅垂线成一定倾斜角度，以保证熔丝熔断时熔管能顺利跌落。

当熔丝熔断时，熔丝对压板的拉紧力消失，上触头从抵舌上滑脱，熔断器靠自身重力绕轴跌落。同时，电弧使熔管内的消弧管分解生成大量气体，熔管内的压力剧增后由熔管两端冲出，冲出的气流纵向吹动电弧使其熄灭。熔管内所衬消弧管可避免电弧与熔管直接接触，以免电弧高温烧毁熔管。

普通熔断器的熔体在熔断时，电弧及气体不会从熔断器里喷出，安全可靠。而跌落式熔断器的熔体熔断时，便有电弧从管子里喷出来，可能会伤害到人员和设备，以致发生故障或引起火灾。因此，不宜装于室内。

六、高压开关柜及箱式变电站

高压成套配电装置按其结构特点可分为金属封闭式、金属封闭铠装式、金属封闭箱式和 SF_6 封闭组合电器等等；按断路器的安装方式可分为固定式和手车式。

（一）KYN800-10 型高压开关柜

KYN800-10 型高压开关柜（以下简称开关柜）为中置式金属铠装高压开关柜。

KYN800-10 型开关柜的外形与结构如图 5-26 所示。

1. 开关柜结构

开关柜柜体是由薄钢板构件组装而成的装配式结构，柜内由接地薄钢板分隔为主母线室 4、小车室 3、电缆（电流互感器）室 7 和继电器室 2。各小室设有独立的通向柜顶的排气通

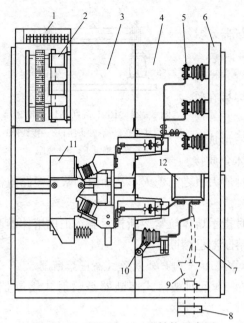

图 5 - 26　KYN800-10 型结构示意图

1—小母线室；2—继电器室；3—手车室；4—主母线室；
5—主母线；6—电缆室出气道；7—电缆室；
8—零序互感器；9—电缆；10—接地开关；
11—断路器小车；12—电流互感器

道，当柜内由于意外原因压力增大时，柜顶的盖板将自动打开，使压力气体定向排放，以保护操作人员和设备的安全。

小车室中部设有悬挂小车的轨道，左侧轨道上设有开合主回路触头盒遮挡帘板的机构和小车运动横向限位装置，右侧轨道上设有小车的接地装置和防止小车滑脱的限位机构。开关柜接地开关和接地开关的操动机构及其机械连锁设在小车室右侧中部。小车车进机构与柜体的连接装置设在开关柜前左右立柱中部。

小车室与主母线室和电缆室的隔板上安装有主回路静触头盒，触头盒既保证了各功能小室的隔离，又可作为静触头的支持件。当小车不在柜内时，主回路静触头由接地薄钢板制成的活动帘板盖住，以保证小车室内工作人员的安全。当小车进入时，尖动帘板自动打开使动静触头顺利接通。

主母线室内安装三相矩形主母线。各柜主母线经绝缘套管连接，主母线安装后，各柜主母线室间被隔开。电缆室底部设电缆进口及电缆固定槽板，电缆进口由可拆卸的盖板覆盖。电缆室中还可安装接地开关和零序互感器。利用零序互感器吊架，将零序电流互感器吊装在柜底板外部。

继电器室内设有继电器安装板，安装板前安装的各种继电器。继电器室门上安装各种计量仪表、操作开关、信号装置或嵌入式继电器及综合保护装置等。小室顶部设有 $\phi6mm$ 黄铜棍小母线端子，单层布置时最多 11 条，双层布置时最多 20 条；小室下部及左右两侧可安装二次端子排，端子排固定在柜体的安装支架上，如安装 JH5 型端子，最多安装 100 个。

断路器安装在小车上，小车在开关柜中采用悬挂中置结构。小车的轮、导向装置、接地装置等均设在小车的两侧中部。

小车在柜内移动和定位是靠矩形螺纹和螺杆实现的。小车在结构上可分固定和移动两部分。当小车由运载车装入柜体完成连接后，小车的固定部分与柜体前框架连接为一体，矩形螺杆轴向固定于固定部分，而矩形螺杆的配套螺母固定于移动部分。用专用的摇把顺时针转动矩形螺杆，推进小车向前移动，当小车到达工作位置时，定位装置阻止小车继续向前移动，小车可以在工作位置定位。反之，逆时针转动矩形螺杆，小车向后移动，当固定部分与移动部分并紧后，小车可在试验位置定位。

2. 闭锁装置

(1) 推进机构与断路器连锁。

1) 当断路器处于合闸状态时，断路器操动机构输出大轴的拐臂阻挡连锁杆向上运动，阻止连锁钥匙转动，从而使小车无法由定位状态转变为移动状态，使试图移动小车失败。只有分开断路器才能改变小车的状态，使小车可以运动。

2）当移动小车未进入定位位置或推进摇把未及时拔出时，小车也无法由移动状态转变为定位状态，同时，小车的机构连锁通过断路器内的机械连锁，挡住断路器的合闸机构，使电动或手动合闸均无法进行，从而保证了运行的安全。

（2）小车与接地开关连锁。

1）将小车由试验位置的定位状态转变为移动状态时，如果接地开关处于合闸状态或接地开关摇把还没有取下，机械连锁将阻止小车状态的变化。只有分开接地开关并取下摇把，小车才允许进入移动状态。

2）小车进入移动状态后，机构连锁立即将接地开关的操作摇把插口封闭，这种状态一直保持到小车重新回到试验位置并定位才结束。

（3）隔离小车连锁。为防止隔离小车在断路器合闸的情况下推拉，在隔离小车的前柜下门上装有电磁锁，电磁锁通过挡板把连锁钥匙插入口挡住，使小车无法改变状态。只有当电磁锁有电源（其电源由断路器的动合辅助触点控制）时，才能打开连锁操作隔离小车的推进机构。

（二）高压/低压预装箱式变电站

为了减少变电站的占地面积和投资，将小型用户变电站的高压电气设备、变压器和低压控制设备以及测量设备等组合在一起，箱式整体结构变电站称为高压/低压预装箱式变电站，简称箱式变。

高压 XGW2-12 型箱式变高压开关柜结构如图 5-27 所示。

柜体采用双层密封，内部装有空调器，可保证箱变内部温度保持在允许范围以内。

箱体底架采用热轧型钢、框架采用冷弯型钢、两者组焊在一起，外部钢构件均采用表面处理技术处理，顶板、侧壁选用双层彩色复合隔热板，再铆以铝合金型材加以装饰，强度高、耐久性好。

高压电路采用真空断路器控制，在柜上设有上、下隔离开关。真空断路器、电流、电压互感器及二次系统每个单元均采用特制铝型材装饰的内门结构，美观、大方。每个间隔后面均设有双层防护板和可打开的外门，便于柜后检修，主母线位于走廊上部，主母线室间隔之间用穿墙套管隔开，主母线及与之连接的支持用热缩套管包覆，箱内检修通道设有顶灯，在每个单柜的上方均装有检修灯。

保护装置可根据用户需求集中或分散布置，计量表计分散在各个间隔中。

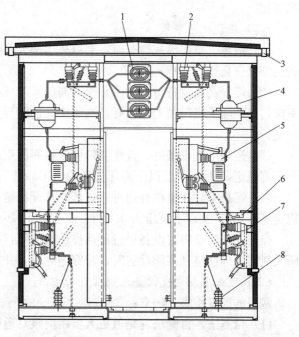

图 5-27　XG-W2-12（Z）箱式变高压开关柜示意图

1—主母线室；2—隔离开关；3—漏水管；4—电流互感器；
5—断路器；6—门外连锁机构；7—隔离开关；8—避雷器

第四节　变配电站运行

一、变配电设备巡视制度

变配电设备包括变电设备（主变压器）和配电装置。通过监视检查，可以监督其运行情况，随时了解变压器的运行状态，及时发现变压器存在的缺陷或所出现的异常情况，从而采取相应措施来防止事故的发生或扩大，以保证安全可靠地供电。对配电装置同样也应定期巡视检查，以便及时发现运行中出现的设备缺陷或故障，并采取相应措施予以消除。

（一）巡视期限

对变配电设备（尤其是户外装置部分）的巡视期限，一般有如下规定：

（1）有人值班的变配电站，应每日巡视一次（或夜间再巡视一次）。35kV 及以上的变配电所，则要求每班（三班制）巡视一、二次。

（2）无人值班的变配电站（通常容量较小），应在每周的高峰负荷时间巡视一次（或隔夜巡视一次）。

（3）在雷雨、暴风雨、雨夹雪及浓雾等恶劣天气时，应对室外装置进行白天或夜间的特殊巡视。

（4）对外在多尘或含腐蚀性气体等不良环境中的变配电设备，巡视次数要适当增加。无人值班的，每周巡视不应少于两次并应有夜间巡视。

（5）变配电设备或装置在出现异常或发生事故后，要及时进行特殊巡视检查，以密切监视变化。

（二）巡视注意事项

（1）值班人员在巡视检查时，要以高压部分及重点设备为主，同时对低压部分与一般设备的细微变化予以注意。

（2）巡视高压设备时，要注意路面高低、沟坑或电缆沟盖板的破损处。巡视中进出高压室时，必须随手将门关上并锁好。高压室的钥匙至少应有 3 把，由值班人员负责保管，按值移交。

（3）巡视电气设备时，人体与带电导体间的距离应大于安全距离。不同电压下的最小安全距离规定是 210kV 及以下高压为 0.7m，35kV 为 1m，110kV 为 1.5m。

（4）巡视只许在遮栏外边进行，禁止移开或越过遮栏。遮栏距带电导体的最小安全距离规定是：10kV 及以下高压为 0.35m，35kV 为 0.6m，110kV 为 1.5m。

（5）巡视时不得对设备进行任何操作或工作，且禁止接触高压电气设备的绝缘部分。雷雨天气需要巡视室外高压设备时，应穿绝缘靴，并不得靠近避雷针和避雷器。

（三）变配电站电气设备巡视检查的方法

常用的巡视检查方法有：

（1）目测法。目测法就是值班人员用肉眼对运行设备可见部位的外观变化进行观察来发现设备的异常现象。

（2）耳听法。变电站的一、二次电磁式设备（如变压器、互感器、继电器、接触器等），正常运行通过交流电后，其线圈铁芯会发出均匀节律和一定响度的嗡嗡声。运行值班人员可以通过正常时和异常时的音律、音量的变化来判断设备故障的发生和性质。

（3）鼻嗅法。电气设备的绝缘材料一旦过热会使周围的空气产生一种异味。巡查人员正常巡查中嗅到这种异味时，应仔细寻查观察，发现过热的设备与部位，直至查明原因。

（4）手触法。对带电的高压设备，运行中的变压器、消弧线圈的中性点接地装置，禁止使用手触法测试。对不带电且外壳可靠接地的设备，检查其温度或温升时需要用手触试检查。二次设备发热、振动等可以用手触法检查。

二、倒闸操作

倒闸操作是指按预定实现的运行方式，对现场各种开关（断路器及隔离开关）所进行的分闸或合闸操作。

（一）倒闸操作要求及步骤

1. 倒闸操作具体要求

（1）变配电站的现场一次、二次设备要有明显的标志，包括命名、编号、铭牌、转动方向、切换位置的指示以及区别电气相别的颜色等。

（2）要有与现场设备标志和运行方式相符合的一次系统模拟图，继电保护和二次设备还应有二次回路的原理图和展开图。

（3）要有考试合格并经领导批准的操作人和监护人。

（4）操作时不能单凭记忆，应在仔细检查操作地点及设备的名称编号后，才能进行操作。

（5）操作人不能依赖监护人而应对操作内容完全做到心中有数，否则操作中容易出问题。

（6）在进行倒闸操作时，不要做任何与操作无关的工作或者是闲谈。

（7）处理事故时，操作人员应沉着冷静，切不要惊慌失措，要正确而果断地进行处理。

（8）操作时应有确切的调度命令、合格的操作票或经领导批准的操作卡。

（9）要采用统一的、确切的操作术语。

操作项目的操作术语填写如下：

1）操作断路器用"合上"、"分开"。

2）操作隔离开关、跌落式熔断器用"拉开"、"推上"。

3）检查断路器、隔离开关、跌落式熔断器原始状态位置，用"断路器、隔离开关、跌落式熔断器确已拉开（确已合好）"。

4）三相操作的设备应检查"三相确已分开、三相确已合好"，单相操作的设备应分相检查"×相确已分开、×相确已合好"。

5）验电用"确无电压"。

6）装、拆接地线用"装设"、"拆除"。

7）检查负荷分配用"指示正确"。

8）装上、取下一、二次熔断器用"装上"、"取下"。

9）启、停保护装置及自动装置用"投入"、"停用"。

10）切换二次回路开关用"切至"。

11）操作设备名称：配电变压器、配电线路、杆（杆塔）、电容器、避雷器、断路器、隔离开关、电压互感器（或 TV）、电流互感器（或 TA）、跌落式熔断器、母线、接地开关、接地线等。

（10）应使用合格的操作工具、安全用具和安全设施。

2. 倒闸操作步骤

（1）接受主管人员的预发命令。值班人员接受主管人员的操作任务和命令时，要记录清楚主管人员所发的任务或命令的详细内容，明确操作目的和意图。在接受预发命令时，要停止其他工作，集中思想接受命令，并将记录内容向主管人员复诵，核对其正确性。

（2）填写操作票。值班人员根据主管人员的预发令，核对模拟图，核对实际设备，在操作票上认真逐项填写操作项目。填写操作票的顺序不可颠倒，字迹清楚，不得涂改，不得用铅笔填写。而在事故处理、单一操作、拉开接地刀闸或拆除全所仅有的一组接地线时，可不用操作票，但应将上述操作记入运行日志或操作记录本上。

（3）审查操作票。操作票填写后，写票人自己应进行核对，认真确定无误后再交监护人审查。监护人应对操作票的内容逐项审查。对上一班预填的操作票，审查中若发现错误，应由操作人重新填写。

（4）接受操作命令。在主管人员发布操作任务或命令时，监护人和操作人应同时在场，仔细听清主管人员所发的任务或命令，同时要核对操作票上的任务与主管人员所发布的是否完全一致。并由监护人按照填写好的操作票向发令人复诵。经双方核对无误后在操作票上填写发令时间，并由操作人和监护人签名。

（5）操作预演。操作前，操作人、监护人应先在模拟图上按照操作票所列的顺序逐项唱票操作预演，再次对操作票的正确性进行核对，并相互提醒操作的注意事项。

（6）核对设备。到达操作现场后，操作人应先站准位置核对设备名称和编号，监护人核对操作人所站立的位置、操作设备名称及编号应正确无误。检查核对后，操作人穿戴好安全用具，取立正姿势，眼看编号，准备操作。

（7）唱票操作。监护人看到操作人准备就绪，按照操作票上的顺序高声唱票，每次只准唱一步。严禁凭记忆不看操作票唱票，严禁看编号唱票。此时操作人应仔细听监护人唱票并看准编号，核对监护人所发命令的正确性。操作人认为无误时，开始高声复诵并用手指编号，做操作手势。严禁操作人不看编号瞎复诵，严禁凭记忆复诵。在监护人认为操作人复诵正确、两人一致认为无误后，监护人发出"对，执行"的命令，操作人方可进行操作并记录操作开始时间。

（8）检查。每一步操作完毕后，应由监护人在操作票上打一个"√"号。同时两人应到现场检查操作的正确性，如设备的机械指示、信号指示灯，表计变化情况等，以确定设备的实际分合位置。监护人勾票后，应告诉操作人下一步的操作内容。

（9）汇报。操作结束后，应检查所有操作步骤是否全部执行，然后由监护人在操作票上填写操作结束时间，并向主管人员汇报。对已执行的操作票，在工作日志和操作记录本上做好记录。并将操作票归档保存。

（10）复查评价。变配电站值班负责人要召集全班，对本班已执行完毕的各项操作进行复查、评价并总结经验。

（二）倒闸操作方法和注意事项

1. 隔离开关操作方法及注意事项

（1）在手动合隔离开关时必须迅速果断，在合到底时不能用力过猛，以防合过头和损坏支持瓷瓶。在合隔离开关时如发生弧光或误合，则应将隔离开关迅速合上。隔离开关一经合上，不得再行拉开，因为带负荷拉开隔离开关会使弧光扩大，使设备损坏更加严重。误合后只能用断路器切断该回路，才允许将隔离开关拉开。

（2）在手动拉开隔离开关时，应按"慢—快—慢"的过程进行。刚开始时应慢，其目的是：操作连杆一动即要看清是否为要拉的隔离开关，再看触头刚分开时有无电弧产生。若有电弧则应立即合上，防止带负荷拉隔离开关；若无电弧，则应迅速拉开。在切断小容量变压器的空载电流、一定长度架空线路和电缆线路的充电电流、少量的负荷电流以及用隔离开关解环操作时，均会有小电弧产生，此时应迅速将隔离开关拉开，以利灭弧。当隔离开关快要全部拉开时，又应稍慢些，以防不必要的冲击损坏绝缘子。

（3）隔离开关装有电气（电磁）连锁装置或机械连锁装置的，若装置未开、隔离开关不能操作时，不可任意解除连锁装置硬进行分、合闸，应查明原因后才能进行操作。

（4）隔离开关经操作后，必须检查其"开"、"合"位置。因有时会由于操作机构有故障或调整得不好，而可能出现操作后未全部拉开或未全部合上的现象。

2. 断路器操作方法及注意事项

（1）断路器不允许现场带负荷手动合闸。这是因为手动合闸速度慢，易产生电弧而使触头损坏。

（2）遥控操作断路器，扳动控制开关时，不要用力过猛，以免损坏控制开关。

（3）断路器经操作后，应查看有关的信号装置和测量仪表的指示，判别断路器动作的正确性。但不能只以信号灯及测量仪表的指示来判别断路器的分、合状态，还应到现场检查断路器的机械位置指示装置来确定其实际所处的分、合位置。

（4）当断路器合上、控制开关返回后，合闸电流表应指在零位，以防止因合闸接触器打不开而烧毁合闸线圈。

3. 高压跌落式熔断器操作方法与顺序

高压跌落式熔断器有安装在隔离开关附近，也有单独使用的。操作高压熔断器多采用绝缘杆单相操作。分或合高压熔断器时，不允许带负荷。如发生误操作，产生的电弧会威胁人身及设备的安全。

为防止可能发生的弧光短路事故，高压熔断器的操作顺序为：拉闸时应先拉中间相，后拉两边相（且其中先拉下风相）；合闸时应先合两边相（且其中先合上风相），再合中间相。

4. 变压器操作

（1）主变压器停电与送电。

1）仅一台主变压器且二次侧无总断路器或负荷开关的，停电时应先拉开负荷侧各条配电线路的断路器或开关，送电时则应在变压器投运后，再合上各条配电线路的断路器或开关。

2）10kV少油断路器合闸后，若发现托架或拉杆绝缘子折断，则不能再继续操作。应将断路器保护停用，并迅速汇报，等候处理。

3）更换并列运行的变压器或进行可能使相位发生变动的工作时，必须经过核相器核对，正确无误后，方可并列运行。

4）变压器充电要利用有保护的电源断路器进行，保护整定应能保证变压器充电时不动作。如变压器有故障，应能保证其迅速跳闸而不致引起上一级开关动作。

（2）电压互感器启用与停用。

1）启用三相五柱或三只单相电压互感器组时，投运前，应先合上一次侧的中性点接地隔离开关。

2）电压互感器停用时，要先充分考虑有无影响表计指示与计量，以及是否会引起有关继电保护和自动装置发生拒动或误动的情况，并提前采取正确而有效的预防措施。

5. 断路器与隔离开关倒闸操作顺序

倒闸操作步骤为：合闸时应先推上隔离开关，再合上断路器；拉闸时应先分开断路器，后拉开隔离开关。

由于隔离开关本身没有专门的灭弧装置，故严禁带负荷或故障负荷进行操作。操作时，如果万一发生了带负荷误操作（拉开或推上刀闸），则切不可慌乱而应沉着处理。具体办法是：

（1）错拉隔离开关。若隔离开关刚一离开静触头且仅产生了少量电弧，这时应立即推上，便可（灭弧）避免事故；若隔离开关已全部拉开，则绝不允许将误拉的隔离开关再重新推上。如果是单极隔离开关，在操作一相后已发现错位，则对其他两相便不应再继续操作，同时要立即采取措施（即操作断路器）以切断负荷。

（2）错推隔离开关。既已合错，或在合闸时产生了较大电弧，也决不准再往回拉开，因为若再带负荷拉开隔离开关，又将会产生强烈电弧甚至造成相间弧光短路。故万一发生了错推上隔离开关的情况，同样也应立即操作断路器来切断负荷。

（三）保障正确进行倒闸操作的措施

1. 严格执行操作票制度

在 1kV 及以上的设备上进行倒闸操作时，必须得到电气负责人命令或根据工作票内容与要求，按规定格式正确地填写倒闸操作票。填写操作票时应做到填写清楚、具体、明确，必要时应画出接线图。

（1）填写操作票注意事项。

1）倒闸操作票必须用钢笔或圆珠笔填写，保持清晰，不得涂改或损坏。

2）操作票应编号并按顺序使用。作废的操作票应盖"作废"字样的图章加以注明，已操作的操作票应盖"已执行"字样的图章加以注明。

3）使用过的操作票应保存 1 年，以备查用。

4）每一张操作票只允许填写一个操作任务。

（2）操作票具体内容。在操作票上不仅要填写断路器和隔离开关的操作步骤，还应填写下列检查内容：

1）检查接地线是否拆除。

2）在拉开或合上断路器及隔离开关后，应检查实际的分、合位置。

3）切断或合上并列设备或环路时，应根据表计指示检查负荷分配情况，以防止设备过负荷而引起过电流保护动作。

4）进行验电，检查需要装设临时接地线的设备确已无电。

5）安装或拆除控制回路及电压互感器回路的熔断器。

6）切换保护回路或改变整定值。

2. 进行倒闸操作牢记倒闸操作的注意事项

（1）倒闸操作前必须了解运行、继电保护及自动装置等情况。

（2）在电气设备送电前，必须收回有关工作票，拆除临时接地线，取下标示牌，并认真检查隔离开关和断路器是否在断开位置。

（3）倒闸操作必须由两人执行，一人操作一人（对设备较为熟悉者）监护（单人值班的变电所倒闸操作可由一人执行）。特别重要和复杂的倒闸操作，要由熟练的值班员操作，值班负责人或值长监护。操作中应使用合格的安全工具，如验电笔、绝缘手套、绝缘靴等。

（4）操作中发生疑问时，应立即停止操作并向值班调度员或值班负责人报告，弄清问题后，再进行操作。不准擅自更改操作票，不准随意解除闭锁装置。

（5）变配电站的上空有雷电活动时，禁止进行户外电气设备的倒闸操作。高峰负荷时要避免倒闸操作。倒闸操作时不得进行交接班。

（6）倒闸操作者应考虑继电保护及自动装置整定值的调整，以适应新的运行方式。

（7）备用电源自动投入装置及重合闸装置，必须在所属主设备停运前退出运行，所属主设备送电后再投入运行。

（8）在倒闸操作中应加强监视和分析各种仪表的指示情况。

（9）在断路器检修或二次回路及保护装置上有人工作时，应取下断路器的直流操作保险，切断操作电源。

（10）倒母线过程中拉或合母线隔离开关、断路器旁路隔离开关及母线分段隔离开关时，必须取下相应断路器的直流操作保险，以防止带负荷操作隔离开关。

（11）在操作隔离开关前，应先检查断路器确在断开位置，并取下直流操作保险，以防止操作隔离开关过程中出现因断路器误动作而造成带负荷操作隔离开关的事故。

（12）在继电器保护故障情况下，应取下断路器的直流操作保险，以防止断路器误动作。

（13）油断路器在缺油或无油时，应取下油断路器的直流操作保险，以防系统发生故障而跳开该油断路器时发生断路器爆炸事故。

（四）送电和停电的操作步骤

1. 送电操作

变配电站送电时，一般从电源侧的开关合起，依次合到负荷侧的各开关。

如图 5-28 所示，以某用户 10kV 变配电站为例加以说明：送电时，应先进行检查，确知变压器上无人工作后，撤除临时接地线和"有人工作，禁止合闸！"标示牌；再投入电压互感器 TV 隔离开关，检查进线有无电压和电压是否正常；如进线电压正常，再合上高压断路器 QF，这时主变压器投入。如未发现异常，就可合上低压主开关 QS1 和 QF，使低压母线获电。如电压正常，则可分路投入各低压出线开关。但要注意，低压隔离开关除带有灭弧罩的外，一般不能带负荷操作，故对仅装无灭弧罩隔离开关的线路，应先切除负荷后才能合闸送电。

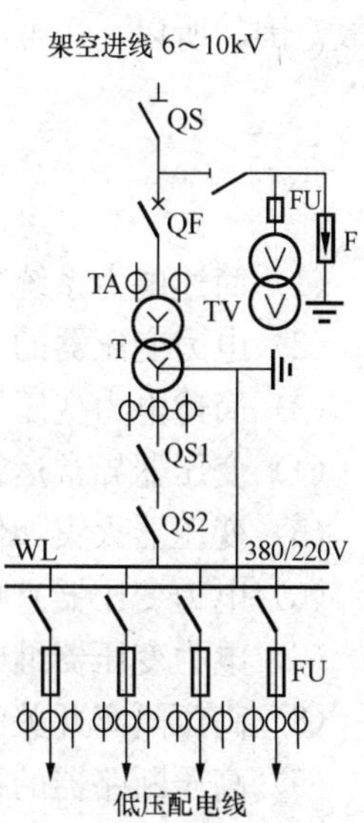

2. 停电操作

变配电站停电时，应将断路器分开，其操作步骤与送电相反，一般先从负荷侧的断路器分起，依次分到电源侧断路器。如图 5-28 所示，停电时，先分开低压侧各路出线断路器。如果隔离开关或熔断器式隔离开关未

图 5-28　某 10kV 变电站主接线图

带灭弧罩，则还应先分开相关的负荷断路器。所有出线断路器分开后，就可相继分开低压和高压主断路器。若高压主断路器是高压断路器或负荷开关，紧急情况下也可直接分开高压断路器或负荷断路器以实现快速停电。假如高压侧装设的是隔离开关加熔断器或跌落式熔断器，则停电时只有断开所有低压出线断路器和低压主断路器之后，才能拉开高压隔离开关或跌落式熔断器。

线路或设备停电以后，考虑到检修线路和设备人员的安全，在断路器的开关操作手柄上应悬挂"有人工作，禁止合闸！"标示牌，并在停电检修线路或设备的电源侧（如可能两侧来电时，应在其两侧）装设临时接地线。装设临时接地线时，应先接接地端，再接线路端或设备端。

3. 停送电操作时拉开和推上隔离开关次序

操作隔离开关时，绝对不允许带负荷拉开或推上。故在操作隔离开关前，一定要认真检查断路器所处的状态。为了在万一发生错误操作时能缩小事故范围，避免人为扩大事故，停电时应先拉线路侧隔离开关，送电时应先合母线侧隔离开关。这是因为停电时可能出现的误操作情况有：断路器尚未断开电源而先拉隔离开关，造成了带负荷拉隔离开关；断路器虽已断开，但在操作隔离开关时由于走错间隔而错拉了不应停电的设备。

若断路器尚未断开电源时误拉了隔离开关，如先拉了母线侧隔离开关，弧光短路点将在断路器内侧，造成母线短路；如是先拉线路侧隔离开关，则弧光短路点在断路器外侧，断路器保护动作跳闸，便能切除故障，缩小事故范围。所以，停电时应先拉线路侧隔离开关送电时，若断路器误在合闸位置便去合隔离开关，此时如是先合线路侧隔离开关、后合母线侧隔离开关，则等于用母线侧隔离开关带负荷合闸，一旦发生弧光短路，便会造成母线故障，就人为地扩大了事故范围。如先合母线侧隔离开关、后合线路侧隔离开关，则等于用线路侧隔离开关带负荷合闸，一旦发生弧光短路，断路器保护便会动作跳闸、切除故障，从而缩小了事故范围。所以，送电时应先合母线侧隔离开关。

复 习 思 考 题

(1) 简述电力系统和电力网的基本概念。

(2) 电力变压器的结构包括哪些部分？

(3) 简述电力变压器的工作原理。

(4) 变压器异常运行和常见故障有哪些？

(5) 变压器火灾如何预防？

(6) 电力变压器有哪些技术参数？

(7) 电力变压器继电保护有哪些基本要求？

(8) 高压隔离开关的作用有哪些？

(9) 高压断路器的检查维修项目有哪些？

(10) 箱式变电站有哪些特点？

(11) 简述互感器的基本工作原理。

(12) 高压电气倒闸操作的基本要求是什么？

(13) 简述某一出线停送电操作时的操作顺序。

下篇　电气操作技能

第六章　安全技术基本操作技能

第一节　电 工 基 本 用 具

一、电工常用基本工具

电工常用工具也是电工维修必备的工具，包括验电笔、钢丝钳、电工刀、螺钉旋具和扳手等。维修电工使用的工具进行带电操作之前，必须检查绝缘把套的绝缘是否良好，以防绝缘损坏，发生触电事故。

（一）低压验电笔

使用低压验电笔注意事项：

（1）使用验电笔时，必须按照图6-1所示的正确握法把笔握住，以手指触及笔尾的金属体，使氖管小窗背光面向自己。

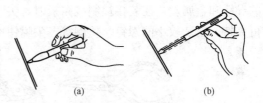

图6-1　试电笔握法

(a) 钢笔式试电笔握法；(b) 螺丝刀式试电笔握法

（2）使用验电笔前，一定要在有电的电源上检查验电笔氖管能否正常发光，确保验电笔无误，方可使用。

（3）在明亮的光线下测试时，不易看清氖管是否发光，应遮光检测。

（4）验电笔的金属笔尖多制成螺钉旋具一字改锥或一字起子形状，但只能承受很小的扭矩。

（二）钢丝钳

绝缘柄钢丝钳是维修电工必备的工具。钢丝钳有铁柄和绝缘柄两种，带有绝缘护套的为电工用钢丝钳，绝缘柄耐压为500V，可在有电的场合使用。钢丝钳的规格以全长表示，常用的规格有150、175、200mm三种。它的主要用途是剪切导线和钢丝等较硬金属，其外形如图6-2（a）所示。

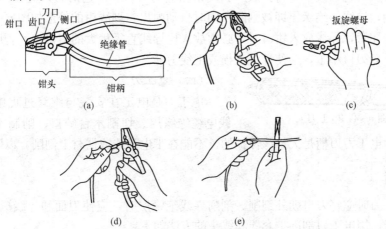

图6-2　钢丝钳的构造和用法

(a) 构造；(b) 弯绞导线；(c) 紧固螺母；(d) 剪切导线；(e) 侧切钢丝

电工钢丝钳由钳头和钳柄两部分组成，钳头有钳口、齿口、刀口和侧口四部分组成。用途很多，钳口用来弯绞或钳夹导线线头；齿口用来紧固或起松螺母，刀口用来剪切导线或剖削软导线绝缘层；侧口用来侧切电线线芯、钢丝或铅丝等较硬的金属，如图 6 - 2（b）所示。

电工钢丝钳使用前必须检查绝缘柄的绝缘是否完好。绝缘如果损坏，进行带电作业时会发生触电事故。用电工钢丝钳剪切带电导线时，不得用刀口同时剪切两根以上的导线，避免发生短路故障。

（三）其他电工用钳

1. 尖嘴钳

尖嘴钳的头部尖细而长，适用于在狭小的工作空间操作。维修电工多选用带绝缘柄的尖嘴钳，耐压为 500V。其规格以全长表示，有 140mm 和 180mm 两种。主要用途是剪断较细的导线和金属丝，在装接控制线路板时，尖嘴钳能将单股导线弯成一定圆弧的接线鼻子，并可夹持、安装较小的螺钉、垫圈等。尖嘴钳的外形如图 6 - 3（a）所示。

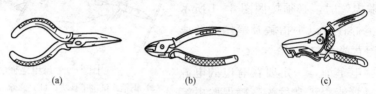

(a)　　　　　　　　(b)　　　　　　　　(c)

图 6 - 3　其他电工用钳
(a) 尖嘴钳；(b) 断线钳；(c) 剥线钳

2. 斜口钳

斜口钳又称断线钳，是用来切断单股或多股导线的钳子，常用的为耐压 500V 带绝缘柄的斜口钳，钳柄有铁柄、管柄和绝缘柄三种形式，其中电工用的绝缘柄断线钳，其外形如图 6 - 3（b）所示。

3. 剥线钳

剥线钳是用来剥除小直径导线绝缘层的专用工具。它的手柄带有绝缘把，耐压为 500V。剥线钳的钳口有 0.5～3mm 多个不同孔径的刃口，使用时，根据需要定出剥去绝缘层的长度，按导线芯线的直径大小，将其放入剥线钳相应的刃口。所选的刃口应比芯线直径稍大，用力一握钳柄，导线的绝缘层即被割断，同时自动弹出。剥线钳的外形如图 6 - 3（c）所示。

使用时应注意，导线放入钳口时，必须放入比导线直径稍大的刃口中，否则，刃口大了绝缘层剥不下，刃口小了，会使导线受损或把线剪断。

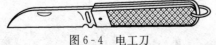

图 6 - 4　电工刀

（四）电工刀

电工刀是电工在安装与维修过程中用来剖削电线电缆绝缘层、切割木台缺口、削制木桩及软金属的专用工具。电工刀刀柄是无绝缘保护的，不能在带电导线或器材上剖削，以防触电，其外形如图 6 - 4 所示。

1. 使用方法

使用电工刀时应将刀口朝外剖削。剖削导线绝缘层时，应使刀面和导线成较小的锐角，以免割伤导线。用电工刀剖削护套线和线头的方法如下：

（1）剖削单芯护套线塑料绝缘层方法如图 6 - 5（a）所示。

1）如图 6 - 5（b）所示，根据所需长度用电工刀以 45°角倾斜切入。

2）接着如图 6-5（c）所示，刀面与线芯保持 25°角左右，用力向线端推削，注意不要切入芯线，剥去上面一层塑料绝缘。

（2）剖削双芯或三芯护套线塑料绝缘层方法如图 6-6 所示。

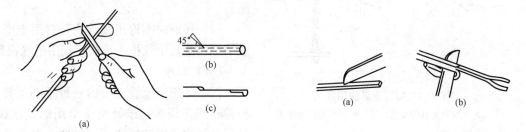

图 6-5　单芯护套线剖削方法　　　图 6-6　多芯护套线剖削方法

（a）剖削线头；（b）以 45°角倾斜切入；（c）以 25°角倾斜推削

1）如图 6-6（a）所示，根据所需长度用电工刀刀尖对准芯线缝隙划开护套层。

2）向后翻护套层，用刀齐根切去，如图 6-6（b）所示。

2. 使用电工刀注意事项

（1）电工刀使用时应注意避免伤手。

（2）电工刀用毕，随即将刀刃折进刀柄。

（3）电工刀刀柄是无绝缘保护的，不能在带电导线或器材上剖削，以免触电。

（五）螺钉旋具

螺钉旋具又称起子，它是一种紧固或拆卸螺钉的工具。螺钉旋具的式样和规格很多，按头部形状可分为一字形和十字形两种；按握柄所用材料分为木柄和塑料柄两种。常见两种螺钉旋具的外形如图 6-7 所示。每一种螺钉旋具又分为若干规格，电工常采用绝缘性能较好的塑料柄螺钉旋具：

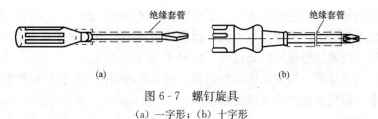

图 6-7　螺钉旋具

（a）一字形；（b）十字形

1. 一字形螺钉旋具

一字形螺钉旋具用来紧固或拆卸一字槽的螺丝和木螺丝。

2. 十字形螺钉旋具

十字形螺钉旋具专供紧固或拆卸十字槽的螺钉和木螺丝之用。除一字形和十字形螺钉旋具，常用的还有多用组合螺钉旋具。

螺钉旋具使用时以小代大，可能造成螺钉旋具刃口扭曲；以大代小，容易损坏电器元件。其使用方法如图 6-8 所示。

3. 使用螺钉旋具应注意的事项

（1）螺钉旋具把手的绝缘应完好无破损，防止使用时造成触电事故。

（2）使用螺钉旋具紧固或拆卸带电螺钉时，手不得触及螺钉旋具金属杆，以免发生触电

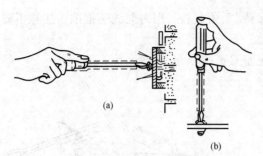

图 6-8　螺钉旋具使用方法

(a) 大螺钉旋具的使用；(b) 小螺钉旋具的使用

事故。

（3）为了避免螺钉旋具的金属杆触及皮肤或触及邻近带电体，应在金属杆上穿套绝缘管。

（4）作业时不许用锤等物敲打用于电工作业的螺钉旋具绝缘把手，防止把手绝缘损坏。

（六）扳手

扳手是用于螺纹连接的一种手动工具，其种类和规格很多，维修电工常用的是活扳手，是用来紧固和拆卸螺钉或螺母的，它的开口宽度可在一定范围内调节，其规格以长度乘最大开口宽度来表示。图 6-9 所示是活扳手的外形和用法。

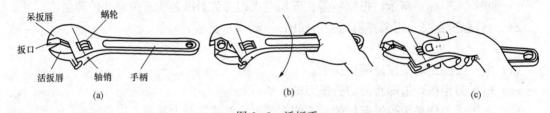

图 6-9　活扳手

(a) 结构；(b) 使用；(c) 扳动较小螺母

1. 活扳手

活扳手由头部和柄部组成，头部由活络扳唇、扳口、蜗轮和轴销等构成，如图 6-9 (a) 所示。蜗轮可以调节扳口的大小。

2. 活扳手使用注意事项

（1）扳动大螺母时，需用较大力矩，手应握在近尾柄处，如图 6-9 (b) 所示。

（2）扳动较小螺母时，需用力矩不大，但螺母过小易打滑，故手应握在近头部的地方，可随时调节蜗轮，收紧活络扳唇防止打滑，如图 6-9 (c) 所示。

（3）活扳手不可反用，以免损坏活络扳唇，也不可用钢管来接长柄加较大的扳拧力矩。

（4）活扳手不得代替撬棒和手锤使用。

（七）电工用凿

电工用凿主要用来在建筑物上打孔，以便下输线管或安装架线木桩。按用途不同，有麻线凿、小扁凿、大扁凿和长凿等几种，如图 6-10 所示。

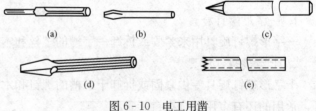

图 6-10　电工用凿

(a) 麻线凿；(b) 小扁凿；(c) 凿混凝土用长凿；

(d) 大扁凿；(e) 凿砖墙土用长凿

1. 麻线凿

麻线凿也称圆錾凿，用来凿制混凝土建筑物的安装孔。电工常用的麻线凿有 16 号和 18 号两种。凿孔时，要用左手握住麻线凿，并不断地转动凿子，使灰沙碎石及时排出。

2. 小扁凿

小扁凿是用来凿制砖结构建筑物的安装孔。电工常用的小扁凿，其凿口宽度多为 12mm。

3. 大扁凿

大扁凿主要用于在砖结构建筑物上凿较大的安装孔，如角钢支架、吊挂螺栓等较大的预埋件孔。

4. 长凿

长凿主要是用于较厚墙壁凿孔的。用于混凝土结构的长凿多为实心中碳圆钢制成；用于砖结构的长凿由无缝钢管制成。长凿使用时，应不断旋转，及时排除碎屑。

电工用凿打孔应注意锤与凿等工具的正确使用；凿打时应谨慎，防止建筑材料的碎屑伤害眼睛；若在高墙上凿打孔时，应采取相应的防护安全措施。

（八）电烙铁的使用与维护

1. 电烙铁的种类及构造

常用的电烙铁有外热式和内热式两大类，如图 6-11 所示。在接通电源后，电流使电阻丝发热，并通过传热筒加热电烙铁，达到焊接温度后即可进行工作。内热式的发热元件在烙铁头的内部，其热效率较高；外热式电烙铁的发热元件在外层，烙铁头置于中央的孔中，其热效率较低。

2. 电烙铁的选用

电烙铁的选用应遵从下列四个原则：

（1）铁头的形状要适应被焊物面的要求和焊点及元器件密度。

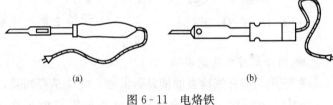

(a)　　　　　　　　　　　　(b)

图 6-11　电烙铁
(a) 内热式电烙铁；(b) 外热式电烙铁

（2）铁头顶端温度应能适应焊锡的熔点。通常这个温度应比焊锡熔点高 30～80℃，而且并应包括烙铁头接触焊点时下降的温度。

（3）电烙铁的热容量应能满足被焊件的要求。热容量太小，温度下降快，使焊锡熔化不充分，焊点强度低，表面发暗而无光泽、焊锡颗粒粗糙，甚至造成虚焊。热容量过大，导致元器件和焊锡温度过高，会损坏元器件导线绝缘层，还可能由于焊锡流动性太大而难于控制。

（4）烙铁头的温度恢复时间能满足被焊件的热要求。所谓温度恢复时间，是指烙铁头接触焊点温度降低后，重新恢复到原有最高温度所需要的时间。要使这个恢复时间恰当，必须选择功率、热容量、烙铁头形状、长短等适合的电烙铁。

3. 使用电烙铁的注意事项

（1）使用前检查两股电源线和保护接地线的接头是否接对，否则会导致元器件损伤，严重时还会引起操作人员触电。

（2）新电烙铁初次使用。应先对烙铁头搪锡。其方法是，将烙铁头加热到适当温度后，用砂布（纸）擦去或用锉刀锉去氧化层，浸在焊锡中来回摩擦，即可搪上锡。

（3）烙铁头应经常保持清洁。使用中若发现烙铁头工作面有氧化层或污物，应擦去。否则影响焊接质量。烙铁头工作一段时间后，还会出现因氧化不能上锡的现象，应用锉刀或刮刀去掉烙铁头工作面黑灰色的氧化层，重新搪锡。烙铁头使用过久，还会出现腐蚀凹坑，影响正常焊接，应用榔头，锉刀对其整形，再重新搪锡。

（4）电烙铁工作时要放在特制的烙铁架上，烙铁架一般应置于工作台右上方，烙铁头不能超出工作台，以免烫伤工作人员或其他物品。

（九）喷灯

喷灯是一种利用喷射火焰对工件进行加热的工具。在电工作业中，制作电力电缆终端头或中间接头及焊接电力电缆接头时，都要使用喷灯。

图 6 - 12　喷灯构造图

按照使用燃料油的不同，喷灯分为煤油喷灯和汽油喷灯两种。喷灯的构造如图 6 - 12 所示。

1. 使用方法

（1）根据喷灯所用燃料油的种类，加注燃料油，首先旋开加油螺塞，注入燃料油，注入油量要低于油桶最大容量的 3/4，然后旋紧加油螺塞。

（2）操作打气阀增加油桶内的油压，然后在预热燃烧盘中加入燃料油，点燃烧热喷头后，再慢慢打开放油调节阀，观察火焰。如果火焰喷射力达到要求，即可开始使用。

（3）手持手柄，使喷灯保持直立，将火焰对准工件即可。

2. 使用喷灯时的注意事项

（1）使用前应仔细检查油桶是否漏油，喷头是否畅通，有无漏气等。

（2）打气加压时，首先检查并确认加油螺塞能可靠关闭。喷灯点火时，喷头前严禁站人。

（3）工作场所不能有易燃物品。喷灯工作时应注意火焰与带电体之间的安全距离：10kV 以上大于 3m，10kV 以下大于 1.5m。

（4）油桶内的油压应根据火焰喷射力掌握。

（5）喷灯的加油、放油和维修应在喷灯熄火后进行。喷灯使用完毕，倒出剩余燃料油并回收，然后将喷灯污物擦除，妥善保管。

二、常用安装工具

电工常用安装工具是电工进行维修作业必备的工具，包括冲击电钻、电锤、射钉枪和压接钳等。

（一）冲击电钻

冲击电钻简称冲击钻，它具有两种功能：当调节开关置于"钻"的位置，可以作为普通电钻使用；当调节开头置于"锤"的位置，它具有冲击锤的作用，用来在砖结构或混凝土结构建筑物上凿眼打孔。

冲击钻的外形如图 6 - 13 所示，一般的冲击钻都装有辅助手柄，所钻安装孔的直径通常在 20mm 以下，有的冲击钻还可调节转速。使用冲击钻选择功能或调节转速时，必须在断电状态下进行。冲击钻电源线为安全性能好的二芯软线，使用时不要求戴橡皮手套或穿电工绝缘鞋，但要定期检查电源线、电机绕组与机壳间的绝缘电阻值等以保证安全。在混凝土、砖结构建筑物上打孔时要安装冲击钻头。用冲击钻在建筑结构上打孔时，工作性质选择开关应扳在"锤"位置。

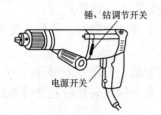

图 6-13　冲击电钻外形

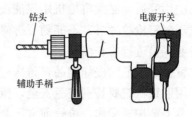

图 6-14　电锤

用冲击在砖石建筑物上钻孔时要戴护目镜，防止眼睛溅入砂石灰尘；钻孔时，要双手握电钻，身体保持略向前倾的姿势；确保电钻的电源线不被挤、压、砸、缠。

（二）电锤

电锤是一种具有旋转、冲击复合运动机构的电动工具，如图 6-14 所示。电锤的功能多，可用来在混凝土、砖石结构建筑物上钻孔、凿眼、开槽等，电锤冲击力比冲击钻大，工效高，不仅能垂直向下钻孔，而且能向其他方向钻孔。常用电锤钻头直径有 16、22、30mm 等规格。使用电锤时，握住两个手柄，垂直向下钻孔，无需用力，向其他方向钻孔也不能用力过大，稍加使劲就可以。电锤工作时进行高速复合运动，要保证内部活塞和活塞转套之间良好润滑，通常每工作 4h 需注入润滑油，以确保电锤可靠地工作。

（三）射钉枪

射钉枪是利用枪管内火药爆炸所产生的高压推力，将特制的钉子打入钢板、混凝土和砖墙内的手持工具，用以安装或固定各种电气设备、电工器材。它可以代替凿孔、预埋螺钉等手工劳动，是一种先进的安装工具。

1. 射钉枪结构

射钉枪的种类很多，结构大致相同，图 6-15 所示为其结构图。整个枪体由前、后枪身组成，中间可以扳折，扳折后前枪身露出弹腔，用来装、退射钉。为使用安全和减少噪声，设置了防护罩和消音装置。根据射入构件材料的不同，可选择使用不同规格的射钉和射钉弹。

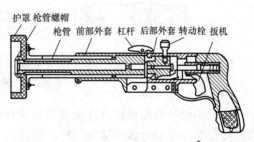

图 6-15　射钉枪结构图

在使用射钉枪时，必须与紧固件保持垂直位置，且紧靠基体，由操作人用力顶紧才能发射，这是使用射钉枪的共同要求。有的射钉枪装有保险装置，防止射钉打飞、落地起火；还有的射钉枪装有防护罩，没有防护罩的就不能打响，从而增强了使用射钉枪的安全性。

射钉弹根据外形尺寸有三种规格，使用时要与活塞和枪管配套使用。

2. 射钉枪使用注意事项

（1）射钉枪必须由经培训考核合格的人员使用，按规定程序操作，不准乱射。

（2）要制订发放、保管、使用、维修等管理制度，并由专人负责。

（3）在薄墙、轻质墙上射钉时，对面不得有人停留和经过，要设专人监护，防止射穿墙体伤人。

（4）发射后，钉帽不要留在被紧固件的外面，如遇此种情况时，可以装上威力小一级的射钉弹，不装射钉，再进行一次补射。

（5）每次用完后，必须将枪机用煤油浸泡后，擦油存放，以防锈蚀。

（6）发现射钉枪故障时，不能随意拆修。如发生卡弹等故障时，应停止使用，采取安全措施后由专业人员进行检查修理。

（7）射钉弹属于危险爆炸物品，每次应限定领取数量，并设专人保管。

（8）使用射钉枪时要特别注意安全，枪管内不可有杂物，装弹后若暂时不用，必须及时退出，不许拿下前护罩操作，枪管前方严禁有人。

（四）压接钳

1. 阻尼式手握型压力钳

阻尼式手握型压力钳如图 6 - 16 所示，是适用于单芯铜、铝导线用压线帽进行钳压连接的手动工具。其使用注意事项如下：

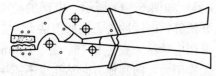

图 6 - 16　阻尼式手握型压力钳

（1）根据导线和压线帽规格和压力钳的加压模块。

（2）为了便于压实导线，压线帽内应填实，可用同材质同线径的线芯插入压线帽内填补，也可用线芯剥出后回折插入压线帽内。

2. 手提式压接钳油压钳

（1）手提式油压钳：截面 16mm² 及以上的铝绞线，可采用手提式油压钳见压接，其外形如图 6 - 17（a）所示。

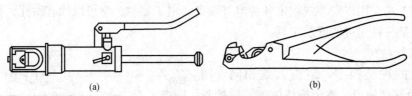

(a)　　　　　　　　　　　　　　　(b)

图 6 - 17　压接钳
(a) 手提式油压钳；(b) 手动导线压接钳

（2）手动导线压接钳（冷压接钳）：截面积为 10～35mm² 的单芯铜、铝导线接头或封端的压接常采用手动导线压接钳（冷压接钳），其外形如图 6 - 17（b）所示。

3. 液压导线压接钳

多股铝、铜芯导线，作中间连接或封端的压接，一般采用液压导线压接钳，根据压模规格，可压接铝导线截面为 16～240mm²，压接铜导线截面为 16～150mm²，压接形式为六边形围压截面，其外形如图 6 - 18 所示。

4. 手动电缆、电线机械压钳

中、小截面的铜芯或铝芯电缆接头的冷压和中、小截面各种电线的钳压连接，一般采用手动电缆电线机械压钳，其外形如图 6 - 19 所示。

导线压接不论手动压接还是其他方式压接，除了选择合适的压模外，还要按照一定的顺序进行施压，并控制压力适当，例导线钳压顺序如 6 - 20（a）所示，液压钢芯铝绞线钢芯对接式钢管的顺序示意如图 6-20（b）所示，图中压接管上数字 1、2、3…表示压接顺序。

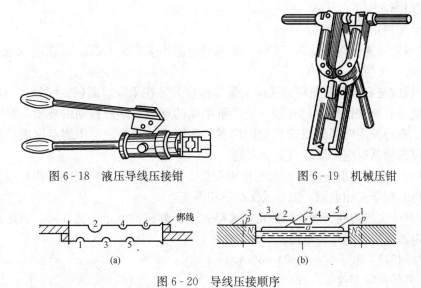

图 6-18　液压导线压接钳　　　　　图 6-19　机械压钳

图 6-20　导线压接顺序

三、移动式电气设备

1. 用电特点及一般要求

电焊机、蛤蟆夯、无齿锯等电气设备，都是属于体积较小，无固定地脚螺丝，工作时随着需要而经常移动的电气设备。其特点是工作环境经常变化，由电源侧接到设备的导线是临时性的。所以对这一类设备要求有专人管理，每次使用前都要进行外观和电气检查，一次线长不得超过 2m，要使用橡套线；每次接电源前，都要查看保护电器是否合格（如熔断器）。设备的金属外壳要有可靠的接地（接零），导线两端必须连接牢固。要按照设备铭牌的要求去接电源。带电动机设备接线后应点动试运转。室外使用应有防雨措施。

2. 交流弧焊机使用安全要求

交流电焊设备和工具如图 6-21 所示。

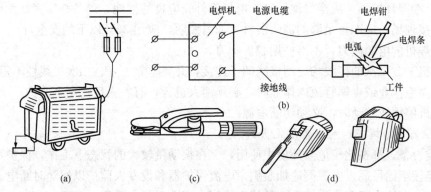

图 6-21　交流电焊设备和工具

(a) 电焊机；(b) 焊接电路；(c) 焊钳；(d) 面罩

交流弧焊机的一次额定电压为 380V，二次空载电压为 70V 左右，二次额定工作电压为

30V 左右，二次工作电流达数十至数百安，电弧温度高达 6000℃。交流弧焊机的火灾危险和电击危险都比较大。

（1）安装和使用要求：

1）安装前应检查弧焊机是否完好，一次缘绝电阻不应低于 1MΩ，二次绝缘电阻不应低于 0.5MΩ。

2）弧焊机应与安装环境条件相适应。弧焊机应安装在干燥、通风良好处，不应安装在易燃易爆环境、有腐蚀性气体的环境、有严重尘垢的环境或剧烈振动的环境，并应避开高温、水池处。室外处用的弧焊机应采取防雨雪、防尘土的措施。工作地点远离易燃易爆物品，下方有可燃物品时应采取适当安全措施。

3）弧焊机一次额定电压应与电源电压相符合，接线应正确，应经端子排接线；多台焊机尽量均匀地分接于三相电源，以尽量保持三相平衡。

4）弧焊机一次侧熔断器熔体的额定电流略大于弧焊机的额定电流即可，但熔体的额定电流应小于电源线导线的允许电流。

5）二次线长度一般不应超过 20～30m。

6）弧焊机外壳应当接零（或接地）。

7）弧焊机二次侧焊钳连接线不得接零（或接地），二次侧的另一条线也只能一点接零（或接地），以防止部分焊接电流经其他导体构成回路。

8）移动焊机必须停电进行。为了防止运行中的弧焊机熄弧时 70V 左右的二次电压带来电击的危险，可以装设空载自动断电安全装置。这种装置还能减少弧焊机的无功损耗。使用移动式电焊机时，除了要做到前面的一般要求，还要首先选择好工作环境，在易燃易爆或有挥发性物质的场所不许使用。电焊机应当放置在通风良好的地方。

（2）用电弧焊时安全要求：

1）下列场合不准使用电弧焊：5m 以内堆有易燃易爆物品的场所，装有气体或液体的压力容器，距带电体 3m 以内的场所，密封或盛装有物质性质不明的容器，具有两级以上风力的环境。

2）为确保操作人员安全，焊接人员应该穿绝缘鞋、工作服，戴合格的焊接手套，使用合格焊具。潮湿环境下，应穿好绝缘鞋，电焊机外壳应良好接地，焊条必须完好无损。

3）焊接现场，应准备足够的消防器材。如需照明，应用 36V 以下的安全灯。

4）电焊机的电源闸刀，不准使用胶盖闸刀。

5）焊机一、二次的接线均应用接线端子连接，并要牢靠。一、二次接线柱不得外露。

6）在高空作业或金属管道内作业时，必须两人进行，有一人负责安全监护。

7）焊机停用或移动时，必须切断电源。

3. 振捣器、蛤蟆夯、潜水泵及无齿锯

这一类设备，都在比较危险环境中使用，又在振动量较大的状态下工作，保护地线（零线）必须连接牢固可靠，电源侧应加装剩余电流保护器和设专人监护以便随时断电。

使用的橡套线中间不许有接头，导线在使用中不准受拉、受压、受砸。

工作人员应穿绝缘鞋。

4. 移动式起重设备

在使用中要注意周围环境，起升和摆动的范围内不许有架空线路，与线路的最近距离不得小于下列数值：距 1kV 以下时为 1.5m，距 10kV 以下为 2m，距 35kV 以下时为 4m。

吊车的电源开关应就近安装，负荷线路要架设牢固，必要时设排线装置而不准落地拖线。

吊车需要挪动场地时，必须首先切断总电源。

在室外使用时，电机和电气箱均应有防雨措施。

四、常用安装工具和移动电气设备的安全技术措施

工具在使用中需要经常移动，振动也比较大，容易发生碰壳事故，又往往是在工作人员紧握之下运行的，而且其电源线的绝缘也容易由于拉、磨或其他机械原因而遭到损坏。为了保护操作者的安全，应对工具采取安全措施。

1. 保护接地或保护接零

保护接地或保护接零是Ⅰ类工具的附加安全预防措施。当Ⅰ类工具采用保护接地或保护接零时，能使可触及的导电零件在基本绝缘损坏的事故中不成为带电体，以保障操作者的人身安全。

（1）保护接地或接零线的技术要求。Ⅰ类工具的保护接地或接零线不宜单独敷设，应当和电源线采用同样的防护措施。电源线必须采用三芯（单相工具），或四芯（三相工具），多股铜芯橡皮护套软电缆或护套软线，其中，绿/黄色标志的导线只能用作保护接地或接零线，原有以黑色线作为保护接地或接零线的软电缆或软线应逐步调换。其专用芯线用作保护接地或接零线。保护接地或接零线应采用截面积 $0.75\sim1.5\text{mm}^2$ 以上的多股铜线。

（2）保护接地或接零的接线方法。在中性点接地的供电系统中的接线方法：

1）所有用电设备的金属外壳与系统的零线可靠连接，禁止用保护接地代替保护接零。

2）中性点工作接地的电阻应小于 4Ω，并在每年雨季前进行检测。

3）保护零线要有足够的机械强度，应采用多股钢线，严禁用单股铝线。

4）每一台设备的接零连接线，必须分别与接零干线相连，禁止互相串联。

5）不允许在零线设开关和保险。

6）零线导电能力不得低于相线的二分之一，其导电截面通过的电流等于或大于熔断器额定电流的 4 倍，等于或大于自动开关瞬时动作电流脱扣整定电流的 1.25 倍。

2. 安全电压

在特别危险的场合，应采用安全电压的工具（Ⅲ类工具），应由独立电源或具备双线圈的变压器供电，如图 6 - 22 所示。

在使用Ⅲ类工具（即 42V 及以下电压的工具）时，即使外壳带电，由于流过人体的电流较小，一般不容易发生触电事故。使用Ⅲ类工具时，工具的外壳不应接零（或接地）；当工具的使用电压大于 24V 时，必须采取防直接接触带电体的保护措施。

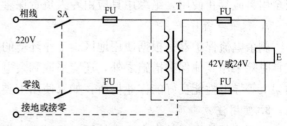

图 6 - 22　双线圈变压器接线图

3. 隔离变压器

由于不接地电网中单相触电的危险性小于接地电网中单相触电的危险性，在接地电网

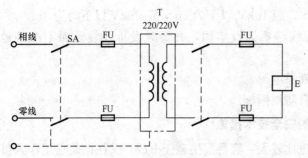

图 6-23　隔离变压器接线圈（变压比是 1∶1）

中，可以装备一台隔离变压器，如图 6-23 所示，并由该隔离变压器给单相设备供电。隔离变压器的变压比是 1∶1，即一、二次电压是相等的。单相设备配用隔离变压器之后，与没有隔离变压器时不同的只是单相设备转变为在不接地电网中运行，从而减少了触电危险。

4. 双重绝缘

Ⅱ类工具在防止触电保护方面属于双重绝缘工具，不需要采用接地或接零保护。双重绝缘的基本结构如图 6-24 所示，双重绝缘是指除基本绝缘（工作绝缘）之外，还有一层独立的附加绝缘。如转子铁芯与转轴间的绝缘层等，用来保证在基本绝缘损坏时，防止金属外壳带电，从而保护操作者。

5. 熔断器保护

使用熔断器属于短路保护措施，工具常用的熔断器是在电路的相线上接上盒式或管式熔断器。熔断器利用电流的热效应在一定额定电流值时熔化并断开电路。熔断器额定值一般是工具铭牌上所示额定电流的 1.5～2 倍。可在故障时使熔断器熔化，断开电流，切断电源，使工具处于不带电的安全状态，从而保证了操作者的安全。

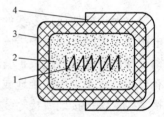

图 6-24　双重绝缘结构示意图
1—带电体；2—工作绝缘；
3—保护绝缘；4—金属壳体

6. 绝缘安全用具

Ⅰ类结构工具采用保护接地或接零，虽能抑制危险电压，但保护措施还是不够完善，因此，在使用工具时必须采用剩余电流保护器、安全隔离变压器等，当这两项措施实施发生困难时，工具的操作者必须戴绝缘手套、穿绝缘鞋（或靴）或站在绝缘垫（台）上。采用这些绝缘安全用具使人与地面或使人与工具的金属外壳（包括与相连的金属导体）隔离开来。这是目前简便可行的安全措施。为了防止机械伤害，使用手电钻时不允许戴手套。绝缘安全用具应按有关规定进行定期耐压试验和外观检查，凡是不合格的安全用具应禁止使用，绝缘用具应由专人负责保管和检查。

7. 剩余电流保护

剩余电流保护器是根据使用地区、工作环境的不同有多种组合形式。一般讲，使用Ⅰ类工具时除采用其他保护措施之外，还应采取剩余电流保护措施，尤其是在潮湿的场所或金属构架上等导电性能良好的作业场所，如果使用Ⅰ类工具，必须装设剩余电流保护器。

8. 使用注意事项

为了确保使用者的安全，在使用工具时应注意如下事项：

1）工具的外壳（塑料外壳）不能破裂；机械防护装置完善并固定可靠；插头、插座和开关没有裂开；软电缆或软线没有破皮漏电之处；保护零线或地线固定牢靠没有脱落；绝缘没有损坏等。

经检查发现有上述情况之一，应停止使用，交给专职人员进行修理或更换。在未修复前，不得使用。

2）按工具的铭牌所标接电源。

3）长期搁置不用的工具，使用时应先检查转动部分是否转动灵活，然后检查绝缘电阻。

4）工具在接通电源时，首先进行验电，在确定工具外壳不带电时，方可使用。

5）注意换向器部分的保养维护工作。

6）使用过程中发现异常现象和故障时，应立即切断电源，将工具完全脱离电源之后，才能进行详细的检查。

7）按要求配戴护目镜、防护衣、手套等防护用品。

8）工具的软电缆或软线不宜过长，电源开关应设在明显处，且周围无杂物，以方便操作。

五、登高工具

在离地面 2m 及以上的地点进行的作业为高空作业。电工进行登高作业时，登高工具必须牢固可靠，未经现场训练的或患有不宜登高作业的疾病者不能使用登高工具。电工常用登高工具有梯子、安全带等。

1. 梯子

电工常用的梯子有直梯和人字梯两种。直梯的两脚应各绑扎胶皮之类的防滑材料，如图 6-25（a）所示。人字梯应在中间绑扎一根绳子防止自动滑开，如图 6-25（b）所示。工作人员在直梯子上作业时，其人员必须登在距梯顶不少于 1m 的梯蹬上工作，且用脚勾住梯子的横档，确保站立稳当。直梯靠在墙上工作时，其与地面的斜角度以 60°左右为宜。人字梯也应注意梯子与地面的夹角，适宜的角度范围同直梯，即人字梯在地面张开的距离应等于直梯与墙间距离范围的两倍。人字梯放好后，要检查四只脚是否都稳定着地，而且也应避免站在人字梯的最上面一档作业，站在人字梯的单面上工作时，也要用脚勾住梯子的横档。

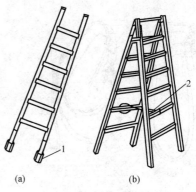

图 6-25 电工用梯
（a）直梯；（b）人字梯
1—防滑胶皮；2—防滑拉链

梯子使用安全注意事项：

（1）使用前，检查梯子应牢固，无损坏。人字梯顶部铁件螺栓连接紧固良好，限制张开的拉链应牢固。

（2）梯子放置应牢靠、平稳，不得架在不牢靠的支撑物和墙上。

（3）梯子根部应做好防止滑倒的措施。

（4）使用梯子时，梯子与地面的夹角应符合要求。

（5）工作人员在梯子上部作业，应设有专人扶梯和监护。同一梯子上不得有两人同时工作，不得带人移动梯子。

（6）搬动梯子时，应与电气设备保持足够的安全距离。

（7）梯子如需接长使用，应绑扎牢固。在通道处使用梯子，应有人监护或设置围栏。

（8）使用竹（木）梯应定期进行检查、试验。其试验周期每半年一次，每月应进行一次外表检查。

2．电工登高作业用品

（1）安全带。安全带是电工高空作业、预防高处坠落的安全用具，有不带保险绳和带保险绳两种，如图 6-26 所示。腰带是用来系挂保险绳、腰绳和吊物绳的，使用时应系在臀部上部，而不是系在腰间，否则操作时既不灵活又容易扭伤腰部。保险绳是用来防止万一失足人体下落时不致坠地摔伤，一端要可靠地系在腰带上，另一端用保险勾挂在牢固的构架上。腰绳是用来固定人体下部，以扩大上身活动幅度的，使用时应系结构架的下方，以防止腰绳窜出。

（2）吊袋和吊绳。吊袋和吊绳是电工高空作业时用来传递零件和工具的用品，吊带一端系在高空作业人员的腰带上，另一端垂向地面。吊袋用来盛放小件物品或工具，使用时系在吊绳上，与地面人员配和上下传递工具和物品，严禁在使用时上下抛掷传送物品和工具。

（3）升降板和脚扣具。图 6-27 和图 6-28 所示为主要的登杆工具。升降板系由踏脚板和吊绳组成，踏脚板一般用硬质木材制作，上面刻有防滑纹路。吊绳由 $\phi16mm$ 的优质白棕绳做成，吊绳呈三角形状，底端两头固定在踏脚板上，顶端上固定有金属挂钩。

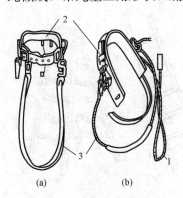

图 6-26　安全带

(a) 无保险绳；(b) 有保险绳

1—保险绳；2—腰带；3—腰绳

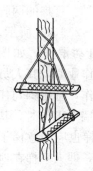

图 6-27　升降板图

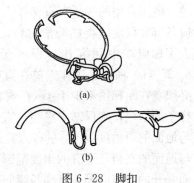

图 6-28　脚扣

(a) 木杆脚扣；(b) 水泥杆脚扣

脚扣系钢制品，也可由铝合金材料制作，呈圆环形，脚扣可分木杆脚扣和水泥杆脚扣两种。要保证升降板和脚扣必须具备良好的机械强度，因此必须半年 1 次试验，外观检查每月 1 次。

脚扣和升降板使用安全注意事项：脚扣虽是攀登电杆的安全保护用具，但应经过较长时间的练习、熟练地掌握后，才能起到保护作用。若使用不当，也会发生人身伤亡事故。

在使用脚扣时应注意以下几点：

1）脚扣在使用前应作外观检查，看各部分是否有裂纹、腐蚀、断裂现象。若有，应禁止使用。在不用时，亦应每月进行一次外表检查。

2）登杆前，应对脚扣作人体冲击试登以检验其强度。其方法是，将脚扣系于钢筋混凝土杆上离地 0.5m 左右处，借人体重量猛力向下蹬踩，脚扣（包括脚套）无变形及任何损坏方可使用。

3）应按电杆的规格选择脚扣，并且不得用绳子或电线代替脚扣系脚皮带。

4）脚扣不能随意从杆上往下摔扔，作业前后应轻拿轻放，并妥善保管，存放在工具柜里，放置整齐。

升降板使用保管注意事项：升降板虽在登高作业时较灵活又舒适，但必须熟练掌握操作技术，否则也会出现伤人事故。

在使用升降板时应注意以下几点：

1）在登杆使用前也应作外观检查，看各部分是否有裂纹，腐蚀，断裂现象。若有，应禁止使用。

2）登杆前亦应对升降板作人体冲击试登，以检验其强度。检验方法是，将升降板系于钢筋混凝土杆上离地 0.5m 左右处，人站在踏脚板上，双手抱杆，双脚腾空猛力向下蹬踩冲击，绳索应不发生断股，踏脚板不应折裂，方可使用。

3）使用升降板时，要保持人体平稳不摇晃，其站立姿势如图 6-29 所示。

4）升降板使用后不能随意从杆上往下摔扔，用后应妥善保管，存放在工具柜里，并放置整齐。

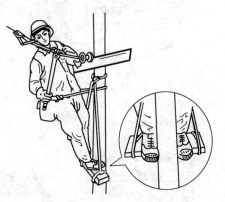

图 6-29　杆上站立姿势

六、常用电工仪表使用

（一）万用表使用

1. 指针式万用表使用方法

下面介绍指针式万用表常用的四种测量使用方法。

（1）测量直流电阻，如图 6-30（a）所示。

1）按估计的被测量数值，把转换开关转到标有"Ω"符号的适当量程位置上，旋动旋钮4，使4的箭头指在Ω栏某一挡上。选择挡位时，以示值尽可能在中间刻度的位置为最佳。面板上×1、×10、×100、×1k、×10k 的符号表示倍率数，把表头的读数乘以倍率数，就是所测电阻的阻值。

把转换开关转到标有"Ω"符号的适当量程位置上，先将两根表棒短接，旋转调零旋钮，使表针指在电阻刻度的"0"刻度上，然后用表棒测量电阻。

2）将两根表棒短接，旋转调零旋钮3，使表针指在电阻刻度的"0"刻度上，将两表笔短接，此时表针将打到Ω栏"0"刻度上。不在Ω栏"0"刻度点时，旋动电阻调零旋钮，使表针指在"0"刻度点。

此项调整在每次换挡时均应进行一次。

若将旋钮2调到最大位置时，指针仍不能指到"0"刻度点（在"0"刻度点左侧，即有数值的一侧），则说明该表的电池电压已不能满足要求，应更换上新电池。

3）用两表笔分别连接被测电阻的两个端头。表针则指示出一个读数，若示值过小或过大，则应调换成更合适的挡位后再重新测量。

测量读数×倍数（挡位）＝检测值（Ω）

例如图 6-30（a）所示，被测电阻值＝46×100＝4600（Ω）＝4.6（kΩ）。

4）测量完毕后，若还需接着使用，则注意防止两表笔相碰而短路；若不接着使用，则将旋钮2旋到交流电压最高挡（ACV-500）处。此操作对以下 3 项测量过程也适用，这是为了防止因粗心大意去测量较高的交流电压时，忘记换挡就去接电测量而将表烧毁。

（2）测交流电压，如图 6-30（b）所示。测量交流电压时不分正负极，所需量程由被测量电压的高低来确定，如果被测电压的数值不知道，可选用表的最高测量范围

500V，指针若偏转很小，再逐级调低到合适的测量范围，即指针指在标度尺 1/3 以上的位置。

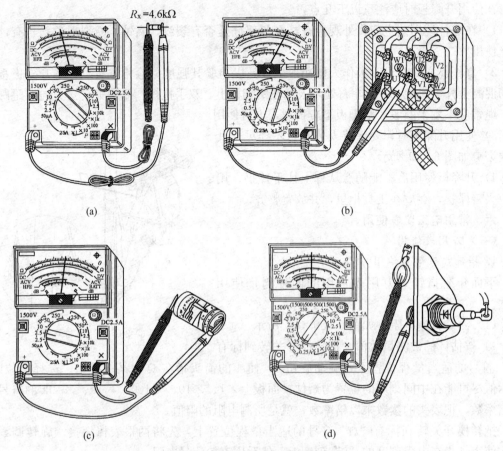

图 6-30　万用表常用四种测量方法

(a) 测量电阻；(b) 测量交流电压；(c) 测量直流电压；(d) 测量直流电流

1) 按估计被测电压值选择交流电压挡位。例如测量三相电动机的电源线电压时，应在 380V 左右，则将旋钮 2 旋到 ACV（或 V～）500V 挡上。

2) 用两表笔各接被测电压一端（如两个电源端）。注意防止触电，测试时应穿绝缘鞋或踩在与地绝缘的物体上，或戴绝缘手套。

3) 按所选挡位的数值选择与其成以 10 为倍数的刻度线（例如，本例应选满刻度 500 或 50 的刻度线），目的是便于读数和出结果。

根据所选挡位和指针指示的 ACV 或（V～）线的刻度，求得被测量的数值。如图 6-26 (b) 中示值为 370V。

（3）测量直流电压，如图 6-30（c）所示。测量直流电压时正负极不能接错，"＋"插口的表棒接至被测电压的正极，"－"插口表棒接至被测电压的负极，不能接反，否则指针会因逆向偏转而被打弯。如果无法弄清被测电压的正负极，可选用较高的测量范围挡，用两根表棒很快地碰一下测量点，看清表针的指向，找出被测电压的正负极。

1) 按估计被测值选择直流电压挡次，即将旋钮旋到 DCV（或 V－）某挡上。例如测量一节干电池时，应选择 DCV－2.5V 挡。

2）确定被测电压的正、负极。

3）根据所选挡次和表针指示值得出被测电压值。如图 6 - 30（c）所示：挡位是 2.5V，读 DCV－V 刻度线，用 125 刻度时，指针所指数为 70。则被测值为：

$$(2.5÷125)×70=1.4（V）$$

（4）测量直流电流，如图 6 - 30（d）所示。将转换开关转到标有"mA"或"μA"符号的适当量程位置上。如不清楚被测电流的大小，可将量程选定在大量程位置，然后视指针偏转大小调节到适当位置。注意万用表测量直流电流时的最大量程一般只有 2.5A。

1）按估计的被测电流值设置旋钮的位置。

2）断开被测电路，并确定两断点的正、负。"＋"表笔接电路正极端，"－"表笔接电路负极端，即将万用表串联在被测电路中。

3）按所选取挡位及指针指示的 DCV－A 刻度线上的读数，求得被测电流值。

如图 6 - 30（d）所示：挡位是 25mA，指针指在 DCV－A 量程为 125 的刻度线的 110 格处，则被测电流为：（25÷125）×110＝22（mA）。

4）将旋钮 4 旋到 ACV—500V 处。

2. 数字万用表使用方法

数字万用表的使用方法与指针式万用表的使用大同小异，但比指针式万用表使用更方便。图 6 - 31 所示为 DT830 数字万用表的面板外形。

（1）使用前的准备工作。

1）将黑表笔插入"COM"插孔内，红表笔插入相应被测量的插孔内。

2）将转换开关旋至被测种类区间内并选择合适的量程。量程选择的原则和方法与模拟式万用表相同。

3）将电源开关拨向"ON"的一边，接通表内工作电源。

（2）直流电流的测量。当被测电流小于 200mA 时，将红表笔插入"mA"插孔内，黑表笔置于"COM"插孔不变，将转换开关旋至 DCA 区间内，并选择适当的量程。通过表针将仪表串入被测电路中，显示屏上即可显示出读数。

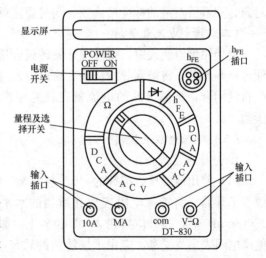

图 6 - 31　DT830 数字万用表面板外形图

（3）直流电压的测量。将红表笔连线插入"V、Ω"插孔内，黑表笔连线插在"COM"插孔中不变，将量程开关旋至"DCV"区间，并选择适当的量程，通过两表笔将仪表并联在被测电路两端，显示屏上便显示出被测数值。

测量直流电压和电流时，不必考虑"＋"、"－"极性问题，当被测电流或电压的极性挂反时，显示的数值前会出现负号。

（4）交流电压的测量。将量程开关旋至"ACV"或"V～"区间的适当量程上，表笔所在插孔及具体测量方法与测量直流电压时相同。

（5）交流电流的测量。将量程开关旋至"ACA"或"A～"区间的适当量程上，其余与测量直流电流相同。

（6）电阻的测量。将红表笔连线插入"V、Ω"插孔内，黑表笔连线插入"COM"插孔不变，将量程开关旋至"Ω"区间并选择适当的量程，便可进行测量。用数字万用表测量电阻，测量前不必进行欧姆调零。

3. 万用表使用注意事项

（1）转换开关位置应选择正确。选择测量种类时，要特别细心，若误用电流挡或电阻挡测电压，轻则烧毁熔丝，重则烧毁表头。选择量程时也要适当，测量时最好使表针在量程的1/2到2/3范围内，读数较为准确。

（2）端钮或插孔选择要正确。红色表棒应插入标有"＋"号的插孔内，黑色表棒应插入标有"－"号的插孔内。在测量电阻时，注意万用表内干电池的正极与面板上的"－"号插孔相连，干电池的负极是与面板上的"＋"号插孔相连。

（3）不能带电测量电阻。当测量线路中的某一电阻时，线路必须与电源断开，决不能在带电的情况下用万用表的Ω挡测量电阻值，否则可能会烧坏万用表。

（4）测量电路连接。测量电压时表笔与被测电路并联，测量电流时表笔与被测电路串联。测量电阻时，表笔与被测电阻的两端相连。测量晶体管、电容等时应将其引出线插入面板上的指定插孔。

（5）根据测量对象观看标度尺读数。万用表的表盘上有多条标度尺，应根据不同的测量对象，观看所对应的标度尺读数。同时要注意标度尺与量程挡的配合，得到正确的测量值。

（二）钳型电流表使用

使用钳型电流表时，将量程开关转到合适位置，手持胶木手柄，用食指勾紧铁芯开关，便可打开铁芯，将被测导线从铁芯缺口引入到铁芯中央，然后，放松铁芯开关的食指，铁芯就自动闭合，被测导线的电流就在铁芯中产生交变磁力线，表上便有感应电流，可直接读数。

（三）绝缘电阻表使用

1. 绝缘电阻表使用方法

（1）使用前要检查指针的"0"与"∞"位置是否正确。检查方法是，先使"L"、"E"两端子开路，将绝缘电阻表放在适当的水平位置，摇动手柄至发电机额定转速（一般为120r/min）后，指针应指在"∞"位置上。如不能达到"∞"，说明测试用引线绝缘不良或绝缘电阻表本身受潮。应用干燥清洁的软布，擦拭"L"端与"E"端子间的绝缘，必要时将绝缘电阻表放在绝缘垫上，若还达不到"∞"值，则应更换测试引线。然后再将"L"、"E"两端子短路，轻摇发电机，指针应指在"0"位置上。如指针不指零，说明测试引线未接好或绝缘电阻表有问题。

（2）绝缘电阻表的测试引线应选用绝缘良好的多股软线，"L"、"E"两端子引线应独立分开，避免缠绕在一起，以提高测试结果的准确性。

（3）在摇测绝缘时，应使绝缘电阻表保持额定转速，一般为120～150r/min。测试开始时先将"E"端子引线与被测设备外壳与地相连接，待转动摇柄至额定转速后再将"L"端子引线与被测设备的测试极相碰接，待指针稳定后（一般为1min），读取并记录电阻值。如需要测量绝缘电阻的吸收比时，在"L"端子引线与被测设备的测试极相碰接的同时开始计算时间，分别读取 15s 和 60s 的绝缘电阻值即可。在整个测试过程中摇柄转速应保持恒定匀速，避免忽快忽慢。测试结束时，应先将"L"端子引线与被测设备的测试极断开，再停止摇柄转动。这样做主要是防止被测设备的电容对绝缘电阻表的反充电而损坏表计。

2. 绝缘电阻表接线和测量方法

（1）测量照明或电力线路对地的绝缘电阻。如图 6 - 32 （a）所示，E 接线端可靠接地，L 接线端与被测线路相连。

（2）测量电机的绝缘电阻。将绝缘电阻表的接地端 E 接机壳，L 接线端接电机的绕组，如图 6 - 32 （b）所示，然后进行摇测。

（3）测量电缆的绝缘电阻。测量电缆的线芯和外壳的绝缘电阻时，除将外壳接 E，线芯接 L 外，中间的绝缘层还需和 G 相接，如图 6 - 32 （c）所示。

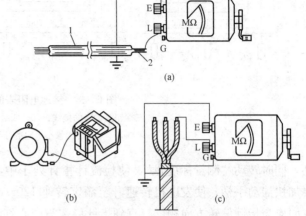

图 6 - 32　绝缘电阻表的测量接线方法
（a）测量照明或电力线路对地的绝缘电阻；（b）测量电机的绝缘电阻；（c）测量电缆的绝缘电阻
1—钢管；2—导线

测量时，转动手柄要平稳，应保持 120r/min 的转速。电气设备的绝缘电阻随着测量时间的长短不同，通常采用 1min 后的指针指示为准，测量中如果发现指针指零，应停止转动手柄，以防表内线圈过热而烧坏。

在绝缘电阻表停止转动和被测设备放电以后，才可用手拆除测量连线。

3. 使用绝缘电阻表注意事项

（1）测量电器设备绝缘时，必须先断电，经放电后才能测量。

（2）测量时绝缘电阻表应放水平位置上，未接线前先转动绝缘电阻表作开路试验，指针是否指在"∞"处，再把 L 和 E 短接，轻摇发电机看指针是否为"0"。若开路指"∞"，短路指"0"，则说明绝缘电阻表是好的。

（3）绝缘电阻表接线柱的引线应采用绝缘良好的多股软线，同时各软线不能绞在一起。

（4）绝缘电阻表测完后应立即使被测物放电，在绝缘电阻表摇把未停止转动和被测物未放电前，禁止去触及被测物的测量部分或进行拆除导线，以防触电。

（四）接地电阻表使用

（1）使用前先将仪表水平放置，检查指针是否与仪表中心刻度重合，若不重合，应进行调零，以减少测量误差。

（2）接地电阻表的接线如图 6 - 33 所示。将电位探针 P′ 插在被测接地极 E′ 和电流探针 C′ 之间，三者成一直线且彼此相距 20m。再用导线将 E′ 与仪表端钮 E 相接，P′ 与端钮 P 相接，C′ 与端钮 C 相接，如图 6 - 33 （a）所示。四端钮测量仪的接线如图 6 - 33 （b）所示。当被测接地电阻小于 1Ω 时，为消除接线电阻和接触电阻的影响，应采用四端钮测量仪，接线如图 6 - 33 （c）所示。

（3）根据被测接地电阻值选好倍率挡位。在检查接线正确无误后，缓慢摇动发电机手

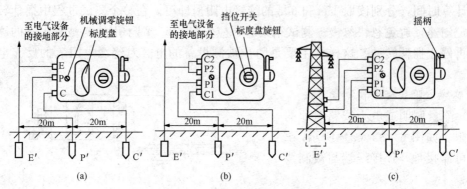

图 6-33　接地电阻表的接线

(a) 三端钮测量表的接线；(b) 四端钮测量表的接线；

(c) 测量小电阻的接线

柄，同时转动"测量标度盘"，使检流计指针处于中心红线位置上。当检流计接近平衡时，要加快摇动手柄，使发电机转速升至额定转速 120r/min，边摇边调整标度旋钮，调整旋钮方向应与指针偏转方向相反，直到指针稳定与中心红线位置重合为止。此时即可读取 R_s 的数值：接地电阻＝倍率×测量标度盘读数（R_s）。

（4）如果测量标度盘的读数小于 1Ω，应将挡位开关置于较小的一挡，再重新测量，以取得精确的测量结果。

（五）电桥使用

1. 单臂电桥的使用

（1）先打开检流计锁扣，再调节调零器使指针位于零点。

（2）将被测电阻 R_X 接到标有"R_X"的两个接线柱之间，根据被测电阻的估计数值，把电桥的测量倍率放到适当的位置，然后将可变电阻调到某一适当位置。

（3）测量时先按下电源按钮"B"，然后按下检流计按钮"G"，根据检流计指针摆动方向调节可变电阻，若检流计指针向"＋"偏转，表示应加大比较臂电阻；若指针向"－"偏转，则应减小比较臂电阻。反复调节比较臂电阻，直到检流计指零，电桥完全平衡为止。

（4）在测量结束时，应先松开检流计按钮"G"，然后方可松开电源按钮"B"。如果不这样做，而先松开电源按钮"B"，否则在测量具有较大电感的电阻时，会因断开电源而产生自感电动势，此电动势作用到检流计回路，会使检流计指针撞击损坏，甚至烧坏检流计的线圈。在电桥使用完毕后应将检流计指针锁上。

2. 双臂电桥的使用

直流双臂电桥的使用方法单臂电桥基本相同，但还要注意以下几点：

（1）被测电阻的电流端钮和电位端钮应和双臂电桥的对应端钮正确连接。当被测电阻没有专门的电位端钮和电流端钮时，也要设法引出四根线和双臂电桥相连接，并用靠近被测电阻的一对导线接到电桥的电位端钮上，连接导线应尽量用短线和粗线，接头要接牢。

（2）由于双臂电桥的工作电流较大，所以测量要迅速，以避免电池的无谓消耗。

第二节 电线电缆安装

一、导线截面积选择

选择导线截面时，低压动力线路因其负荷电流较大，所以一般先按发热条件来选择导线截面，然后验算其电压损耗和机械强度。低压照明线路，因对电压水平要求较高，所以一般先按允许电压损失条件来选择导线截面，然后验算其发热条件和机械强度。

1. 按发热条件选择导线的截面

负荷电流流经导线时，由于导线有一定的电阻，在导线上有一定的功率损耗，故使导线发热，温度升高。按发热条件选择导线截面时，应使导线的计算电流 I_C 小于或等于其允许载流量（允许持续电流）I_{lim}，即

$$I_C \leqslant I_{lim} \tag{6-1}$$

裸铜、铝及钢芯铝线的载流量、电缆的允许载流量可查阅有关手册。当实际环境温度不是 25℃，应按校正系数进行修正。

2. 按允许电压损失条件来选择导线截面

（1）线路电压损失计算。由于线路导线存在阻抗，所以在负荷电流通过时要在线路导线上产生电压降。按规范要求，用电设备的端电压偏移有一定的允许范围，因此对线路有一定的允许电压损失的要求。如线路的电压损失值超过了允许值，则应适当加大导线的截面，使之满足允许电压损失值的要求。线路导线电压损失值的计算式为

$$\Delta U = \sqrt{3}\,(IR\cos\varphi + IX\sin\varphi)(\text{V}) \tag{6-2}$$

式中　I——线路的负荷电流，A；

　　　R——线路导线的电阻，Ω；

　　　X——线路导线的电抗，Ω；

　　　φ——线路负荷电流的功率因数角。

将 $I = \dfrac{P}{\sqrt{3}\,U_N\cos\varphi} = \dfrac{Q}{\sqrt{3}\,U_N\sin\varphi}$ 代入式（6-2），即可得用线路负荷功率计算线路电压损失的公式

$$\Delta U = \frac{PR + QX}{U_N} = \frac{Pr_0 + Qx_0}{U_N}L \tag{6-3}$$

式中　U_N——线路额定电压，kV；

　　　P——有功负荷，kW；

　　　Q——无功负荷，kvar；

　　　X——线路电抗，$X = x_0 \cdot L$，Ω；

　　　x_0——每千米线路的电抗，Ω/km；

　　　R——线路电阻，$R = r_0 \cdot l$，Ω；

　　　r_0——每千米线路的电阻，Ω/km；

　　　L——线路长度，km。

根据已选的线路导线的 r_0、x_0 和线路长度 L、额定电压 U_N，用已知的负荷功率便可计算线路的电压损失。如果线路电压损失等于或略小于允许值，则所选导线截面可用，否则应

另选导线截面，并重新进行导线选择。

根据已选线路导线的 r_0、x_0、线路长度 L 以及额定电压 U_N，用已知的负荷功率便可计算线路的电压损失。如果线路电压损失等于或小于允许值，则所选导线截面可用，否则应加大导线截面，并重新进行核算，使之满足要求。

低压照明架空线路，由于导线截面小，线间距离小，感抗的作用也小，这时电压损失可以简化计算，即

$$\Delta U = (PL/CS) \times 100\% \tag{6-4}$$

式中 P——输送的有功功率，kW；

L——输送距离，m；

C——常数；

S——导线截面，mm^2。

常数 C 的取值，对于 380/220V 照明线路，铝导线三相四线制取 50，单相制取 8.3；铜导线三相四线制取 77；单相制取 12.8。

【例 6-1】 已知 380V 线路，输送有功功率 30kW，输送距离 200m，导线为 LJ-35，求电压损失是多少？

解 根据式（6-4）有

$$\Delta U = (30 \times 200)/(50 \times 35) \times 100\% = 3.43\%$$

即电压损失 $\Delta U = 380 \times 3.43\% = 13(V)$

（2）按机械强度要求校验导线的最小允许截面。导线的截面须大于或等于其最小允许截面，就可满足机械强度的要求。

3. 按经济电流密度选择导线的截面

经济电流密度是既考虑线路运行时的电能损耗，又考虑线路建设投资等多方面经济效益，而确定导线截面电流密度。

按经济电流密度选择的导线截面称作经济截面，用 S 表示，可由下式求得

$$S = \frac{I_C}{J} \tag{6-5}$$

4. 低压动力导线截面与照明导线截面选择的区别

依据设计和运行经验，低压动力供电线路，因负荷电流较大，所以一般先按载流量（发热条件）来选择导线截面，再校验电压损耗和机械强度；低压照明供电线路，因照明对电压水平要求较高，所以一般先按照允许电压损耗来选择截面，然后校验其发热条件和机械强度。按照以上方法进行选择，一般比较容易满足要求。

动力供电线路的机械强度，一般不详细计算，只按最小选取导线截面校验就行。

二、导线连接

1. 单股导线连接

（1）按施工要求选择合适的工具和材料，并做好施工前的准备工作及施工防火安全措施。

（2）量取 BV-6mm² 绝缘导线剖削长度，将被连接的两导线的绝缘皮削掉，其长度为 100～150mm。当导线截面小时，长度取 100mm，截面大时取 150mm。剖削时不能伤及线芯。

（3）用砂纸直接去除氧化层，打磨的长度应与接头或终端的长度相应，一般应稍长一点。应注意打磨时不伤及线芯。

（4）如图6-34所示，将已处理好的两导线线芯2/3长度处按顺时针方向绞在一起并用钳子叼住，绞合圈数2~3圈。绞合的劲应均匀、平滑、无松动和缝隙。

（5）一手握钳，另手将一线芯按顺时针方向紧紧缠绕在主线芯上，缠绕的方法向与主线芯垂直，圈数6~10圈，截面小的取6，大的取10，然后把多余部分剪掉，并用钳子将其端头与另一线芯掐住挤紧，不得留毛刺。

（6）用同样方法把另一线芯缠绕好，圈数相同，并将接头修整平直。缠绕时紧密、圆滑、无严重的钳伤，如图6-34所示。

（7）将连接好的导线段涂少量焊剂，用电烙铁叼上锡在涂焊剂处来回摩擦即可上锡，上锡后用抹布将污物、油迹擦掉。加焊锡时应无虚焊，要求光洁明亮。

（8）绝缘恢复，用橡胶带将焊锡完毕的接头接后圈压前圈半个带宽正反各包扎一次，包扎的始末应压住原绝缘皮的一个带宽，最后，用黑胶布带正反各包扎一次。

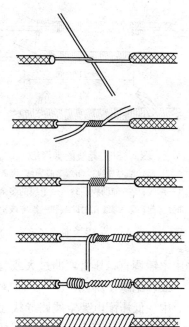

图6-34 单股导线连接

2. 多股导线插接

（1）按要求选择工具及材料，做好施工前的准备工作和施工安全措施。

（2）剥削导线的绝缘层，剥削绝缘长度在220mm左右，将剖去绝缘层的两根芯线逐根拉直，并去除氧化层。注意剥削绝缘和去除氧化层时不伤线芯。

（3）把芯线的1/3长根部绞紧，然后把余下的2/3长芯线头分散成伞骨的样子，并将每根芯线拉直。根部绞紧，不松散。

（4）把两根伞根状芯线线头隔根对叉，并捏平两端芯线。

（5）把一端的7股芯线按2、2、3根分成三组，然后，把第一组2根芯线扳起，并按顺时针方向缠线，如图6-35所示。

（6）缠绕2圈后，将余下的芯线向右折直，再把下面第二组的2根芯线扳直，也按顺时针方向紧紧压住前2根折直的芯线缠绕。

（7）缠绕2圈后，也将余下的芯线向右折直，再把下面第三组的3根芯线扳直，按顺时针方向紧压前4根折直的芯线方向缠绕。缠绕3圈后，剪去每组多余的芯线头，并钳平线端。

（8）用同样的方面再缠绕另一边芯线，缠绕方法正确、紧密、圆滑、圈数符合要求。

（9）铜导线插接头做好后，要用锡焊牢，搪锡光亮均匀。这样可增加机械强度和导电性能，避免锈蚀和松动。

（10）恢复线芯插接头的绝缘，先用聚氯乙烯带或橡胶带紧

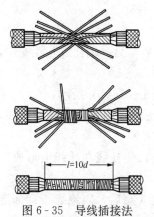

图6-35 导线插接法

缠两层，然后外面再用黑胶布缠两层。缠绕时采用迭半层的绕法，来回返绕，用力拉紧。

　　3. 绑接法

　　对于单股导线以及较小截面导线及其弓子线的连接，可采用绑接法（对临时供电线路中的铜导线或铝绞线，分别连接时也可用此法），如图 6 - 36 所示。对大线号的跳线弓子线，则应使用线夹连接。

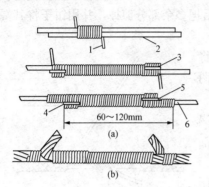

图 6 - 36　导线的绑接法

（a）单股导线；（b）多股导线

1—绑线；2—辅助线；3、4—主线的多余

部分弯起；5—绑线在辅助线和一根主线上；

6—导线

　　4. 钳压法

　　将要连接的两根导线的端头，穿入铝压接管中，导线端头露出管外部分，不得小于 20mm，利用压钳的压力使铝管变形，把导线挤住。压接管和压模的型号应根据导线型号选用。铝绞线压接管和铜芯铝绞线压接管规格不同，不能互相代用。

　　压接时压坑深度要满足要求，压坑不能过浅，否则压接管握着力不够，导线会抽出来。每压完一个坑后要持续压力一分钟后再松开，以保证压坑深度准确。钢芯铝绞线压接管中有铝嵌条，填在两导线间，可增加接头握着力并使接触良好。

　　压接前应将导线用布蘸汽油清擦干净，涂上中性凡士林油后，再用钢丝刷清擦一遍，压接完毕应在压管两端涂红丹粉油。压后要进行检查，如压管弯曲，要用木锤调直；压管弯曲过大或有裂纹的，要重新压接。

　　三、绝缘子绑扎

　　中、低压配电架空线路导线在针式、蝶式绝缘子上固定，普遍采用绑线缠绕法。导线在针式绝缘子上的固定分为两种，即顶槽固定和颈槽固定。

　　1. 针式绝缘子侧槽绑扎

　　杆型为小转角杆、导线不开断时，导线放在针式绝缘子外角颈槽，其固定方法一般采用颈槽固定。

　　具体绑法：

　　（1）展开绑线小圆盘尾端，放在导线下方、指向工位、缠绕方向与导线外层线股绞制方向一致（简称"首绕三要素"），尾线长度不小于绝缘子颈部周长 3/5。

　　（2）针式绝缘子的颈部绑扎法。

　　1）把扎线短的一端在贴近绝缘子处的导线右边缠绕 3 圈，然后与另一端扎线互绞 6 圈，如图 6 - 37（a）所示，并把导线嵌入绝缘子颈部的嵌线槽内。

　　2）接着把扎线从绝缘子背后紧紧地绕到导线的左下方，如图 6 - 37（b）所示。

　　3）随后把扎线从导线的左下方围绕到导线右上方，并如同上法再把扎线绕绝缘子 1 圈，如图 6 - 37（c）所示。

　　4）然后把扎线再围绕到导线左上方，并继续绕到导线右下方，使扎线在导线上形成×形的交绑状，如图 6 - 37（d）、（e）所示。

　　5）最后把扎线围绕到导线左上方，并贴近绝缘子处紧缠导线 3 圈后，向绝缘子背部绕去，与另一端扎线紧绞 6 圈后，剪去余端，如图 6 - 37（f）所示，顺线路方向平放在绝缘子颈部，插入图 6-37（e）所示尾部。

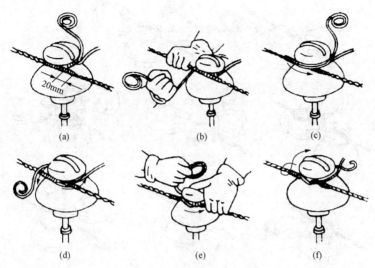

图 6-37　针式绝缘子颈绑法

2. 针式绝缘子顶槽绑扎

杆型为直线杆时，导线放在针式绝缘子顶槽，其固定方法一般采用顶槽固定操作方法，如图 6-38 所示。

具体绑法：

（1）展开绑线小圆盘尾端，放在导线下方、指向工位、缠绕方向与导线外层线股绞制方向一致（简称"首绕三要素"），尾线长度不小于绝缘子颈部周长 2/5。

（2）针式绝缘子的顶部绑扎法。

1）把导线嵌入绝缘子顶嵌线槽内，并在导线右边近绝缘子处用扎线绕上 3 圈，如图 6-38（a）所示。

2）接着把扎线长的一端按顺时针方向从绝缘子颈槽中围绕到导线左边下侧，并贴近绝缘子在导线上缠绕 3 圈，如图 6-38（b）所示。

3）然后再按顺时针方向围绕绝缘子颈槽到导线右边下侧，并在右边导线上缠绕 3 圈（在原 3 圈扎线右侧），如图 6-38（c）所示。

4）然后再围绕绝缘子颈槽到导线左边下侧，继续缠绕导线 3 圈，且也排列在原 3 圈左侧，如图 6-38（d）所示。

5）此后重复图 6-38（c）所示方法，把扎线围绕绝缘子颈槽到导线右边下侧，并斜压住顶槽中导线，继续扎到导线左边下侧，如图 6-38（e）所示。

6）接着从导线左边下侧按逆时针方向围绕绝缘子颈槽到导线右边下侧，如图 6-38（f）所示。

7）然后把扎线从导线右边下侧斜压住顶槽中导线，并绕到导线左边下侧，使顶槽中导线被扎线压成 X 状，如图 6-38（g）所示。

8）最后将扎线从导线左边下侧按顺时针方向围绕绝缘子颈槽到扎线的另一端，相交于绝缘子中间，并互绞 6 圈后剪去余端，如图 6-38（h）所示。

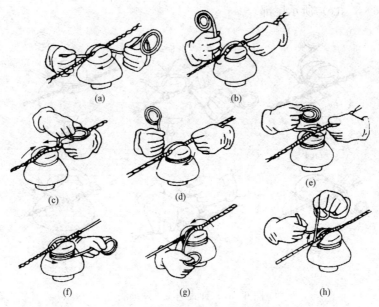

图 6-38　LGJ、LJ 型导线在绝缘子顶槽固定绑扎方法

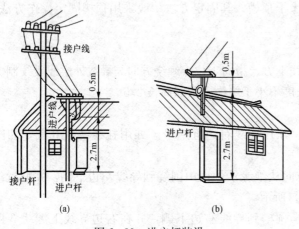

图 6-39　进户杆装设
(a) 长进户杆；(b) 短进户杆

四、接户、进户电力线路施工

1. 进户杆安装

凡进户点低于 2.7m 或接户线（从架空配电线的电杆至用户户外第一个支持点之间的一段线路）因安全需要等原因需加装进户杆来支持接户和进户线（由接户线至用户室内的计量电能表或计量用电流、电压互感器或大负荷用户总隔离开关的一段线路）。如图 6-39 所示，进户杆有长进户杆与短进户杆之分，可以采用混凝土杆或木杆。

（1）木质长进户杆埋入地下前，应在地面以上 300mm 和地面以下 500mm 的一段，采用浇根或涂水柏油等方法进行防腐处理。木质短进户杆与建筑物连接时，应使用两道通墙螺栓或抱箍等紧固方法进行接装，两道紧固点的中心距离不应小于 500mm。

（2）混凝土进户杆安装前应检查有无弯曲、裂缝和疏松等情况。混凝土进户杆埋入地下的深度要符合规定。

（3）进户杆杆顶应安装横担，横担上安装低压 ED 型绝缘子。常用的横担由镀锌角钢制成。用来支持单相两线的，一般规定角钢规格不应小于 40mm×40mm×5mm；用来支持三相四线的，一般不应小于 50mm×50mm×6mm。两绝缘子在角钢上的距离不应小于 150mm。

（4）用角钢支架加装绝缘子来支持接户线和进户线的安装形式如图 6-40 所示。

2. 进户线安装

（1）进户线必须采用绝缘良好的铜芯或铝芯绝缘导线，并优先使用铜线。铜线最小截面不得小于 1.5mm²，铝芯线截面不得小于 2.5mm²。进户线中间不准有接头。

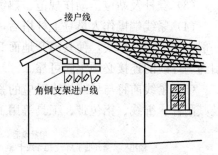

图 6-40　角钢支架加装绝缘子

（2）进户线穿墙时，应套上瓷管、钢管或塑料管如图 6-41 所示。要注意，穿钢管时各线不得分开穿管。

（3）如图 6-42（a）所示，进户线在安装时应有足够的长度，户内一端一般接于总熔丝盒。如图 6-42（b）所示，户外一端与接户线连接后应保持 200mm 的弛度，户外一般进户线不应短于 800mm。

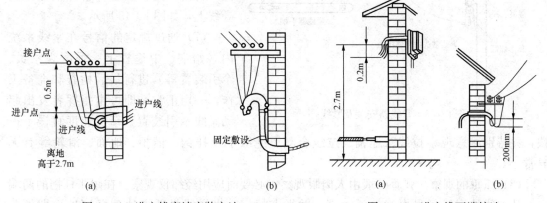

图 6-41　进户线穿墙安装方法
（a）进户线穿瓷管安装；（b）进户线穿钢管安装

图 6-42　进户线两端接法
（a）户内一端总熔丝盒；（b）户外一端的弛度

3. 进户管安装

用来保护进户线常用的进户管有瓷管、钢管和塑料管三种，瓷管又分弯口和反口两种。瓷管管径以内径标称，常用的有 13、16、19、25mm 和 32mm 等多种。

（1）进户管的管径应根据进户线的根数和截面来决定，管内导线（包括绝缘层）的总截面不应大于管子有效截面的 40%，最小管径不应小于内径 15mm。

（2）进户瓷管必须每管一线。进户瓷管应采用弯头瓷管，户外的一端弯头向下。当进户线截面在 50mm²（19 股/1.83mm）以上时，宜采用反口瓷管，户外一端应稍低。

（3）当一根瓷管的长度不能满足进户墙壁的厚度时，可用两根瓷管紧密连接，或用硬塑料管代替瓷管。

（4）进户钢管需采用白铁管或经过涂漆的黑铁管。钢管两端应装有护圈，户外一端要有防雨弯头，进户线（三相线及中性线）必须全部穿于一根钢管内。

五、架空线路紧线

（1）紧线操作人员按要求选择紧线工具（紧线器、铝包带、绑线、活扳手、手锤、登杆工具、铁丝），并运到现场；工器具满足工作需要。

（2）登杆前对安全带、脚扣进行冲击试验，并检查所登电杆外观及杆根和拉线的松紧度。

（3）登杆及站位。动作规范、熟练，工作站位应符合紧线工作需要。

（4）紧线端操作人员登上杆塔后，将导线末端穿入紧线杆塔上的滑轮后即顺延在地下，一般先由人力拉导线，使其离开地面 2～3m（所有挡距内），然后牵引绳将其拴好拴紧，牵引绳与导线的连接必须牢固可靠。

（5）紧线前将与导线规格对应的紧线器预先挂在与导线对应的横担上，同时将耐张线夹及其附件、绑线、铝包带、工具等用工具袋带到杆上挂好。

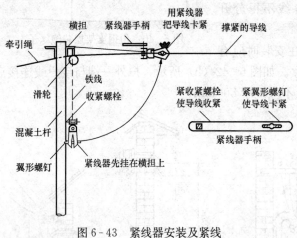

图 6-43　紧线器安装及紧线

（6）用镀锌铁丝穿入紧线器卷轮的孔内，然后用紧线手柄按顺时针紧线方向转动卷轮，使铁丝先在卷轮上缠上 2～4 圈，然后留出适当长度（1000～1500mm）并在横担上绑扎牢固，将钳口处夹在已缠包好铝包带的导线上，如图 6-43 所示。

（7）通过规定的信号在紧线系统内（始端、中途杆上、垂度观察员、牵引装置等）进行最后检查和准备工作，一切正常后即可由指挥者发出起动紧线牵引装置，牵引速度宜慢不得快，并特别注意观察拉线、地锚、拉线金具、绝缘子及挂钩、横担、地面、滑轮等有无异常。

（8）弧垂的观察。弧垂一般由人肉眼观察，必要时应用经纬仪观察。在耐张杆挡的两端上，从挂线处用尺子量出规定弧垂直，并做上标记，当导线最低点达到标记处后即停止牵引。

复 习 思 考 题

（1）电工常用基本工具有哪些？

（2）常用电动工具使用时有哪些安全要求？

（3）移动式电气设备使用时有哪些安全要求？

（4）常用安装工具和移动电气设备的安全技术措施有哪些？

（5）登高安全用具使用时有哪些安全要求？

（6）如何使用万用表测量电压、电流、电阻？

（7）如何使用绝缘电阻表测量接地电阻？

（8）电力电缆截面如何选择？

（9）如何进行进户线、接户线的安装？

第 七 章

低压电器安装操作技能

低压配电系统使用了大量的低压电气设备。了解、熟悉和掌握有关低压电气设备的安装、运行和检修知识，是电气工作人员安装作业掌握操作技能的基本要求。本章主要介绍低压断路器、低压隔离开关、低压熔断器、接触器、接地装置、剩余电流动作保护器、低压成套配电装置和常用照明设备有关安装、运行操作与检修的基本知识。因低压断路器大多安装在低压成套配电装置中，所以对其安装不作介绍。

第一节 常 用 低 压 电 器

一、低压断路器

低压断路器在低压配电网和电力拖动系统中使用广泛，主要有 DW 和 DZ 系列。DW15、DW16、DW17（ME）等系列，主要是框架式结构，作为电路中发生过载、欠电压、短路的保护作用以及在平常条件下的不频繁转换之用，目前已发展到 DW45 系列智能型断路器，断路器的核心部件采用智能型脱扣器，具有精确选择的保护，可避免不必要停电，提高供电可靠性。DW 系列断路器分固定式断路器和抽屉式断路器两种结构，固定式与抽屉式的区别是分别采用安装板或抽屉座。塑壳式断路器主要有 DZ20、CM1、TM30 等系列。

对于小容量的微型低压断路器，为了保证使用安全不考虑由用户自行修理，这些断路器外壳用铆钉铆死，不能拆开检修，在出现故障时，只需更换新的断路器。在生产成套配电装置的厂家和大型企业，对有故障的低压断路器才进行检修。现主要以 DW 系列断路器为例，讲述断路器的故障处理。DW15 断路器外形如图 7-1 所示。

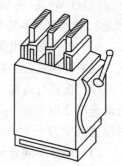

图 7-1 DW15 断路器
外形图

1.DW 系列断路器触头过热故障处理

DW 系列断路器的触头系统可分为主触头、副触头（1000A 以上）、弧触头（40A 以上）三种。断路器合闸时首先是弧触头接触，然后是副触头接触，最后才是主触头接触；断开时顺序相反。主触头通过负载电流，副触头的作用是在主触头分开时保护主触头，弧触头用来承担切断电流的电弧烧灼。

由于触头接通压力太小，触头氧化，导电零件连接处的螺丝松动，触头合闸同期性不良及动作顺序有误，触头通过电流过负荷等原因都会使断路器触头运行温度升高。如果发现运行中的断路器温升过高，应先采取措施减轻负荷，然后观察温升是否继续增高。若继续增高，在允许停电的情况下，应使断路器退出运行。可按以下方法进行检查和相应处理。

（1）断路器触头温升过高。

1）触头压力过低，应调整触头压力或更换弹簧。

2）触头表面严重磨损或接触表面过分粗糙，应更换触头或修整触间表面，使之平整、清洁。

3) 连接导线紧固螺丝松动,应拧紧螺丝。

(2) 触头弹簧变形、氧化、弹力消失或减退都会造成触头的故障。若触头刚接触时压力过小会造成动、静触头刚接触产生跳动而烧伤触头,会使触头在闭合位置时接触不良,触头接触电阻太大,引起触头运行温升过高。当触头压力不符合要求时,可调节相应的螺母,改变弹簧的长度来提高触头的压力,必要时更换弹簧。

(3) 触头表面氧化或触头表面脏污,会使触头接触不良。可将氧化严重的触头拆下放入硫酸中把氧化层腐蚀掉,然后放入碱水中,再用清水洗净擦干,或消除触头表面脏污。

(4) 触头连接处螺丝松动,会使开关闭合时动触头与静触头相碰发生跳动,在跳动过程中形成的电弧能将触头烧毛。可拧紧触头连接处松动的螺丝,将烧伤的触头表面形成的凹凸点用细锉刀修整,使触头接触良好。

(5) 触头合闸的同期性与行程。由于合闸同期性不良或主触头、副触头及弧触头动作顺序有误也会造成触头运行中温升过高,可调整触头背面的止挡螺丝,调节副触头和弧触头的距离,使触头的不同期性不应大于 0.5mm。调整时,使动、静触头之间的最短开距在保证可靠灭弧的条件下越小越好,用以减少工作间隙。断路器弧触头开距一般为 15~17mm,弧触头刚接触时主触头之间的距离以 4~6mm 为宜,主触头的超行程以 2~6mm 为宜,不可过大。

(6) 触头长期过载运行。断路器触头长期通过电流过负荷,使触头运行温升过高,可调整设备的负荷,使设备在额定负荷状态下运行。

(7) 设备起动过于频繁。开关频繁地受到起动电流的冲击,造成触头运行温升过高。应避免频繁起动,即可消除触头发热的现象。

(8) DW 系列断路器灭弧罩的电弧熄灭不够迅速。

2. 断路器与导线接触部分过热处理

(1) 触头接触电阻增大。因为导线连接螺丝松动,弹簧垫圈失效等,导致接触电阻增大。及时更换失效的弹簧垫圈并紧固好。

(2) 选择合适螺栓。选用的螺栓偏小,使开关通过额定电流时连接部位发热。按适当的电流密度选用螺栓。铜质螺栓电流在 200A 以下时电流密度 $0.3A/mm^2$,电流在 600A 以下时电流密度为 $0.1A/mm^2$。

(3) 两种不同金属相互连接。铝线与铜线柱两种不同金属相互连接会发生电化锈蚀,引起接触电阻增大而产生过热。应采用铜铝过渡接线端子,在导线连接部位涂敷导电膏,防止接触处的电化锈蚀。

3. 灭弧系统故障处理

(1) 灭弧罩受潮。灭弧罩受潮以后,绝缘降低,电弧不能被拉长,同时,电弧燃烧时,在电弧高温作用下使灭弧罩内水分汽化,造成灭弧罩上部空间压力增大,阻止了电弧进入灭弧罩,延长灭弧时间。有灭弧罩烧焦等现象,就证明灭弧罩已经受潮。这时,只要将灭弧罩取下烘干即可。

(2) 灭弧罩炭化。灭弧罩在高温作用下表面被烧焦,形成灭弧罩炭化,会影响电弧的迅速熄灭,将炭化部分用刀刮除,仍可继续使用。

(3) 磁吹线圈短路。采用磁吹线圈的开关,线圈一般采用空气绝缘。如果线圈导电灰尘积聚太多,就会出现线圈短路或匝间短路,使线圈不能工作,必要时予以更换。

（4）灭弧栅片损坏。若灭弧罩安装歪斜，使电弧不能迅速熄灭，将灭弧罩装正。灭弧栅片脱落，造成电弧仍为长弧，使电弧不能迅速熄灭，予以更换或修补。

（5）灭弧触头的故障。灭弧触头起引弧作用，是保护主触头的。因此，应定期检查调整。

4. 分、合闸故障处理

（1）DW 型断路器手动操作不能合闸。

1）断路器手柄操作不能合闸，多数原因是自由脱扣机构调整不当所引起的，对自由脱扣机构进行调整。调整在手动操作合闸时，斧形杠杆的右下端和伞形杠杆的左端缺口搭接在一起为止，使断路器处于合闸状态。

2）斧形杠杆右下端和伞形杠杆左端缺口处磨损，或伞形杠杆右上端和鼠尾形左上端缺口处磨损变钝，或装配调整不当，钩搭时易滑脱，自由脱扣机构不能"再扣"，也将使断路器手柄操作不能合闸。排除故障时可用细锉刀进行细致整修，必要时更换新零部件，或将自由脱扣机构解体检查，使机构在合闸位置时，间隙满足要求。检修中不能随便改变弹簧长度。

3）斧形杠杆右端的齿形钩和掣子钩搭接处磨损变钝或装配调整不当，导致钩搭滑脱，可用细锉刀进行细致的整修，必要时更换新零部件。可调节掣子支架上的止挡螺丝，使自由脱扣机构在闭合时掣子能可靠挂牢，其挂入深度不应小于 2mm。

4）失压脱扣器线圈无电压或线圈烧坏，应检查线圈电压或更换线圈。

5）储能弹簧变形，造成合闸力不足，使触头不能完全闭合，应更换合适的储能弹簧。

6）释放弹簧的反作用力过大，应重新调整或更换弹簧。

7）脱扣机构不能复位再扣，应调整脱扣器，将再扣接触面调到规定值。

8）若手柄可以推动合闸位置，但放手后立即弹回。应检查各连杆轴销的润滑情况，如果润滑油干枯，应加添新油，以减小摩擦阻力。

9）若触头与灭弧罩相碰，或动、静触头之间及操作机构的其他部位有卡住现象，导致合闸失灵，根据具体情况进行调整处理。

（2）DW 系列断路器电动操作机构不能合闸或合闸不到预定位置。断路器的电动操作机构，断路器在 600A 以下一般采用合闸电磁铁，断路器在 1000A 一般采用合闸电动机。

1）操作前应检查手柄有无复位脱落，电动操作机构的刹车装置的松紧程度是否合适，然后按下按钮，电动机旋转，使断路器触头闭合。合闸结束时装在蜗轮上的凸轮将终点开关顶开，电动机失电，并靠惯性而继续转动，当终点开关刚恢复接通时，由于刹车装置的作用，电动机停止转动，使断路器合闸过程结束。

2）操作过程中，如发现断路器动作不正常，应立即停止操作，并进行分析检查是属于机械故障还是电气故障。如按下按钮后，电动机旋转，联动机构正常，大多属于机械故障。其现象自由脱扣机构挂钩位置不合适，行程不够，合闸时间太短等。若按下按钮后，断路器不动作或虽动作仍不吸合，大多属于控制电路故障。排除故障时不要盲目乱动，更不允许在未查明故障原因情况下，反复操作，以免损坏断路器。

3）操作行程不合适，使断路器不能合闸到预定位置，应调节行程。对于电磁铁操作调节电磁线圈内电磁铁的高度，电动操作调节传动拐臂的长度。

4）断路器某相动作连杆损坏，使该相触头不能闭合，更换损坏的连杆。

5）刹车装置的松紧调节不当会发生这类故障，若刹车装置弹簧的拉力过大，使合闸时间太短，造成不能合闸或合不到预定位置，或使终点开关顶开后未恢复接通，使下次电动操作不能合闸。如果刹车装置弹簧的拉力过小，使凸轮停止的位置不合适，影响断路器的下次电动操作的可靠性。因此刹车装置应仔细调节，并进行电动试操作数次，将电动机旋转到停止位置时再刹住，装在蜗轮上的凸轮将终点开关顶开后所停止的位置基本不变。

6）电磁铁制动器的线圈接触不良或开路，使合闸电动机通电时由于制动器未松开而被抱住，排除故障时可检查连线并进行相应处理。

7）传动机构连杆下面的跳闸限位垫片不合适或电磁吸铁的高度调节不当，使自由脱扣机构在断开后不能自然形成"再扣"位置，电动操作不能合闸。排除故障时应增减传动机构连杆下的垫片或电磁吸铁的高度。

8）合闸电磁铁、合闸电动机电源线接触不良及电动机本身故障，可查明情况作适当处理。如失压脱扣器调整不当，可重新调整失压脱扣。

（3）断路器带负荷起动时自动分闸或工作一段时间后自动分闸。

1）电动机及电路有故障或负荷过重，可检查电路并排除故障或减少负荷。

2）断路器的过电流脱扣器或热脱扣器动作电流整定值不合适，应重新整定动作电流，增大延时，其整定方法：

①过电流脱扣器的调整。DZ 系列断路器过电流是采用热元件来动作的，每级热元件可在其额定电流范围内调节，如超过额定值范围，必须更换热元件。

②DW 系列断路器若电路发生短路或过载，脱扣器的衔铁立即被吸向铁芯，转动脱扣轴使断路器断开。旋转调节螺母的松紧程度，即可调整过电流脱扣器的动作电流。

③热脱扣器动作值调整。断路器热脱扣器的动作缓慢，具有延时特性。应调节整定电流大于电路工作电流，并确保在电动机正常起动情况下不动作。热元件或半导体延时电路元件损坏，应更换损坏元件。

（4）断路器失压脱扣器运行时产生噪声及振动甚至脱扣。DW 系列断路器脱扣器失压线圈电压在 $75\%\sim105\%$ 额定电压时吸合，使断路器合闸；当低于 40% 额定电压时释放，使断路器断开。

1）供给脱扣器失压线圈电压高于失压线圈的额定电压，使产生的电磁力足以克服弹簧的反作用力，从而造成脱扣器产生噪声和振动。应更换符合电源电压等级的线圈或调整供给失压线圈的电压。

2）弹簧的反作用力太大，使脱扣器运行时产生噪声及振动。调整弹簧压力或更换弹簧。

3）断路器失压脱扣器铁芯短路环断裂，或铁芯工作面有污垢使铁芯不能可靠吸合，造成脱扣器运行时发出噪声及振动。如果短路环断裂，可更换同样规格的短路环，如铁芯工作面有污垢，应清除污垢，保持铁芯清洁。

4）失压脱扣器的弹簧长度调节不当，使线圈释放电压提高，造成运行时脱扣，应调节螺母。拧出螺母，弹簧伸长使拉力增大，线圈释放电压提高；拧出螺母，弹簧缩短使拉力减小，线圈释放电压降低。

（5）断路器失压脱扣器不能使断路器分断。

1）反力弹簧拉力变小，应调整弹簧拉力。

2）如果是储能释放，使储能弹簧拉力变小，应调整储能弹簧。

3）操作机构卡阻，应找出原因并予以排除。

（6）断路器分励脱扣器不能使断路器分断。

1）分励脱扣器线圈短路或烧毁，应更换线圈。

2）供给断路器脱扣器分励线圈电源电压过低或接线断开，应提高电源电压、检查界线。

3）再扣接触面过大，应重新调整再扣接触面或更换断路器。

4）紧固螺栓松动，应拧紧螺栓。

（7）失压脱扣器线圈的供电线路或失压线圈本身有故障。当开关闭合送电时，如果失压脱扣器线圈的供电线路出现断线等故障时，失压线圈得不到电压，脱扣器衔铁将在弹簧的作用下抵住杠杆，使锁扣不能锁住传动杆，导致主触头不能闭合。此时应用万用表检查脱扣器失压线圈有无电压。若无电压，则应检查失压脱扣器失压线圈的供电线路。若有电压，则应检查脱扣器失压线圈是否有开路或短路现象。当发现失压线圈有开路或短路现象时，应更换。

（8）断路器辅助触头不通电。断路器的辅助触头是起"引弧"作用，即合闸时先于主触间闭合，而分闸时迟于主触头分断，从而将燃弧引向自身，起到保护主触头的作用。如果发现辅助触头工作时不能通电，应及时检修。

1）辅助触头的动触头有无卡住或脱落，若有应拨正或重新装好动触头。

2）传动杆有无断裂，滚轮有无脱落，若传动杆断裂应予以更换；若滚轮脱落应重新装好。

3）检查触头接触面有无氧化或脏污。若有应清除氧化膜和污垢。

（9）DZ系列断路器手动操作不能合闸。

1）断路器手动操作不能合闸，一般是由于操作机构及其部件引起的。在断路器外壳上有"合"、"分"字样，分别表示主触头接通或断开时手柄所处位置。如手柄拨不到"合"的位置，即表示不能合闸。一般是由于断路器自动跳闸后未进行"再扣"操作。

2）断路器由于故障自动跳闸，而手柄停在"合"与"分"的中间，且离"合"较近。短路故障使断路器跳闸后，只要将手柄扳向"分"的方向使主杠杆下端进入钢片，即处于"再扣"（准备合闸）状态。当热脱扣器动作使断路器跳闸后，必须经过一段恢复时间（一般需5min，过载严重时需10min）后，才能将手柄扳向"分"的方向，使主杠杆下端压动主轴，推动杠杆，压缩弹簧，使杠杆下端进入调节螺丝，断路器恢复"再扣"。如果不经过恢复就用力去扳手柄，有可能将主轴压断。

3）操作机构的搭钩磨损，杠杆等联动机构轴销脱落，弹簧失效，或调节螺丝调整不当等。将有可能造成手动操作不能合闸，这时可适当地进行整修和调整，必要时应更换零部件。

5．线圈故障处理

（1）断路器磁吹线圈匝间短路。这种故障大多是由于断路器磁吹线圈受冲击或碰撞引起的，可用螺丝刀拨开并调整匝间空气间隙。

（2）断路器合闸线圈烧坏。

1）断路器合闸后辅助触点未及时将合闸线圈的电源切断。自动空气开关合闸线圈只能短时通电工作，如断路器合闸线圈在断路器合闸后不能及时断电而长时间运行，将因过热而烧毁。此时可检查辅助开关的触点是否完好，有无烧结粘连现象并更换烧坏的断路器合闸线圈。

2）机械机构失灵。当断路器联动机构失灵时，断路器辅助开关的触点将不能正常开合，导致断路器合闸线圈不能及时断电。检查主开关与辅助开关的联动机构是否正常并进行调整。

3）接线错误而使断路器合闸线圈不能断电。按电气原理接线图检查控制电路接线，对接错的部分予以改正。

4）断路器合闸线圈回路中有接地现象。由于断路器合闸线圈回路出现接地故障时，使断路器合闸线圈不再受辅助开关的控制，当接通电源后断路器合闸线圈立即带电。此时应检查线路绝缘或是否有接线搭地现象。

6. 智能断路器故障

智能断路器除了上述的触头系统、灭弧系统、操动机构、辅助开关、欠压和分励脱扣器故障原因外，还可能出现智能控制器、传感器、显示屏、通信接口、电源模块等部件的故障。

二、低压隔离开关

（一）低压隔离开关安装

隔离开关的结构如图 7-2 所示，其中，图 7-2（a）所示为胶盖磁底 HK 系列隔离开关，称开启式负荷开关；如图 7-2（b）所示为连杆操纵 HD 系列隔离开关；如图 7-2（c）所示为连杆操纵 HR 系列熔断隔离开关，主要安装在低压成套配电装置中。

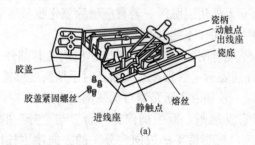

(a)

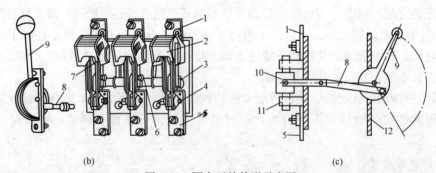

(b)　　　　　　　　　　　　　　　(c)

图 7-2　隔离开关外形示意图

（a）开启式负荷开关；（b）HD 系列隔离开关；（c）HR 系列熔断隔离开关

1—上接线端子；2—灭弧罩；3—刀开关；4—底座；5—下接线端子；6—主轴；7—静触头；

8—连杆；9—操作手柄；10—RTO 型熔断器的熔断体；11—弹性触座；12—配电屏面板

1. 开启式负荷开关的安装

（1）开启式负荷开关必须垂直安装，且合闸操作时，手柄的操作方向应从下向上；分闸操作时，手柄操作方向应从上向下。不允许平装或倒装，以防止发生误合闸事故。

（2）电源进线接在开关上部的进线端上，用电设备应接在开关下部熔体的出线端上。这样开关断开后，闸刀和熔体上都不带电。

（3）开关用作电动机的控制开关时，应将开关的熔体部分用导线直连，5kW 以上电动机需在出线端另外加装熔断器作短路保护。

（4）安装后检查刀片和夹座是否成直线接触，若刀片和夹座不正或夹座力不够，用电工钳夹住板直、板拢。

（5）按负荷容量将熔丝用起子接到接线螺丝上。更换熔体时，必须在闸刀断开的情况下按原规格更换。

（6）盖上开关盒盖，拧紧螺丝。

2. 带连杆操纵隔离开关（HD、HR 系列）安装

安装隔离开关时，应注意母线与隔离开关接线端子相连时，不应存在极大的扭应力，并保证接触可靠。在安装杠杆操作机构时，应调节好连杆的长度保证操作到位。安装完毕一定要将灭弧室装牢。

安装时要特别注意把手面板与开关底板之间的距离不能误差过大，距离过大会使动触头不能全部插入到静触头中，达不到额定负荷电流，使触头过热。距离过小，动触头插入过深，同样影响接触面积，而且拉开时面板把手不能到达分闸位置。

（二）低压隔离开关常见故障处理

1. 合闸时静触头和动触头旁击处理

这种故障原因是静触头和动触头的位置不合适，合闸时造成旁击，隔离开关应检查动触头的紧固螺丝有无松动过紧。熔断器式隔离开关检查静触头两侧的开口弹簧有无移位，或因接触不良过热变形及损坏。

处理方法：隔离开关调整三极动触头联紧固螺丝的松紧程度及刀片间的位置，调整动触头紧固螺丝松紧程度，使动触头调至与静触头的中心位置，作拉合试验，合闸时无旁击，拉闸时无卡阻现象。熔断器式隔离开关调整静触头两侧的开口弹簧，使其静触头间隙置于动触头刀片的中心线，再做拉合试验检查。

2. 三极触头合闸深度偏差大处理

三极隔离开关和熔断器式隔离开关合闸深度偏差值不应大于 3mm。偏差值大的主要是三极动触头的紧固螺丝和三极联动紧固螺丝松紧程度和位置（三极刀片之间距离）调整不合适或螺丝松动。

处理方法：调整三极联动螺丝及刀片极间距离，检查刀片紧固螺丝紧固程度，熔断器式隔离开关检查调整静触头间两侧的开口弹簧。

3. 合闸后操作手柄反弹不到位处理

隔离开关和熔断器式隔离开关合闸后操作手柄反弹不到位主要原因，是开关手柄操作联杆行程调整不合适或静、动触头合闸时有卡阻现象。如图 7 - 3 所示，调整其面板把手与隔离开关底板的距离。

处理方法：按照型号规定尺寸调整操作联杆螺丝使其长度于合闸位置相符，处理静动触头卡阻故障。

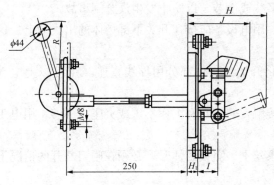

图 7-3　隔离开关连杆螺丝调整示意图

4. 接点打火或触头过热处理

隔离开关或熔断器式隔离开关接点打火主要是接点接触不良，接触电阻大引起，触头过热是静动触头接触不良或动触头插入深度不够。

处理方法：停电检查接点、触头有无烧蚀现象，用砂布打平接点或触头的烧蚀处，重新压接牢固，调整触头的接触面和接点压力。如铝线与铜线两种不同金属相互连接采用铜铝过渡接线端子。调整杠杆操作机构的连杆螺丝，保证刀片的插入深度达到规定的要求。

5. 拉闸时灭弧栅脱落或短路处理

拉闸时灭弧栅脱落是灭弧栅安装位置不当，灭弧栅不正，拉闸时与动触头相碰所致。拉闸时短路的原因有误操作，带负荷拉无灭弧栅的隔离开关或有灭弧栅的隔离开关。

带负荷操作起动大容量设备，致使大电流冲击发生动触头接触瞬间的弧光，烧坏触头，严重的可造成短路，这种操作属于违章操作，应严格禁止。

6. 运行中的隔离开关短路处理

运行中的隔离开关突然短路，其原因是隔离开关的静动触头接触不良发热或接点压接不良发热，使底板的胶布绝缘碳化造成短路，应立即更换型号、规格合适的隔离开关。

三、低压熔断器

（一）低压熔断器的安装

1. 瓷插式熔断器安装

（1）将熔断器底座用木螺钉固定在配电板上。

（2）将剥出绝缘层的导线插入熔断器底座的针孔接线柱内，拧紧螺钉，如图 7-4 所示。

（3）将剪下合适长度的熔丝沿熔丝接线柱顺时针方向弯过一圈。

（4）压上垫圈，将螺栓旋至熔丝与垫圈接触良好为止。安装 RL6 型螺旋熔断器，应将连接插座底座触点的接线端安装于上方（上线）并与电流线连接；将连接瓷帽、螺纹壳的接线端安装于下方（下线），并与用电设备导线连接。这样就能在更换熔丝旋出瓷帽后，螺纹壳上不会带电，确保人身安全。

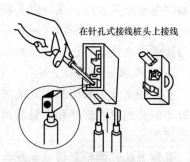

在针孔式接线桩头上接线

图 7-4　瓷插式熔断器安装示意图

2. 安装注意事项

（1）熔断器应垂直安装，以保证插刀和刀夹座紧密接触，避免增大接触电阻、造成温度升高而误动作。有时因接触不良还会产生火花，干扰弱电装置。

（2）熔断器应完整无损、接触紧密可靠，并有额定电压、额定电流值的标志。

（3）熔体长度要按熔断器或隔离开关内的允许长度装接，既不能卷曲也不可拉紧。

（4）安装时熔丝两头应顺时针方向沿螺钉绕一圈，拧紧螺钉的力应适当，不要过紧以免压伤，也勿过松造成接触不良甚至松脱。

（5）要正确选择和使用合乎规格与质量要求的合格熔体，表面已严重氧化的应勿使用。若使用中反复熔断，则说明线路或负载存在故障，必须先查明原因而切勿随意换大熔体。

（6）熔断器内应装合格的熔体，不能用几根小容量熔体合股代用。因这种合股熔体的熔断电流并不等于各单根熔体的熔断电流之和。

（7）瓷插式熔断器应垂直安装。螺旋式熔断器的电源线应接在底座中心端的接线端子上，用电设备应接在螺旋壳的接线端子上。

（8）熔断器兼作隔离电器使用时，应安装在控制开关的电源进线端，若仅作短路保护使用时，应安装在控制开关的出线端。

（9）安装熔体要停电进行。为确保安全起见，尤其是在确需带电装设时，应戴好绝缘手套、站在绝缘垫上并戴上护目眼镜，以防触电或受电弧灼伤及飞溅物落入眼内。

（10）熔断器在安装前应核对规格是否符合要求，熔管有无碎裂，指示器是否完好。在安装底座时，拧螺丝应小心，切勿用力过猛，以免损坏瓷件。插入熔体时，应先隔离电源。

3. 使用注意事项

（1）熔断器保护必须满足运行要求和安全要求。同一熔断器可配用几种不同规格的熔体，要注意熔体的额定电流不得超过熔断器额定电流，同时不能用多根熔体代替一根较大熔体，不准用铜丝甚至铁丝来替代。

（2）熔断器各部分应接触良好，触头钳口应有足够的压力。

（3）在有爆炸危险的环境，不应装设产生电弧的熔断器。

（4）更换新熔体时，要用与原来同样规格及材料的熔体；若负荷增加，则应重新选用适当熔体，以保证动作的可靠性。

（5）更换熔体时，一定要先切断电源，不允许带负荷拔出熔体，特殊情况应当先切断回路中的负荷，并做好必要的安全措施。

（6）具有限流作用的熔断器，在熔断时其过电压要高些，选用熔体时应注意。

（二）低压熔断器故障处理

熔断器是电路中的保护电器。当电路中的电流，即流过熔断器熔丝的电流达到一定值时，熔丝将熔断。熔断器的故障主要表现于熔丝经常非正常烧断，熔断器的连接螺钉烧毁，熔断器使用寿命降低。查找熔断器的这些故障应考虑以下这些情况。

1. 熔体熔断原因

（1）小截面处熔断。对于变截面熔体，通常在小截面处熔断是由于过负荷引起。

（2）短路引起熔断。变截面熔体的大截面部位熔化无遗，熔体爆熔或熔断部位很长，一般是由于短路引起熔断。

（3）熔断器熔体误熔断。熔断器熔体在额定电流运行状态下也会熔断称为误熔断。

1）熔体温度过高。熔断器的动、静触点（RC）、触片与插座（RM）、熔体与底座（RL、RT、RS）接触不良引起过热，使熔体温度过高造成误熔断。

2）熔体有机械损伤。熔体氧化腐蚀或安装时有机械损伤，使熔体的截面积变小，也会引起熔体误熔断。

3）四周介质温度相差过大。因熔断器周围介质温度与被保护对象四周介质温度相差过大，将会引起熔体误熔断。

（4）玻璃管密封熔断器熔体熔断。对于玻璃管密封熔断器熔体的熔断，长时间通过近似额定电流时，熔体经常在中间部位熔断，但并不伸长，熔体气化后附在玻璃管壁上；如有1.6倍左右额定电流反复通过和断开时，熔体经常在某一端熔断且伸长，如有2～3倍额定电流反复通过和断开时，熔体在中间部位熔断并气化，无附着现象；通电时的冲击电流会使熔体在金属帽附近某一端熔断；若有大电流（短路电流）通过时，熔体几乎全部熔化。

（5）快速熔断器熔体的熔断。对于快速熔断器熔体的熔断过负荷时与正常工作时相比所增加的热量并不很大，而两端导线与熔体连接处的接触电阻对温升的影响较大，熔体上最高温度在两端，所以，经常在两端连接处熔断；短路时热量大、时间快、产生的最高温度点在熔体中段，来不及将热量传至两端，因此在中间熔断。

2. 拆换熔体要求

（1）安装熔体时应保证接触良好。

（2）更换熔体时，不要使熔体受到机械损伤和扭位。

（3）更换熔体时必须根据熔体熔断的情况，分清是由于短路电流，还是由于长期过负荷所引起，以便分析故障原因。

（4）检查熔断器与其他保护设备的配合关系是否正确无误。

（5）一般应在不带电的情况下，取下熔断管进行更换。有些熔断器是允许在带电的情况下取下的，但应将负载切断，以免发生危险。

（6）更换熔体时，应注意熔体的电压值、电流值，并要使熔体与管子相配。

（7）对于封闭管式熔断器，管子不能用其他绝缘管代替。

（8）当熔体熔断后，特别是在分断极限电流后，经常有熔体的熔渣熔化在上面。因此，在换装新熔体前，应仔细擦净整个管子内表面和接触装置上的熔渣、烟尘和尘埃等。当熔断器已经达到所规定的分断极限电流的次数，应更换新的管子。

3. 低压熔断器的常见故障

（1）熔断器熔体过早熔断。

1）熔体容量选得太小或安装时损伤，特别是在电动机起动过程中发生过早熔断，使电动机不能正常起动，调换适当的熔体。

2）熔体变色或变形，说明该熔体曾经过热。熔体的形状改变会使熔体过早熔断，调换适当的熔体。

3）负载侧短路或接地，检查短路或接地故障。

（2）熔断器熔体不能熔断。熔体容量选得过大或用其他金属丝代替，当线路发生短路时，熔体不能熔断，不能起保护作用，调换适当的熔体。

（3）熔丝未熔断但电路不通。熔体两端或接线接触不良，检查修复。

4. 维修注意事项

（1）正确选择熔体（丝），应根据各种电器设备用电情况（电压等级、电流等级、负载变化情况等），在更换熔体时，应按规定换上相同型号、材料、尺寸、电流等级的熔体。

（2）熔丝两端的固定螺钉应完好，无滑扣现象，以保证固定熔体时，接触良好、配合牢固，以免接触处温度升高，烧坏熔体。安装熔丝时，应按顺时针方向弯曲熔丝，不要划伤、碰伤熔丝，更不要随意改变熔丝的外形尺寸。

（3）更换熔体时，必须切断电流，不允许带电特别是带负荷拔出熔体，以防止发生人身事故。

（4）安装熔断器时，先放好弹簧垫或钢纸垫后再紧固螺钉，不要用力过猛，否则会损坏瓷底座。

（5）不能随便改变熔断器的工作方式，在熔体熔断后，应根据熔断管端头上所标明的规格，换上相应的新熔断管。

（6）作为电动机保护的熔断器，应按要求选择熔丝，只能作电动机主回路的短路保护，不能作过载保护。

四、交流接触器与磁力起动器

（一）交流接触器安装

1. 安装前检查

（1）应检查接触器铭牌与线圈的技术数据（如额定电压、电流、操作频率和通电持续率等）是否符合实际使用要求。

（2）检查接触器外观，应无机械损伤，并用手推动接触器活动部分时，要求产品动作灵活，无卡住现象，并应检查有无杂物落入接触器内部。

（3）对新买来的或已搁置很久的接触器，应做好安装前的检查，内部无缺损零件，用汽油擦净铁芯极面上的防锈油脂或清除粘结在极面上的锈垢。

（4）测量线圈电阻，检查与调整触头的开距、超程、初压力和终压力，并使各极触头动作同步。

（5）检查产品的绝缘电阻。

2. 接触器安装

（1）按规定留有适当的飞弧空间，以免飞弧烧坏相邻器件。

（2）注意安装位置应正确，除特殊订货外，一般应安装在垂直面上，即使是直动式的接触器也不得随意安装，而应符合使用说明书上规定的位置，安装时其倾斜角不得超过5°，否则会影响接触器的动作特性。

（3）安装与接线时，注意勿使零件失落掉入电器内部。安装孔的螺钉应装有弹簧垫圈与平垫圈，并拧紧螺钉以防松脱。

3. 安装完毕后检查

（1）灭弧罩必须完整无缺且固定牢靠，绝不允许不带灭弧罩或带破损灭弧罩运行。

（2）检查接线正确无误后，应在主触头不带电的情况下操作几次，然后测量接触器的动作值和释放值，须符合产品规定要求。

（二）交流接触器故障处理

1. 交流接触器运行噪声消除

正常运行的电磁铁只发出均匀、调和、轻微的工作声音，如果噪声很大，说明有故障，其原因如下：

（1）铁芯与衔铁端面接触不良。由于端面磨损、锈蚀，或存在灰尘、油垢等杂质，端面间空气隙加大，电磁铁的励磁电流增加，振动剧烈，使噪声加大。

铁芯与衔铁的端面只要用汽油煤油清洗即可。如需使用锉刀、砂布修理，可按下列方法进行：首先在端面上衬一层复写纸，衔铁吸合后，端面凸出部分在复写纸上印斑点，然后轻轻将斑点锉去，重复几次后，即可将端面整平。

（2）短路环损坏。短路环是专为防止振动而设置的，短路环断裂或脱落，将使铁芯因振动而发出噪声。一经检查出来以后，只要用铜质材料加工一个换上即可。

（3）电压太低。加在线圈上的电压太低，一般低于额定电压 85%，就使吸力不足，励磁电流增加，噪声亦增大。

（4）运动部分卡阻。衔铁带动开关的运动部分存在卡阻时，反作用力加大，衔铁不能正常吸合，产生振动与噪声。因此，应经常在运动摩擦部位加注几滴轻油如机油、变压器油等。

（5）处理噪声过大方法。

1）新装交流接触器在安装前，要对各部位认真进行检查，看螺丝有无松动，并用手反复几次推合活动铁芯，看其行程、间隙是否合适，动作是否灵敏可靠，否则应进行调整、紧固。

2）交流接触器投入运行后要经常进行检查：①检查修理时，首先应断开电源；②动、静铁芯极面上如有污垢，或者锈蚀，一定要及时将其擦洗干净，保持明亮光洁；③发现动、静铁芯极面有斜度或凹凸不平时，可进行适量刮削磨平处理，必要时应进行更换；④动、静铁芯夹紧螺丝松动时，应将螺丝紧固，使动、静铁芯接触良好；⑤触头超行程过大或反作用弹簧力过大时，要减少超行程或调整反力至规定值，必要时可更换合适弹簧；⑥当短路环断裂或丢失时，应查出断裂处将其焊接牢固或进行更换；⑦看运行电压是否合格。当电流接触器运行噪声加大时，要注意及时测量、调整电压，使其保持在正常范围之内。

2. 线圈过热甚至烧毁

线圈长时间过热是线圈烧毁的主要原因，大致有以下几个方面：

（1）开关频繁操作，衔铁频繁起动，线圈中频繁地受到大电流的冲击。

（2）衔铁与铁芯端面接触不紧密，大的空气隙使线圈中的电流较额定值大得多。

（3）衔铁安装不好，铁芯端面与衔铁端面没对齐，使磁路磁阻增大，线圈中的电流增加。

（4）传动部分出现卡阻，电磁铁过负荷，不能很好地吸合。

（5）线圈端电压过低，线圈中电流增加。

（6）线圈端电压过高，铁芯磁通饱和，引起铁芯过热。

（7）线圈绝缘受潮，存在匝间短路，使线圈中的电流增加。

3. 通电后接触器不能吸合或吸合后断不开

当接触器不能吸合时，首先检查电磁线圈两端有无电压。如无电压，说明故障发生在控制回路，可根据具体电路检查处理；如有电压但低于线圈额定电压，使电磁线圈通电后产生的电磁力不足以克服弹簧的反作用力，这时应更换线圈或改接电路；如有额定电压，多数情况是线圈本身开路，用万用表测量线圈电阻，如接线螺丝松脱应连接紧固，线圈断线则更换线圈。

接触器运动部分的机械机构及动触头卡住使接触器不能吸合，可对机械机构进行修整，调整灭弧罩与触头的位置，消除摩擦；当转轴生锈、歪斜也会造成接触器通电后不吸合，应拆开检查，清洗转轴及支承杆，组装时要保证转轴转动灵活或更换配件。

接触器吸合一下又断开，一般是因自保持回路中的辅助触头接触不良，使电路自保持环节失去作用，检修动合辅助触头，保证接触良好。

4. 接触器吸合不正常

接触器吸合不正常是接触器吸合过于缓慢，触点不能完全闭合，铁芯吸合不紧而产生异常噪声等不正常现象。

控制电路的电源电压低于85％额定值，电磁线圈通电后所产生的电磁吸力不足，难以使动铁芯迅速吸向静铁芯，引起接触器吸合缓慢或吸合不紧，应检查控制电路电源电压，设法调整至额定工作电压。

弹簧压力不适当，引起接触器吸合不正常，当弹簧的反作用力太大造成吸合缓慢，触点弹簧压力超程过大，会使铁芯不能完全闭合，而触头的弹簧压力与释放压力太大会使触点不能完全闭合，应对于弹簧的压力进行相应的调整或更换弹簧。

动、静铁芯间的间隙太大，可动部分卡住、转轴生锈、歪斜都会引起接触器吸合不正常应拆开检查，重新装配，调整间隙或清洗转轴及支撑杆，组装后保证转轴转动灵活，必要时更换配件。

铁芯板面因长期频繁碰撞，沿叠片厚度方向向外扩张又不平整而产生异常响声，应用锉刀修整，必要时更换铁芯，如果短路环断裂，应更换尺寸一样的短路环。

5. 接触器主触点过热或熔焊

接触器主触点过热或熔焊一般是因触点接触不良，通过电流过大造成的。

接触器吸合过于缓慢或有停滞现象，触点停顿在似接触非接触的位置上，或者触点表面严重氧化及灼伤，使接触电阻增大都会使主触点过热，应清除主触点表面氧化层，可用细锉刀轻轻锉平，保证接触良好。

接触器用于频繁起动设备中，主触点频繁地受到起动电流冲击，会造成过热或熔焊，应合理操作避免频繁起动，或选用适合于操作频繁及通电持续率长的接触器。主触点长时间通过电流过负荷也会造成过热或熔焊，应减轻负荷，使设备在额定状态下运行，或根据设备的工作电流，重新选择合适的接触器。

负荷侧有短路点，吸合时短路电流通过主触点，会造成主触点熔焊，应检查短路点并排除故障。接触器三相主触点闭合时不同步，某两相主触点受特大起动电流冲击，也会造成主触点熔焊。应检查主触点闭合状态，调整动静触点间隙达到同步接触。

6. 接触器线圈断电后铁芯不能释放

接触器经长期运行，较多的撞击使铁芯板面变形，铁芯中间磁极面上的间隙逐渐消失，使线圈断电后铁芯产生较大的剩磁，将使动铁芯粘附在静铁芯上，造成接触器断电后不能释放，应用锉刀锉平或在平面磨床上磨光铁芯接触面，保证其间隙不大于 0.15~0.2mm。

铁芯极面上油污太多，会造成接触器线圈断电后铁芯不能释放，应清除油污。或动触点弹簧压力太小，可调整弹簧压力，必要时更换弹簧。

7. 接触器触头磨损严重

（1）三相触头动作不同步，应调整到同步为止。

（2）负载侧短路，应查明短路处并排除故障或更换触头。

（3）接触器选用不合适，在下列场合下容量不足，如反接制动、有较多密集操作、操作过于频繁。应重新选用较大容量的接触器，或改为重任务接触器。

（4）触头的初压力太小，应调整弹簧压力。

（5）触头分断时电弧温度太高，使触头金属氧化。应除去触头表面氧化层。

（6）灭弧装置损坏，使触头分断时产生的电弧不能被分割成小段迅速熄灭。应更换灭弧装置。

8. 接触器相间短路

（1）可逆转换的接触器连锁触头不可靠或铁芯剩磁太大，使两只接触器同时投入运行造成相间短路。应检查电气联锁和机械联锁，在控制线路中加中间环节。当剩磁过大时，需修整铁芯或更换接触器。

（2）接触器动作太快，转换时间短，在转换过程中产生短路。应调换动作时间长的接触器延长可逆转换时间。

（3）尘埃堆积，粘有水汽、油污等使线圈绝缘性能降低。应定期清理，保持清洁卫生。

（4）灭弧室碎裂，应更换灭弧室。

（5）相间绝缘损坏，应更换炭化后的胶木件。

（6）装于金属外壳内的接触器，其外壳处于分断时的喷弧距离内，可引起相间短路。应选用合适的接触器或在外壳内进行绝缘处理。

9. 接触器吸合太猛

（1）接触器吸合太猛是因控制电路电源电压大于线圈额定电压。应正确选择与电源电压匹配的接触器线圈。

（2）如果是重新绕制的线圈可能是线圈匝数太少，造成吸合太猛。应重新计算或查对线圈数据。

10. 接触器触头及导电联结板温升过高

（1）触头的弹簧压力不足或行程过小，应调整弹簧压力及行程至规定值。

（2）触头接触不良，应清理触头表面油污及金属颗粒，修整极面，紧固触头与导电连接板。

（3）触头严重磨损及开焊，若触头磨损到原来厚度的 1/3 或开焊，应更换触头。

（4）操作频率过高或电流过大，触头容量不足。应适当减少操作次数或选用较大容量的接触器。

11. 接触器触头烧毛

接触器触头的接触形式一般是点接触，触头在接通和分断时会产生电弧。在电弧作用下，触头表面形成许多凸出的小点，在电弧较大时，表面小点面积增大，触头被烧毛。如触头在接通时跳动严重，会使触头熔化甚至熔焊。

触头烧毛后，可用油石或砂纸打磨、锉平触头表面小凸点，尽量恢复触头表面原来形状。对于熔化、熔焊的触头必须更换才能重新工作。

12. 接触器灭弧装置故障

灭弧装置（灭弧罩）受潮、炭化、破裂、灭弧栅片脱落或灭弧线圈匝间短路，造成灭弧困难和灭弧时间延长。灭弧罩受潮后应及时烘干；灭弧罩破碎后应进行更换，灭弧线圈匝间短路后应及时修复或更换线圈。

（三）热继电器安装

1. 热继电器安装

（1）安装前检查。

1）检查铭牌数据，热继电器的整定电流是否符合要求。

2）检查热继电器的可动部分，要求动作灵活可靠。

3）清除部件表面污垢。

（2）热继电器安装方向与规定方向相同。倾斜度不得超过5°，如与其他电器装在一起时，尽可能将它装在其他电器下面，以免受其他电器发热的影响。

（3）检查安装接线是否正确。安装接线时，应检查接线是否正确，与热继电器连接的导线截面应满足负荷要求，安装螺钉不得松动，防止因发热影响元件正常动作。

2．热继电器故障分析与处理

（1）热继电器接入后主电路或控制电路不通。热元件烧断或热元件进出线头脱焊，可用万用表电阻挡进行测量，也可打开盖子检查，但不得随意卸下热元件。对脱焊的线头重新焊牢，若热元件烧断，应更换同样的规格的热元件。

整定电流调节凸轮转不到合适的位置上，使常闭触点断开，可打开盖子，调节凸轮观察动作机构并调到合适的位置上。或者因常闭触点烧坏及再扣弹簧或支持杆弹簧弹性消失，也会使常闭触点不能接通，造成热继电器接入后控制电路不通，应更换触点及相应弹簧。热继电器的主电路或控制电路中接线螺钉运行日久松动，造成电路不通，可检查接线螺钉，紧固即可。

（2）热继电器误动作。热继电器误动作的原因及处理方法：

1）整定值偏小。应合理调整整定值，如热继电器额定电流不符合要求，应予更换。

2）电动机负荷剧增。应排除电动机负荷剧增的故障；热继电器调整部件松动，使热元件整定电流偏小，也会造成热继电器误动作，可拆开后盖，检查动作机构及部件并紧固，再重新调整。

3）电动机起动时间过长。由于电动机起动时间很长，较大的起动电流延续的时间过长，热继电器会发热动作。可按起动时间要求，选择具有合适的可返回时间级数的热继电器或在起动过程中将热继电器的常闭接点临时短接。

4）操作频率过高。可合理选用并限定操作频率或改用其他保护方式。

5）强烈的冲击振动。对有强烈冲击振动的场合，应选用带防冲击振动装置的专用热继电器，或采取防振措施。

6）环境温度变化太大或环境温度过高。可改善使用环境，加强安装处的通风散热，使运行环境温度符合要求；或连接导线过细，接线端接触不良，使接点发热，也会使热继电器误动作，应合理选择导线，保证接触良好。

（3）热继电器不动作。热继电器不动作的原因及处理方法：

1）整定值偏大或整定调节刻度有偏大的误差。可重新调整整定值。

2）常闭触头烧结不能断开。可检修触头，若有烧毛时可轻轻打磨，对表面灰尘或氧化物等要经常清理。

3）热元件烧坏或脱焊。更换已坏继电器。

4）动作机构卡住或导板脱出。进行维修调整或更换。

（4）热继电器动作太快。热继电器动作太快的原因及处理：

1）热继电器的整定电流太小。应根据负荷的额定电流合理调整整定值。

2）电动机起动时间过长或操作过于频繁。应通过试验适当加大热元件的整定电流值或采用其他保护。

3) 与热继电器相连接的导线过细或连接不牢。这种情况导致接触电阻过大，引起局部过热，合理选用连接导线并压紧接线端。

（5）热继电器元件烧断。常见原因是负荷侧有短路故障或操作频率过高。若为前者，应检查线路或负荷，排除故障后更换热继电器。若为后者，应合理选用热继电器或改用其他保护方式。

（6）热继电器原因引起的主电路不通。大多为热元件烧坏或继电器常闭触点接触不良。若为前者，应更换热元件或热继电器，若为后者，应检修常闭触点。

五、剩余电流动作保护器安装

（一）剩余电流动作保护器安装前检查

安装之前必须先检查剩余电流动作保护器的铭牌标志和使用说明书，特别是要注意下列几点：

（1）检验额定电压。剩余电流动作保护器的额定电压是否和电路工作电压一致。对采用辅助电源的剩余电流动作保护器，要注意主回路工作电压与辅助电源电压是否相同。

（2）检查额定工作电流。对剩余电流保护专用的开关，其额定工作电流必须大于电路最大工作电流。对有过流保护的剩余电流动作保护器，其过流脱扣器的整定电流应和电路最大工作电流相匹配。

（3）检查保护器的极限通断能力或短路电流。对于带短路保护的剩余电流动作保护器，其极限通断能力必须大于电路短路时可能产生的最大短路电流；对不带短路保护的剩余电流动作保护器，因其不具备短路分断能力，故在电路中应有短路保护装置如熔断器等作后备保护。

（4）正确判断辅助电源和主回路的接线端。对剩余电流继电器的主回路、辅助电源及辅助触头等，必须判明其不同的接线端。

（5）明确手柄、按钮的标志。弄清保护器操作手柄对应于主触头开、闭的位置。有些产品在动作后有剩余电流、触电指示，要经过复位才能使剩余电流动作保护器重新投入运行。

（6）检验剩余电流动作电流和动作时间。按电路中要求安装处装置的动作电流和时间相符。

（7）空载试验。接入额定电压的电源，在空载状态下按动试验按钮，检查剩余电流动作保护器能否正常动作。

（二）剩余电流动作保护器投运前检查

剩余电流动作保护器按规定要求安装好后，切勿急于投运。一定要经过细致检查，确认接线等正确无误后方可投运，以免损坏剩余电流动作保护器或相关设备。具体检查内容有：

（1）检查剩余电流动作保护器安装是否正确、牢固，接线有无错误。

（2）剩余电流动作保护器标有负载侧和电源侧时，应按规定安装接线，不得反接。

（3）剩余电流动作保护器负载侧的中性线，不得与其他回路共用。

（4）安装时必须严格区分中性线与保护线，三极四线式或四极四线式剩余电流动作保护器的中性线应接入剩余电流动作保护器；经过剩余电流动作保护器的中性线不得作为保护线，不得重复接地或接设备外露之可导电部分；保护线不得接入剩余电流动作保护器。

（5）对带有短路保护的剩余电流动作保护器，其安装必须保证在电弧喷出方向有足够的飞弧距离。飞弧距离大小可按剩余电流动作保护器生产厂的规定。

（6）安装剩余电流动作保护器后，不能撤掉原有低压供电线路和电气设备的接地保护措施，但应按有关规程的要求进行检查和调整。

（7）检查接地引线是否接触良好，接地线安放位置要妥当，以防碰断踏伤；同时要检查线路是否有接地、短路或树枝碰线的地方。

（8）用500V绝缘电阻表摇测低压线路和电气设备的绝缘不应小于0.5MΩ，若不合要求时，剩余电流动作保护器禁止投运。

（9）检查照明等单相用电负荷，看三相分配是否基本平衡。

（10）剩余电流动作保护器安装后应检验其工作特性，在确认能正常动作后方允许投入使用。具体检验项目为：①用试验按钮试验3次，均应正确动作；②带负荷分合开关3次，不得有误动作；③各相用试验电阻接地试验1次，应正确动作。

（三）剩余电流动作保护器试投运操作步骤

（1）投运前把所有分路闸刀拉开，合上总开关投入剩余电流动作保护器。检查剩余电流动作保护器有无异常，如果无异常可按试跳按钮，试跳一次再合闸。然后把分路闸刀依次合上，如有跳闸，应检查线路并排除故障，方能投入运行。

（2）剩余电流动作保护器投入空载线路后，如运行正常，便可带上负荷再做试验。

（3）试投后发生跳闸时，应仔细检查该用电设备是否有接地或有剩余电流故障存在。如有，则必须排除后方可再投运。

（4）将所有试投过程及存在的问题记入剩余电流动作保护器记录本，以备查用。

六、低压成套配电装置

（一）低压成套配电装置基础底座安装

低压开关柜底盘在埋设前，应将底盘或临场加工的槽钢或角钢调直除锈。按图纸的要求下料钻孔，再按规定的标高固定，并进行水平校正（水平误差要求每米不超过1mm，累计误差不超过5mm）。固定的方法是将底盘或型钢焊在钢筋上，再将钢筋浇筑在混凝的基础里，如图7-5（a）所示。这是槽钢与地基的固定方法之一。

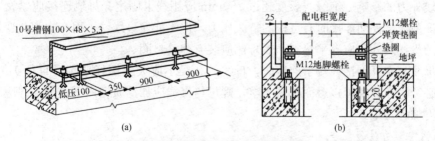

图7-5　配电装置底盘安装示意图
（a）槽钢与地基的固定方法；（b）预留槽孔埋设法

另一种方法是采用预留槽孔埋设法。施工时，预留槽的宽度应比底盘槽钢宽30mm左右，深度应为底盘埋入深度加10mm再减去二次抹灰粉平均厚度，以便用垫铁调整底盘水平。底盘平面一般比抹平后的混凝土表面高10mm，埋入深度就是底盘高度减去10mm，如图7-5（b）所示。

底盘安装好后，应与接地钢焊接起来，以保证设备接地后质量良好。

（二）低压配电装置立柜安装

立柜前，先按照图纸规定的顺序，将配电柜作好标记，然后用人力将其搬平放在安装基础底盘位置。柜的螺栓固定方法是在底盘上开大于螺栓直径的孔，再用螺栓固定。

如果安装的配电柜不再拆迁，可用焊接固定。

拼装完一块后，即可初步固定，经过反复调整至全部符合要求时，便可用镀锌螺栓固定牢靠，同时柜间用螺栓固定连接，使该列配电柜成一整体。

（三）成套配电装置柜顶母线安装

将一个配电单元的开关电器、保护电器、测量电器和必要的辅助设备等电器元件安装在标准的柜体中，就构成了单台配电柜，又称配电装置。将配电柜按照一定的要求和接线方式组合，并在柜顶用母线将各单台柜体的电气部分连接，则构成了成套配电装置。成套配电装置柜顶母线安装是一项重要任务。

1. 母线安装要求

（1）硬母线表面应光洁平整，母线弯曲皱纹不得超过 1mm，弯曲处不准出现裂纹，母线表面不应有显著的锤痕，夹杂物凹坑、毛刺等缺陷，搭接面应平整自然吻合，连接紧密可靠，并设有防松动措施。不同金属搭接面要有防电化腐蚀措施。软母线不应有扭结、松股、断股或严重腐蚀等缺陷。

（2）相同布置的主母线、分支母线、引下线及设备连接应对称一致，横平竖直，整齐美观。

（3）母线装配后，不允许直线段有明显的弯曲不直现象。母线装配后，应具有一定的机械刚度，不允许有明显的颤动现象，母线长度超过规定值应加装支柱或胶木板固定。

（4）母线一般不得交叉配置，应符合回路分明、整齐和美观的要求，同一元件同一侧三相母线折弯应一致。

2. 绝缘母线安装要求

（1）绝缘母线的下料长度应适宜，装配后略微松弛，不得过长扭曲亦不得过短而使接线端受到母线外力的影响。绝缘线长度超过 250mm 应用线卡固定。母线连接应紧密、接触良好，并保证截流部件间连接时有点松的持久压力，但不能使母线受力而产生永久变形。贯穿螺栓连接的母线两外侧应有平垫圈，螺母侧应装有弹簧垫圈。

（2）母线与螺杆形接线端子连接时，母线的孔径不应大于螺杆形端子直径 1mm，丝扣的氧化膜必须刷净，螺母接触面必须平整，螺母与母线应加铜质搪锡平垫圈，并应有锁紧螺母，但不得加弹簧垫。

3. 详细安装方法及工艺

详细安装方法及工艺可参考 GB 7251—2013《低压成套开关设备和控制设备》的规定。

4. 进出线安装对断路器容量影响

成套配电装置进线断路器进出线安装错误可造成断路器分断能力不够。在低压成套配电装置中，有时为了进线方便，将电源进线安装在断路器的下方，出线安装在断路器的上方，改变了断路器动静触头的灭弧作用，此时断路器只能达到额定容量的三分之二。这种情况可以采用增大断路器的容量或改变开关柜内断路器进出接线的安装。

第二节 电动机安装

本节主要以常用的三相鼠笼式异步电动机为例，讲解电动机的安装及故障检修等操作技能。

一、电动机安装方式

电动机的安装方式是指它在机械系统中与构架或其他部件的连接方式。按照国际通用的安装方式代号：B表示卧式，即电动机轴线水平；V表示立式，即电动机轴线竖直；X和Y各是1~2个数字，表示连接部位和方向，常见的电动机安装方式如图7-6所示。

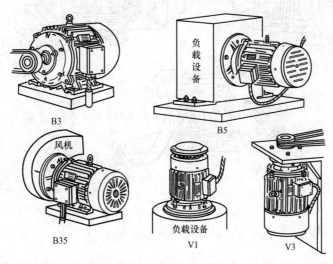

图 7-6 常用电动机安装方式

二、电动机安装前检查

电动机在安装前应进行一些必要项目的检查。

1. 外观

（1）整体有无破损，端盖、底脚有无裂纹。

（2）底脚平面是否有粘结物，若有应清除。

2. 主要安装尺寸

依据产品样本，检查电动机安装尺寸是否符合。

3. 核对铭牌数据

查看铭牌上所标主要内容，如型号、功率、电压、电流、转速等是否与图纸规定内容相符。

4. 检查电动机各安装螺丝和接线螺丝紧固情况

用扳手或专用工具，逐一检查各安装螺丝和接线螺丝的紧固情况。若发现松动，则应当即上紧。但注意扭力应适当，防止拧裂、拧断螺栓或损伤螺丝，如图7-7（a）所示。

5. 检查绕组对机壳绝缘

用绝缘电阻表测量每两相之间和每相对地（常称为机壳）的绝缘电阻，如图7-7（b）所示。绝缘电阻表的转速应在120r/min左右，摇动1min后读数。对380V及以下低压电动机的绝缘电阻值标准不小于 $0.5M\Omega$。

若无绝缘电阻表时，可采用如图 7-7（c）所示的灯示法检查绕组的绝缘情况。灯泡用 25～40W 的白炽灯。操作时注意安全，防止触电。通电后，灯泡不亮说明绝缘良好；微亮说明绝缘已较差；亮度较大说明绝缘已经损坏，绕组已出现短路点。

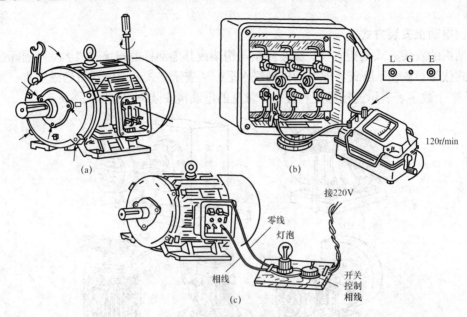

图 7-7　电动机安装前检查

（a）螺丝、接线螺丝紧固情况检查；（b）绕组线圈绝缘电阻测量；（c）用灯示法检查绕组绝缘情况

绕组绝缘不合格但还未发生短路时，应对电机进行烘干，达到绝缘要求时才可安装使用。

三、安装电动机

1. 电动机安装

为了防止震动，安装时应在电动机与基础之间垫衬一层质地坚韧的木板或橡皮等防震；四个地脚螺栓上均要套用弹簧垫圈；拧螺母时要按对角交错次序紧，每个螺母要拧得一样紧。

2. 电动机起动设备安装

（1）隔离开关起动设备一般安装在木制或铁制的开关箱内。将开关箱按规定高度固定在墙上，然后将隔离开关和熔断器垂直安装在箱内。

（2）铁壳开关、DZ 型自动开关可直接固定在墙上或木盘上。

（3）YD 起动器必须安装在隔离开关的下侧，如图 7-8 所示。

（4）自耦减压起动器一般安装在铁制配电盘或操作箱内，角铁打孔，穿上螺栓，将起动器四翅的凹处接在螺栓上，再将螺栓拧紧。

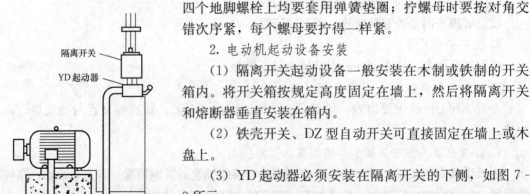

图 7-8　YD 起动器安装位置

3. 引线的安装

电动机引线应采用绝缘导线，导线截面应按电动机的额定电流来选择。

若采用橡皮导线或塑料导线经过地下引至电动机，则全长均应加装铁管或硬塑料管来保护，若采用地埋塑料电缆导线，则地上部分应加装铁管或金属硬塑料管来保护。

穿导线的钢管或塑料管应在浇混凝土前埋好，连接电动机的一端钢管管口离地高度不得小于 100mm，并应使它尽量接近电动机的接线盒，然后用软钢管或软塑料管伸入接线盒，安装示意如图 7-9 所示。

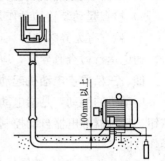

图 7-9　电动机引线安装示意图

4. 电动机通电试运行及检查

（1）电动机起动前检查。为了保证电动机能够正常起动，新安装的和大修后重新安装的电动机，在起动前必须认真进行一系列检查。

1）使用电源的种类和电压与电动机铭牌是否一致，电源容量与电动机容量及起动方法是否合适。

2）使用的电线规格是否合适，接线有无错误，端子有无松动，接触是否良好。

3）开关和接触器的容量是否合适，触头是否清洁，接触是否良好。

4）熔断器和热继电器的额定电流与电动机的容量是否匹配，热继电器是否已复位。

5）手动盘车是否灵活。

6）检查电动机润滑系统。

7）检查传动装置、皮带，不得过松或过紧，连接要可靠，无裂伤现象，联轴器螺丝及销子应完整、紧固。

8）电动机外壳是否已可靠接地。

9）起动器的开关或手柄是否已放在起动位置上。

10）电动机绕组的相间绝缘及对地绝缘是否良好，各相绕组有无断线。

11）各紧固螺丝及地脚螺丝有无松动。

12）通风系统、通风装置和空气滤清器等部件是否符合规定要求，通风是否良好、无堵塞。

13）旋转装置的防护罩等安全设施是否良好。

14）如生产机械不准反转，则电动机应先确定转向，正确后才可起动。

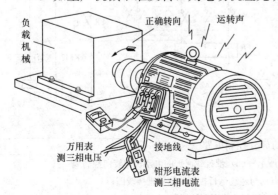

图 7-10　通电检查电动机运转情况

15）电动机周围是否清洁，有无堆放其他无关物品。

（2）电动机起动后检查。做好起动前的检查后，接通电源使系统运行。如图 7-10 所示，对电动机进行起动后检查。电动机各部位发热情况、电动机和轴承运转的情况、各主要连接处的情况、变阻器、控制设备的工作情况、润滑油的油面高度、交流滑环式电动机的换向器、集电环和电刷的工作情况：

1）测量电动机输入电压及电流，检查起动电流是否正常，三相电流是否平衡。电流大小与负荷大小是否相当，有无过载现象。

2）检查电动机旋转方向是否正确。

3）观测电动机和系统的振动与噪声。

4）检查起动装置的动作是否正常，电动机加速过程是否正常、起动时间是否超过规定。

5）检查有无异味和冒烟现象。

通电运行检查有异常，应进行调整或停机妥善处理。

四、三相异步电动机起动控制

电动机的起动，是指电动机的转子由静止状态变为正常运转状态的过程。目前广泛采用按钮、接触器等电器自动控制电动机的运转。这里主要介绍电动机起动控制系统的施工安装操作技能。

（一）电动机部分常用控制电路

三相异步电动机作为电力拖动的主要机械，部分常用的电动机起动控制部分电路如图7-11所示。

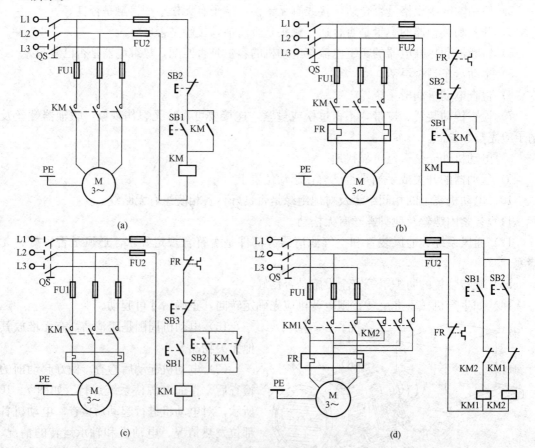

图 7 - 11　电动机的部分控制电路（一）

(a) 接触器自锁单转向控制电路原理接线图所示；(b) 带过载保护的电动机单转向控制线

路原理接线图；(c) 电动机单转向点动与连续运行控制线路原理接线图；

(d) 可逆点动运行电动机控制线路原理接线图

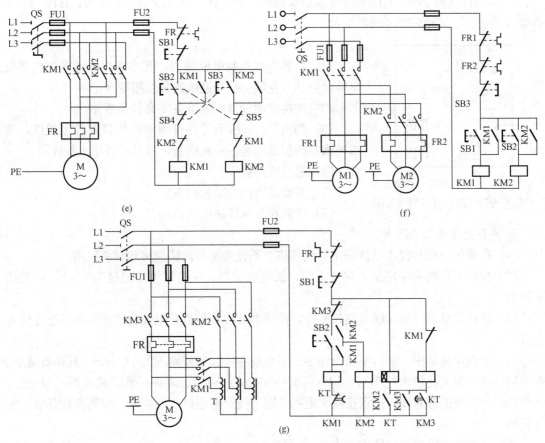

图 7 - 11　电动机的部分控制电路（二）

（e）电动机正反转控制线路原理接线图；（f）主电路顺序起动电动机控制线路原理接线图；

（g）自耦变压器降压起动控制线路原理接线图

（二）电动机控制电路安装

三相异步电动机，根据其拖动控制方式其控制电路各不相同。在电动机拖动控制中，对于定型的起动控制箱（柜），可采用前面介绍的起动设备安装方法进行安装。但大多数的电动机拖动控制需要按照现场的实际需要进行安装，包括生产机械电动机的控制电路。因此对电动机拖动控制应掌握其安装施工的操作技能。现以图 7 - 11（c）所示电动机单转向点动与连续运行控制电路的安装为例，讲述电动机控制电路的安装操作技能。

1. 安装施工

施工工具、材料和设备准备：

1）工具准备：电工钳、圆嘴钳、剥线钳、一字螺丝刀、十字螺丝刀、电工刀各 1 把，万用表 1 块。

2）材料准备：导线 BV－1.5mm²、BV－2.5mm²、BVR 型多股铜芯软线各若干米、哈夫夹（大、中、小号）、尼龙丝（1010 型、ϕ0.5mm、ϕ1mm）、带帽垫螺栓、标号套管（ϕ3～ϕ5mm 各种规格）、碗型瓷珠及耐温绝缘管（各种规格）、TC 系列引线槽（各种规格）、尼龙收紧扎带、自粘卡、黄蜡绸带（2015 型）各若干供选用。

3）设备准备：按电路原理图准备，CJT1 - 20 交流接触器 1 只，JR36 - 20 热继电器 1

只，LA4-3H 按钮 1 只，RL6-15/2 螺旋熔断器 2 只，JF5-2.5/5 端子排 2 节，HH-30/20 电源开关 1 块，三相异步电动机 1 台。

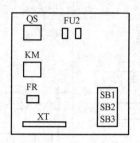

图 7-12　电动机单转向点动与连续运行控制线路元件排列参考图

2. 施工步骤

（1）熟悉电气控制电原理图，在本例中熟悉掌握电动机单转向点动与连续运行控制线路接线图原理。

（2）按给定的标准图纸准备工具和元器件。

（3）如图 7-12 所示元件排列参考位置安装元器件，该图所确定的位置应是控制箱底板，练习时可用木板代用。

（4）进行线路敷设。

（5）安装完毕进行质量检查。

（6）质量检查合格通电试验。

3. 线路敷设施工工艺

（1）严格按图纸和技术条件选用导线规格，不允许擅自改换规格和材料代用。

（2）按照元件的实际定位，对号下线，长短应适当，一般余量不超过 200mm，以免造成浪费。

（3）越过活动部位的导线，其长度应能使活动部件旋转打开至极限位置时而不至受拉力为宜。

（4）导线压接紧固、螺钉不压绝缘层、不伤线芯，线芯裸露不大于 1mm，圆环质量好、顺时针绕向，尼龙扎带绑扎牢固、均匀（80～100mm 一个）、方向一致，接线板（端子排）到按钮采用多股铜芯软线、接点接线无毛刺，同一接点不超过 2 根导线，编码套管齐全，标号正确。

（5）二次接线距离裸导体不应小于 15～20mm。

（6）超过活动部件的多股软线束用 $\phi 0.5$mm 的尼龙线捆紧，根据走线方位可弯成 U 型或 S 型，弯曲部分的两端应使用布线夹固紧。

（7）按图纸正确接线，图形与实物连接相符，线路敷设横平竖直、面无交叉、跨越得当、主回路和控制回路分开、走向合理、整齐美观。

（8）接线应做到接点位置准确无误，压接牢固可靠。

（9）接至电器元件及接线端子的同一侧导线应长短一致，弯曲角度高低及大小也一致。

（10）导线接入接头或接点时，裸导体外露 3～5mm。

（11）接至发热元件的导线，应剥去 20～40mm 的绝缘皮层，套上中 3/6 碗形瓷珠或耐温绝缘套管。

（12）所有接点紧固必须用弹簧垫圈或用两个螺母锁紧。

4. 施工技术要求

（1）导线及元件选择正确、合理；主回路与控制回路导线截面应满足负载要求，还应采用不同颜色加以区分。各元件选择均应满足负载要求，主回路中电器的额定电流应大于或等于电动机额定电流来选用，电动机额定电流可由铭牌中查到，对线圈电压则应按控制电路所用电源电压来选择。

（2）元件安装前质量检查正确，安装位置合理，固定整齐、牢固，元件保持完好无损。

（3）如果辅助电路接线的绝缘导线需穿越金属结构件时，应有保护绝缘导体，保护导线不被破坏的措施；辅助电路配线不应直接靠铁板敷设。

在移动的地方，如跨门的连接线，必须采用多股铜芯导线，并且要留有充分长度的裕量，以免因弯曲产生过度张力，其导线截面积不得小于引入移动部位导线最大截面积。

（4）辅助电路二次接线不应直接在导电部位上敷设，布线应固定在骨架或支架上，也可以装入引线槽内。

（5）一般一个接线端子只连接一根导线，必要时允许连接二根导线，当需要连接二根以上导线时，应在采取适当措施，以保证导线的可靠连接；箱内的电路连接线不同相或不同极的裸露载流部分之间，裸露载流部分与未经绝缘的金属体之间，电气间隙不得小于 12mm；爬电距离不得小于 20mm。

（6）熔体选择和安装正确；主回路熔体的额定电流应不小于（1.5～2.5）电动机额定电流，控制回路熔体的额定电流按 2A 考虑。安装熔丝时，应顺时针绕向，螺钉压接松紧适当。安装熔管时，带点的一侧朝上，上帽应旋紧、各部分接触良好。

（7）热继电器整定正确，热继电器的动作电流按电动机额定电流的 1.1～1.5 倍整定。

（8）通电前电动机和电源线的接线以及通电后的拆线顺序操作正确、规范。通电试验时，应从电源到负载逐级合闸，最后按起动按钮试车。停车按停止按钮，操作顺序则相反。

（9）操作结束后，清理工位，工具、材料摆放整齐，无不安全现象发生，做到安全文明生产。

5. 施工安全要求

（1）安装各元器件时，应注意底板是否平整，若底板不平，元器件下方应加垫片，以防安装时损坏元器件。

（2）操作时应注意工具的正确使用，不损坏工具及元器件。

（3）通电试验时，操作方法应正确，确保人身及设备的安全。

（4）试车时发现异常现象或异味应立即停车检查。

第三节　照明设备安装

一、照明设备安装要求

1. 灯具安装与配线要求

（1）灯具安装固定要求。

1）质量大于 3kg 时，应采用预埋吊钩或螺栓固定。大（重）型灯具应预埋吊钩，固定灯具的吊钩，还可将圆钢的上端弯成弯钩，挂在混凝土内的钢筋上灯具质量超过 3kg 时，按图 7-13 所示做法固定在预埋的吊钩或螺栓上。

2）非定型大型灯具，应根据实际组装部件质量，以结构核算后确定吊装方法。

3）灯具在 3kg 及以下时，为了确保电气照明设备固定牢固、可靠，并延长使用寿命，在砖混结构中安装电气照明装置时，应采用预埋吊钩、螺栓、螺钉、膨胀螺栓、尼龙塞或塑料塞固定，但严禁使用木楔。

4）大型灯具安装，要先用 5 倍以上的灯具质量进行过载起吊试验，如需要人站在灯具上时，还要另外加上 200kg。为确保花灯固定可靠，不发生坠落，固定花灯的吊钩，其圆钢

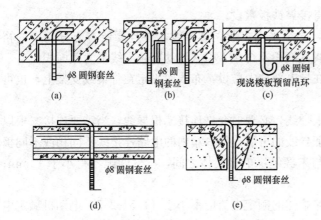

图 7-13　灯具在楼板内预埋钩、螺栓做法

(a)、(b) 现浇楼板预埋螺栓；(c) 现浇楼板预埋吊钩；
(d) 沿空心楼板预埋螺栓；(e) 预制板缝预埋螺栓

直径不应小于灯具吊挂销、钩的直径，且不得小于 6mm。对大型花灯、吊装花灯的固定及悬吊装置，应按灯具质量的 1.25 倍做过载试验。

5）接线盒子口应平整，盒内应清洁。

（2）灯具配线要求。

1）穿入灯架的导线，不准有接头，耐压不得小于 250V，截面不得小于 $0.5mm^2$。

2）导线引进灯具，不得承受额外应力和磨损。软线端头要盘圈、刷锡，使用螺口灯头时，相线接在灯头顶心线柱上。

（3）露天及潮湿场所灯具安装。应使用防火灯具。户外灯具如马路弯灯，安装时应用铁件固定。

（4）灯具安装防火要求。

（5）低于 2m 或人易接触到的灯具的金属外壳，必须妥善接地或接零。

（6）灯具使用的木台应完整，无劈裂，油漆完好。使用的塑料台，应有足够强度，受力后应不变形。

2. 开关安装要求

开关的作用是在照明电路中接通或断开照明灯具的器件。按其安装形式分为明装式和暗装式，按其结构分为单联开关、双联开关、旋转开关等。常用开关外形如图 7-14 所示。

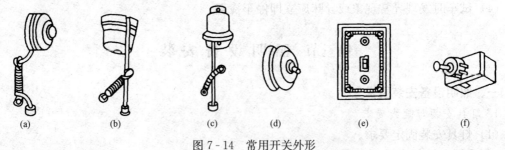

图 7-14　常用开关外形

(a) 接线开关；(b) 顶装式拉线开关；(c) 防水式拉线开关；
(d) 平开关；(e) 暗装开关；(f) 台灯开关

开关安装要求如下：

（1）装在同一建筑物、构筑物内的开关，宜采用同一系列的新产品，开关的通断位置应一致，且操作灵活，接触可靠。

（2）开关安装的位置应便于操作，开关边缘距门的距离宜为 0.15～0.2m；开关距地面高度宜为 1.3m；拉线开关距地面高度宜为 2～3m；且拉线出口应垂直向下。

（3）安装的相同型号开关距地面高度应一致，高度差不应大于 1mm；同一室内安装的开关高度差不应大于 5mm；并列安装的拉线开关的相邻间距不宜小于 20mm。

（4）相线应经开关控制，暗装的开关应采用专用盒，专用盒的四周不应有空隙，且盖板应端正，并紧贴墙面。

3. 插座安装要求

插座是为各种可移动电器提供电源的器件。按照安装形式可分为明装式和暗装式，按结构可分为单项双极插座、单相带接地线的三极插座及带接地的三相四极插座等。常用的插座外形如图 7-15 所示。

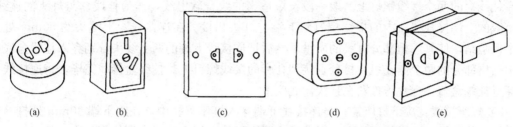

| (a) | (b) | (c) | (d) | (e) |

图 7-15　常用插座外形
(a) 圆扁通用双极插座；(b) 扁式单相三极插座；(c) 暗式圆扁通用双极插座；
(d) 圆式三相四极插座；(e) 防水暗式圆扁通用双极插座

插座安装要求如下：

（1）安装高度应符合设计规定，当设计无规定时，一般距地高度为 1.3m，托儿所、幼儿园及小学校不宜小于 1.8m；同一场所安装的插座高度应一致。

（2）车间及试验室的明、暗插座一般距地高度不低于 0.3m，同一室内安装的插座高低差不应大于 5mm，成排安装的插座不应大于 2mm。

（3）舞台上的落地插座应有保护盖板。

（4）单相二孔插座，面对插座的右孔或上孔与相线相接，左孔或下孔与零线相接；单相三孔插座，面对插座的右孔与相线相接，左孔与零线相接。

（5）单相三孔、三相四孔及三相五孔插座的接地线或接零线均应在上孔。插座的接地端子不应与零线端子直接连接。

（6）交、直流或不同电压的插座安装在同一场所时，应有明显区别，且必须选择不同结构、不同规格和不能互换的插座；其配套的插头应区别使用。

（7）在潮湿场所，应采用密封良好的防水防溅插座。

4. 吊扇安装要求

（1）吊扇挂钩应安装牢固，挂钩的直径不小于吊扇悬挂销钉的直径 8mm。

（2）吊扇悬挂销钉应装设防震橡胶垫；销钉的防松装置应齐全、可靠。

（3）吊扇扇叶距地面高度不宜小于 2.5m；接线应正确，运转时，扇叶不应有明显颤动。

二、安装操作步骤

1. 吊灯的安装

下面主要以吊线式安装方式叙述灯具的安装过程。

（1）确定安装位置。室内灯具悬挂的最低高度通常不得低于 2m，室内开关一般安装在门边或其他便于操作的位置。拉线开关离地面高度不应低于 2m，扳把开关不低于 1.3m。

（2）选择安装电线。室内照明灯具一般选择铜芯软电线．其最小截面积为 0.4mm²，如安装用电量大的灯具，应计算线路电流，按安全载流量确定导线截面。

（3）固定安装底座。底座通常采用木台或塑料圆台，固定底座的方法有多种，主要按安装灯具的质量选择适当的固定方法。可采用吊挂螺栓来固定安装底座，也可采用吊钩、螺栓夹固定安装底座。常用的还有用弓形板和膨胀螺栓来固定安装底座。木台固定前将电源线引出，木台固定后把电源线从挂线盒底座穿出，用木螺丝将挂线盒紧固在木台上。

（4）接线。

1）挂线盒接线：先接电源线，把电源线两个线头做绝缘处理，弯成接线圈后，分别压接在挂线盒的两个接线螺灯上。取一段长短适当的绞合软电线，作为挂线盒与灯头的连线。连接线的上端接挂线盒内的接线螺钉，下端与灯头相接。在连接线距上端头约 50mm 处打一个保险结，使其承担部分灯具的质量。然后把连接线上端的两上线头分别穿入挂线盒底座正中凸出部分的两个侧孔里，再分别接到孔旁的接线螺钉上。挂线盒接线完毕，将连接线下端穿过挂线盒盖，把盒盖拧紧在挂线盒底座上。

2）灯座接线：旋下灯座盖，将连接线下端穿入灯座盖孔中，在距下端 30mm 处打一个保险结，然后把经绝缘处理的两上下端线头分别压接在灯座的两上接线螺钉上。图 7-16 所示为灯座接线、接线螺钉接线和保险结的打法示意图。

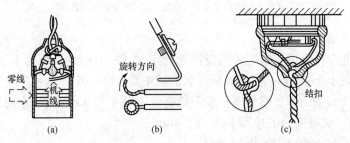

图 7-16 灯座接线、接线螺钉接线和保险结打法示意图

(a) 灯头接线；(b) 导线接线；(c) 导线结扣做法

3）连接软电线采用双芯棉织绝缘线即花线时花色线必须接相线即火线，无花单色线按零线。当采用螺口灯座时，必须将相线即开关控制的火线接入螺口内的中心弹簧片上的接线端子，零线与灯座螺旋部分相接。

4）软线的另一端接到灯座上，由于接线螺丝不能承受灯的质量，所以，软线在吊线盒及灯座内应打线结，如图 7-17 所示，使线结卡在吊线盒的线孔处。

5）吊杆式和吊链式安装。日光灯链吊式、钢管式安装方法如图 7-17（a）、（b）所示。普遍采用钢管或吊链安装的日光灯，可避免振动，有利于镇流器散热。白炽灯吊线式安装如图 7-17（c）所示。

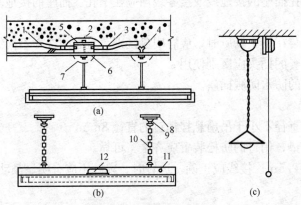

图 7-17 混凝土楼板吊装示意图

(a)、(b) 混凝土楼板下荧光灯吊杆、吊链式安装；

(c) 白炽灯吊线安装

1—电线管；2—接地线；3—地线夹；4—预埋件或膨胀螺栓；

5—接线盒；6—缩口盒盖；7—灯具法兰吊盒；8—圆木；

9—吊线盒；10—吊链；11—启辉器；12—镇流器

2. 吸顶灯安装

安装吸顶灯，一般可直接将木台固定在天花板的木砖上或用预埋的螺栓固定，然后再把灯具固定在木台上。用于工厂车间照明的大型灯具吸顶式安装如图 7-18（a）所示，荧光灯吸顶安装如图 7-18（b）所示。

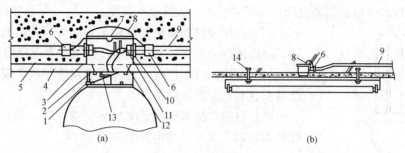

图 7-18　吸顶灯安装

（a）白炽灯混凝土楼板下安装；（b）荧光灯混凝土楼板下安装

1—安装灯罩；2—灯具安装板；3—接线盒；4—抹面；5—混凝土楼板；
6—地线夹；7—地线端子；8—接地线；9—电线管；10—根母；11—护口；
12—缩口盖；13—灯座；14—预埋件或膨胀螺栓

3. 灯具接线

（1）灯具接线时，相线和零线应严格区分，零线直接接到灯座上，相线则应经过开关再接到灯座上。

（2）引线与线路的导线连接时，应采用瓷接头连接，也可使用压接或焊接。

（3）螺口灯头为防更换灯泡时触电，接线应符合下列要求：

1）相线应接到中心触点的端子上，中性线应接在螺纹的端子上。

2）灯头的绝缘外壳不应有破损和漏电。

4. 日光灯安装

（1）日光灯的安装方法有吸顶、链吊和管吊。

（2）安装时应注意灯管、镇流器、启辉器、电容器的互相匹配，不可随意代用，特别是带有附加线圈的镇流器接线不能接错，否则会损坏灯管。

（3）日光灯的接线，将启辉器的双金属片动触头相连的接线柱接在与镇流器相连的一侧灯脚上，另一双金属片静触头接线柱接在与零线相连的一侧灯脚上。这种接线不但起动性能好，而且能迅速点燃并可延长灯管寿命。日光灯接线应将相线接入开关，否则不但接线不安全，而且在开断电源后易发生"余辉"现象。开关的控制线应与镇流器相连接。

5. 高压汞灯安装

（1）安装时要注意高压汞灯有带镇流器和不带镇流器两种，带镇流器的一定要使镇流器与灯泡相匹配，否则灯泡会烧坏或难以起动。

（2）高压汞灯要配用瓷质螺口灯座和带有反射罩的灯具，灯功率在 125W 及以下的，应配用 E27 型瓷质灯座，功率在 175W 及以上的，应配用 E40 型瓷质灯座。相线应接在通入座内部弹簧片的接线柱上。

（3）高压汞灯镇流器宜安装在灯具附近，装在人体不易触及的地方，并应有保护措施，在镇流器接线桩头上应覆盖保护物，装在室外还应有防雨装置。

（4）高压汞灯外壳玻璃破碎后虽能点亮，但大量的紫外线会烧伤人的眼睛，应立即停止使用。破碎灯管应及时妥善处理，以防汞害。

（5）高压汞灯要垂直安装。水平安装较垂直安装容易熄灭，且输出的光通量会减少到70％，而且容易自灭，故安装时倾斜度不应超过15°。如标明灯头在下，则只准灯头在下垂直安装，悬挂高度应根据需要确定，但不宜小于最低悬挂高度。

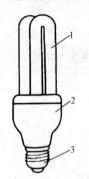

图 7-19　紧凑型荧光灯
1—放电管（内壁涂覆荧光粉，
管壁有灯丝，管有充少量汞）；
2—底罩（内装镇流器，
辉光起动器和电容器）；
3—灯头（内有引入线）

（6）高压汞灯线路电压波动不宜过大，若电压波动时降低50％，灯泡就会自灭，而且当电压恢复后再起动的时间较长。

（7）高压汞灯工作时，外玻璃壳温度很高，安装时配用的灯具需具有良好的散热条件。

（8）目前广泛采用的紧凑型节能荧光灯，其原理和高压汞灯基本相同。其外形结构如图 7-19 所示。

6. 卤钨灯安装

卤钨灯的安装如图 7-20 所示。

（1）安装卤钨灯时，灯脚引入线应采用耐高温的导线，灯脚和灯座间的接触应良好，以免灯脚高温氧化而引起灯管封接处炸裂。

（2）卤钨灯需水平安装，一般倾角不得大于±4°，否则会严重影响灯管寿命。

（3）卤钨灯正常工作时，管壁温度约为 600℃左右，所以安装时不能与易燃物接近，且一定要配备专用的灯罩，不可安装在易燃的木质灯架上，安装点应与易燃物品保持 1m 以上安全距离。

（4）卤钨灯在使用前，应用酒精擦掉灯管外壁的油污，否则会在高温下形成污点而降低亮度。

（5）卤钨灯的耐震性差，不能用在振动较大的地方，更不宜作为移动光源来使用。

7. 开关及插座明装

（1）开关及插座明装方法是先将木台固定在墙上，然后在木台上安装开关或插座，如图 7-21 所示。

（2）当木台固定好后，即可用木螺丝将开关或插座固定在木台上且应装在木台的中心。

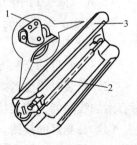

图 7-20　卤钨灯的安装
1—接线桩头；2—灯管；
3—配套灯座

（3）所用木螺丝长度约等于固定件厚度的 2~2.5 倍。

（4）相邻的开关及插座应尽可能采用同一种形式配置，特别是开关柄，其接通和断开电源的位置应一致，但不同电源或电压的插座应有明显的区别。

（5）开关一般装成开关柄往上扳是接通电路，往下扳是切断电路。

（6）插座明装方法与开关明装相同，其接线孔的排列顺序如图 7-22 所示。

（7）在砖墙或混凝土结构上，不许用打入木模的方法来固定安装开关和插座用的木台，而应采用埋设膨胀螺丝或其他紧固件的方法。木台的厚度一般不小于 10mm。

8. 暗装开关、插座安装

（1）如图 7-23 所示，先将开关盒或插座盒按图要求位置埋在墙壁内。埋设可用水泥砂

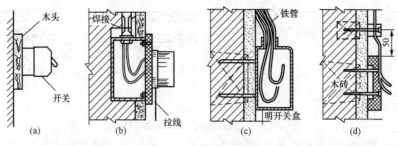

图 7-21 开关明装

（a）明线开关；（b）拉线开关；（c）明管开关或插座；（d）明线开关或插座

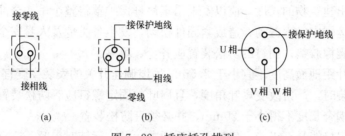

图 7-22 插座插孔排列

（a）两孔插座；（b）三孔插座（保护接地系统）；（c）四孔插座

浆填充，注意埋设平正，不能有偏斜，铁盒开面应与墙的粉刷层面一致。

（2）待穿完导线后，即可将开关或插座用螺栓固定在铁盒内，接好导线，装上盖板即可，盖板应端正，紧贴墙面。

9. 吊扇安装

（1）吊扇安装采用预埋吊钩的方法，预埋在混凝土中的吊钩应与主筋焊接。如无条件焊接时，可将吊钩末端部分弯曲后与主筋绑扎，吊扇挂钩直径不得小于 8mm，如图 7-24 所示，固定牢固。

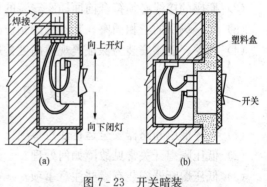

图 7-23 开关暗装

（a）暗扳把开关；（b）活装暗扳把开关

在楼（屋）面板上安装吊扇时，应在楼板层管子敷设的同时，一并预埋悬挂吊钩。吊钩应弯成 T 型或 Γ 型。

在预制空心板板缝处预埋吊钩，应将 Γ 型吊钩与短钢筋焊接，或者使用 T 型吊钩，吊扇吊钩在板面上与楼板垂直布置，使用 T 型吊钩还可以与板缝内钢筋绑扎或焊接，固定在板缝细混凝土内，如图 7-24（a）所示；空心板板孔配管吊扇吊钩做法如图 7-24（b）所示。

在现浇混凝土楼板内预埋吊钩时，应将 Γ 型吊钩与混凝土中的钢筋相焊接，如无条件焊接时，应与主筋绑扎固定，如图 7-24（c）所示。

暗配管时，吊扇电源出线盒应使用与灯位盒相同的底盒，吊扇吊钩由盒中心穿下。

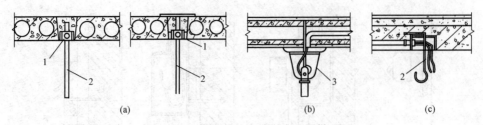

图 7-24　吊扇吊钩在楼板内预埋做法

(a) 预制板缝内吊钩（T形）；(b) 预制孔内吊钩（T形）；(c) 现浇楼板内吊钩（Γ型）

1—出线盒；2—镀锌圆钢（≥φ8 圆钢）；3—吊杆保护罩

吊扇吊钩应在建筑物室内装饰工程结束后，安装吊扇前，将预埋吊钩露出部位弯制成型，吊扇吊钩伸出建筑物的长度，应以安上吊扇吊杆保护罩将整个吊钩全部遮住为好。

(2) 为防止运转中发生振动，造成紧固件松动，发生各类危及人身安全的事故。故吊扇悬挂销钉应设防震橡胶垫；销钉的防松装置应齐全、可靠。

(3) 吊扇扇叶距地面高度不宜小于 2.5m。吊扇调速开关的安装高度宜为 1.3m。

(4) 吊扇组装时，严禁改变扇叶角度，且扇叶的固定螺钉应有防松装置，吊杆与电机之间、螺纹连接的啮合长度不得小于 20mm，并必须有防松装置。

(5) 检查吊扇接线是否正确，确认无误后通电运行，运转时扇叶不应有明显颤动。

10. 灯具、插座安装注意事项

(1) 灯具安装前，应先通电检查完好后再进行安装。

(2) 插座的接线必须符合前面插座安装的要求。

(3) 同一场所的三相插座，其接线的相位必须一致。

(4) 开关、插座安装为保证美观，高度差应符合前面的要求。

复 习 思 考 题

(1) 简述低压断路器安全运行注意事项。

(2) 低压隔离开关常见故障如何处理？

(3) 低压熔断器安装有哪些注意事项？

(4) 简述交流接触器的工作原理。

(5) 简述热继电器的工作原理。

(6) 简述剩余电流动作保护器试投运的操作步骤。

(7) 简述异步电动机的起动控制方式。

(8) 电动机控制电路安装线路敷设施工工艺有什么要求？

(9) 照明灯具配线有什么要求？

第 八 章

高压电器运行操作技能

第一节 高压断路器运行巡视

一、断路器正常运行巡视检查

（1）投入运行或处于备用状态的高压断路器必须定期进行巡视检查，有人值班的变电所由当班值班人员负责巡视检查。无人值班的变电所按计划日程定期巡视检查。

（2）巡视检查的周期：一般有人值班的变电所和升压变电所每天巡视不少于一次，无人值班的变电所由当地按具体情况确定，通常每月不少于 2 次。

（3）对运行断路器及操动机构一般要求：

1）断路器应有标出基本参数等内容的制造厂铭牌。断路器如经增容改造，应修改铭牌的相应内容。断路器技术参数必须满足装设地点运行工况的要求。

2）断路器的分、合闸指示器易于观察，并且指示正确。

3）断路器接地金属外壳应有明显的接地标志，接地螺栓不应小于 M12，并且要求接触良好。

4）断路器接线板的连接处或其他必要的地方应有监视运行温度的措施，如示温蜡片等。

5）每台断路器应有运行编号和名称。

6）断路器外露的带电部分应有明显的相位漆标示。

二、油断路器巡视检查

（1）断路器的分、合位置指示正确，并应与当时实际的运行工况相符。

（2）油断路不过热。少油断路器示温蜡片不熔化，变色漆不变色内部无异常声响。

（3）断路器的油位在正常允许的范围之内，油色透明无碳黑悬浮物。

（4）无渗、漏油痕迹，放油阀门关闭紧密。

（5）套管、绝缘子无裂痕，无放电声和电晕放电。

（6）引线的连接部位接触良好，无过热。

（7）排气装备完好，隔栅完整。

（8）接地完好。

（9）断路器环境良好，户外断路器栅栏完好，设备附近无杂草和杂物，防雨帽无鸟窝，配电室的门窗、通风及照明应良好。

三、SF₆ 断路器巡视检查

（1）每日定时记录 SF_6 气体压力和温度。

（2）断路器各部分及管道无异声（漏气声、振动声）及异味，管道夹头正常。

（3）套管无裂痕，无放电声和电晕放电。

（4）引线连接部位无过热、引线弛度适中。

（5）断路器分、合位置指示正确，并与当时实际运行工况相符。

（6）接地完好。

（7）环境条件良好，断路器的附近无杂物。

四、真空断路器巡视检查

（1）分、合位置指示正确，并与当时实际运行工况相符。

（2）支持绝缘子无裂痕及放电异声，绝缘杆、撑板、绝缘子洁净。

（3）真空灭弧室无异常。

（4）接地完好。

（5）引线连接部位无过热、引线弛度适中。

五、弹簧机构巡视检查

（1）机构箱门平整顿秩序、开启灵活、关闭紧密。

（2）断路器处于运行状态时，储能电动机的电源闸刀应在闭合位置。

（3）加热器正常完好。

六、断路器特殊巡视

（1）新设备投入运行后，应相对缩短巡视周期，投入运行 72h 后再可转入正常巡视检查。

（2）变（配）电站应根据设备具体情况安排夜间巡视，夜间巡视应闭灯进行。

（3）气温突变和高温季节应加强巡视检查。

（4）雷雨季节雷电活动后进行巡视检查。

（5）有重要活动或高峰负荷期间应加强巡视检查。

七、断路器正常维护工作

（1）不带电部分的定期清扫。

（2）配合其他设备的停电机会，进行转动部位检查，清扫绝缘子积存的污垢及处理缺陷。

（3）按设备使用说明书规定对机构添加润滑油。

（4）油断路器根据需要补充油或放油。

（5）检查合闸电源熔丝是否正常，核对容量是否相符。

八、断路器的操作

（1）断路器经检修恢复运行，操作前应检查检修中为保证人身安全所设置的措施（如接地线等）是否全部拆除，防误操作闭锁装置是否正常。

（2）长期停运的断路器在重新投入运行前应通过远方控制方式进行 2～3 次操作，操作无异常后方能投入运行。

（3）操作前控制回路、辅助回路、控制电源或液压回路均正常、弹簧操动机构已储能，弹簧操动机构合闸后能自动储能。

（4）操作中应同时监视有关电压，电流、功率等表计的指示及红绿灯的变化，操作把手不应返回太快。

九、断路器不正常运行和事故处理

（1）值班人员在断路器运行中发现任何异常现象时（如漏油、渗油、油位指示器油位过低，SF_6 气压下降或有异常声、分合闸位置指示不正确等），应及时予以消除，不能及时消除时要报告上级领导，并相应记入运行记录簿和设备缺陷记录簿内。

（2）值班人员若发现设备有威胁电网安全运行机制，且不停电难以消除的缺陷时，应及时报告上级领导，同时向供电和调度部门报告，申请停电处理。

（3）断路器有下列情形之一者，应申请立即停电处理：

1）套管有严重破损和放电现象。

2）油断路器灭弧室冒烟或内部有异常声响。

3）油断路器严重漏油，油位器中见不到油面。

4）SF_6 气室严重漏气，发出操作闭锁信号。

5）真空断路器出现真空损坏的嗞嗞声、不能可靠合闸、合闸后声音异常、合闸铁芯上升不返回、分闸脱扣器拒动。

（4）断路器动作分闸后，值班人员应立即记录故障发生时间，并立即进行"事故特巡"检查，判断断路器本身有无故障。

（5）断路器对故障分闸强行送电后，无论成功与否，均应对断路器外观进行仔细检查。

（6）断路器对故障跳闸时发生拒动，造成越级分闸，在恢复系统送电前，应将发生拒动的断路器脱离系统并保持原状，待查清拒动原因并消除缺陷后方可投入运行。

（7）SF_6 断路器发生意外爆炸或严重漏气等事故，值班人员接近设备要谨慎，尽量选择从"上风"接近设备，必要时要戴防毒面具、穿防护服。

第二节　配电变压器运行及常见故障处理

一、变压器的异常运行及分析

变压器在发生事故之前，一般都会有异常情况出现，因为变压器内部故障是由轻微发展为严重的。值班人员应随时对变压器的运行状况，进行监视和检查。通过对变压器声音、振动、气味、变色、温度及外部状况等现象的变化，来判断有无异常，分析异常运行原因、部位及程度，以便采取相应的措施，变压器运行中的异常一般有以下几种情况。

1. 声音异常

变压器正常运行中有特殊异常的声音，通常有以下几种：

（1）电网发生过电压。发生单相接地或产生谐振过电压时，将产生粗细不均的"尖响噪声"。此时可结合电压表的指示变化，及系统情况进行综合判断。有过励磁保护时可能动作。

（2）变压器过负荷时，将使变压器发出的沉重电磁"嗡嗡……"声增大。

（3）变压器有杂声，声音比平时大或听其他明显杂声，可能为铁芯紧固件或绑扎有松动，或张力变化，或硅钢片振动增大所致。

（4）变压器有局部放电声。若变压器内部或外表面发生局部放电，声音中就会夹杂有"噼啪"放电声。发生这种表面放电情况时，在夜间阴雨天可以看到变压器磁套管附近有蓝色的电晕或火花，则说明污秽严重或设备接线接触不良。有时低压 35kV 套管裙边对地电场强度较大也会发出"吱吱……"的连续放电声，可以在法兰铁颈处涂半导体漆，或采用类似措施降低电场强度。若是变压器内部放电，则是不接地的部件静电放电，或分接开关接触不良放电，这时应将变压器停用检查处理。

（5）若变压器的声音中夹杂有连续的有规律的撞击声或摩擦声，则可能是变压器外部某一部件（如冷却器附件、风扇等）不平衡引起振动。

（6）变压器有水"沸腾"声。若变压器的声音夹杂有水沸腾声，且温度急剧上升、油位升高，则应判断为变压器绕组发生短路故障，或分接开关因接触不良引起严重过热。应立即申请停用，检查处理。

（7）变压器有爆裂声。若变压器声音中夹杂有不均匀的爆裂声，则是变压器内部或表面绝缘击穿。此时应立即将变压器停用，检查处理。

2. 油温异常

（1）变压器在运行中温度变化是有规律的。当发热与散热相等，达到平衡状态时，各部分的温度趋于稳定。若在同样条件下（冷却条件，负荷大小），上层油温比平时高出 10℃ 以上时；或负荷不变而油温不断上升，若冷却装置良好，则可认为是变压器内部故障引起。

变压器的绝缘耐热等级为 A 级，绕组绝缘极限温度为 105℃。对于冷却方式为强油循环的变压器，为了保证绕组最热点温度不超过 90℃，油上层温升则不应超过 40℃。运行中如能控制油顶层温度为 85℃，基本上可以保证绕组最热点的温度不超过 98℃。规定监视上层油温和温升不超过允许值，是为了便于检查和正确反映绕组内部的真实温度，以确保不超过变压器绕组绝缘的极限工作温度。

（2）导致温度异常的原因主要有以下两个方面：

1）内部故障引起温度异常。变压器内部故障，如绕组匝间短路、线圈对围屏树枝状放电、潜油泵油流产生带电效应烧坏线圈，铁芯多点接地因使涡流增大而过热等。有的三相三绕组变压器星形接线方式下发生谐波电流及磁通，发生零序不平衡电流等。漏磁通与铁件、油箱形成回路而发热也会引起变压器温度异常。发生这些情况，还将伴随有瓦斯或差动保护动作。故障严重时，还可能使防爆管或压力释放阀喷油，这时变压器应停用检查。

2）冷却器运行不正常引起温度异常。冷却器运行不正常或发生故障，如潜油泵停运、风扇损坏、散热器管道积垢、冷却效果不良等，都会引起温度升高。此时应投入备用冷却器，对故障冷却器进行维护检查。同时如发现油温接近极限允许值时，尤其在热天，应采取对冷却器进行水冲洗等措施，以清除积污提高散热能力。

3. 油位异常

变压器油枕的油位表，一般标有 +40、+20、-30℃ 三条线，分别表示使用地点环境在最高、年平均温度下满载时和最低温度下空载时的油位线。

高压套管一般注油至油位中主线，以使套管储油柜的油随温度变化时能保持适当油位。如果油面过低，在低温时油位可能看不见；若油位过高，在高温时也可能看不见油位。套管油位异常将使储油柜承受压力或电容芯棒露出油面，此时，要停电放油或加油，从而影响供电。

（1）假油位。如变压器温度变化正常，而变压器油标管内的油位不正常或不变化，则说明油枕油位是变压器的假油位。其原因有：

1）呼吸器堵塞，所指示的油枕不能正常呼吸。

2）防爆管通气孔堵塞。

3）油标堵塞或油位表指针损坏、失灵。

4）全密封油枕未按全密封方式加油，在胶袋与油面之间有空气（存在气压），造成假油位。

（2）油位过低。油位过低或看不到油位，应视为油位不正常。当低到一定程度时，会造成轻瓦斯动作。严重缺油时，会使油箱内绝缘暴露受潮，降低绝缘性能，影响散热，甚至引起绝缘事故。油位过低，一般有如下原因：

1）变压器严重渗漏油。

2）设计制造不当，油枕容量与变压器油箱容量配合不当（一般油枕容积应为变压器油量的 8%～10%）。一旦气温过低，在低负荷时油位下降过低，则不能满足运行要求。

3）注油不当，未按标准温度油位线加油。尤其是高压套管，此情况比较常见。检修人员因临时工作多次放油后，而未及时补充。

4. 变压器外观异常

（1）防爆管防爆膜破裂，引起水和潮气进入变压器内，导致绝缘油乳化及变压器的绝缘强度降低。

1）防爆膜材质或玻璃选择、处理不当。如材质未经压力试验，玻璃未经退火处理，由于自身内应力的不均匀而导致破裂。

2）防爆膜及法兰加工不精密平整，装置结构不合理，检修人员安装防爆膜时工艺不符合要求，紧固螺丝受力不匀，接触面无弹性等所造成。

3）呼吸器堵塞或抽真空充氮气情况下操作不慎使之承受压力而破损。

4）受外力或自然灾害袭击。

5）变压器发生内部故障。

（2）压力释放阀的异常。当变压器油压超过一定标准时，释压器便开始动作进行溢油或喷油，从而降低油压保护油箱。变压器备有相应的信号报警装置，在溢喷油时运行人员能听到警报，可迅速对异常进行处理。

（3）套管闪络放电。套管闪络放电会造成发热，导致绝缘老化受损，甚至引起爆炸。常见的原因如下：

1）套管表面脏污，如在阴雨天粉尘污秽等会引起套管表面绝缘强度降低，就容易发生闪络事故。

2）高压套管制造中末屏接地焊接不良形成绝缘损坏，或末屏接地出线的绝缘子中心轴与接地螺套不同心，造成接触不良或末屏不接地，也有可能导致电位提高而逐步损坏。

3）系统出现内部或外部过电压，套管制造有隐患而又未能查出（如套管干燥不足，运行一段时间后出现介质损上升），油分析异常等共同作用形成事故。

（4）渗、漏油。渗、漏油常见具体部位及原因如下：

1）阀门系统、蝶阀胶垫材质不良、安装不良、放油阀精度不高，螺纹处渗漏。

2）高压套管基座电流互感器出线桩头胶垫处不密封或无弹性，造成接线桩头胶垫处渗漏。小绝缘子破裂，造成渗漏油。

3）胶垫不密封造成渗漏。

4）设计制造不良。高压套管升高座法兰、油箱外表、油箱底盘大法兰等焊接处，因有的法兰材质太薄、加工粗糙，造成渗漏油。

5. 颜色、气味异常

变压器的许多故障常伴有过热现象，使得某些部件或局部过热，因而引起一些有关部件的颜色发生变化或产生特殊气味。

（1）线头（引线）、线卡处过热引起异常。套管接线端部紧固部分松动、引线头线鼻子滑牙等，接触面氧化严重，使接触处过热，颜色变暗失去光泽，表面镀层也会遭到破坏。连接处接头部分温度一般不宜超过 70℃，可用示温蜡片检查，一般熔化温度黄色为 60℃，绿色为 70℃。红色为 80℃。也可用红外线测温仪测量。温度很高时，会产生焦臭味。

（2）套管、绝缘子污秽或在损伤严重，发生放电、闪络时会产生一种特殊的臭氧味。

（3）呼吸器硅胶变色。正常干燥时呼吸器硅胶为蓝色。其作用为吸收进入油枕胶袋、隔膜中空气的潮气，以免变压器受潮。当硅胶颜色变为粉红色时，表明硅胶已受潮而且失效。一般已变色硅胶达 2/3 时，值班人员应通知维修人员更换。

（4）附件电源线或二次线老化损伤，造成短路，产生异常气味。

（5）冷却器中电机短路，分控制箱内接触器、热继电器因过热而烧损，产生焦臭味。

（6）气体继电器气体。正常情况下，变压器气体继电器（现在均为挡板式防震型）内充满了变压器油，若气体继电器内有气体聚积，气体集积到一定程度时，会造成轻瓦斯信号动作。严重故障时，油流及气流冲动挡板会造成重瓦斯跳闸。在这种情况下应采取气、油样进行检查分析。

二、变压器分接开关运行维护

1. 变压器无载分接开关

无载分接开关从一个位置变到另一个位置的切换操作是很少进行的。由于运行中长期不作切换操作，在触头柱和触头环上覆盖了一层氧化膜。为了消除氧化膜，以达到接触良好，在变压器停运后，操作分接开关时，要先将分接开关正反方向来回旋转几次。对于分相调节的分接开关要校核各相位置都必须对应相同。分接开关每一档的位置，都必须用销钉螺丝固定。如果分接开关的工作状态存在可疑现象，则应通过测量直流电阻来检查接触是否良好。切换分接开关位置时，要做好记录；切换分接开关后（即在工作位置）要测量直流电阻，以免分接开关接触不良造成事故。

2. 变压器有载分接开关

（1）值班员根据调度下达的电压曲线及电压信号，自行调压操作。操作时应逐渐调压，同时监视分接位置及电压、电流的变化。并观察气体继电器有无气体出现。

（2）单相变压器组和三相变压器分相安装的有载分接开关，宜三相同步电动操作。这主要是防止分相操作时，可能造成整个系统的电压不平衡和中性点偏移。

（3）两台有载调压器并联运行时，其调压操作应轮流逐级或同步进行，以免由于平衡电流造成变压器过负荷。不能在单台变压器上连续进行两个分接变换操作，以保证各变压器分接开关位置相互间的差别不超过一档。

（4）有载调压变压器与无载调压变压器并列运行时，两变压器的分接电压应尽量靠近。

（5）运行中有载分接开关气体继电器重瓦斯保护应接跳闸。轻瓦斯发出信号或分接开关油箱换油时，禁止操作并拉开电源刀闸。

（6）新投入的分接开关，在投运后 1～2 年或切换 5000 次后，应将切换开关吊出检查。

（7）分接开关运行 6～12 个月或切换 2000～4000 次后，应取切换开关箱中的油样做试验。

（8）运行中的分接开关切换 5000～10 000 次后或绝缘油的击穿电压低于 25kV 时，应更换切换开关箱的绝缘油。

（9）长期不调和长期不用的分接位置的有载分接开关，应在有停电机会时，在最高和最低分接间操作几个循环。

（10）为防止开关在严重过负载或系统短路时进行切换，宜在有载分接开关控制回路中加装电流闭锁装置，其整定值不超过变压器额定电流的 1.2 倍。

（11）当电动操作出现"连动"（俗称"滑挡"）现象时，应在指示盘上出现第二个分头位置后，立即切断驱动电机的电源，然后手动操作到符合要求的分头位置，并通知检修人员处理。

（12）有载分接开关的电动控制回路，在主控制盘上的电动操作按钮，与有载开关控制箱按钮应完好，电源指示灯、行程指示灯应完好，极限位置的电气闭锁应可靠。

三、变压器常见故障的处理

1. 变压器自动跳闸处理

当变压器的断路器（高压侧或高、中、低压三侧）跳闸后，调度及运行人员应采取下列措施：

（1）如有备用变压器，应立即将其投入，以恢复向用户供电，然后再查明故障变压器的跳闸原因。

（2）如无备用变压器，则应尽快转移负荷、改变运行方式，同时查何种保护动作。在检查变压器跳闸原因时，应查明变压器有无明显的异常现象，有无外部短路、线路故障、过负荷，有无明显的火光、怪声、喷油等现象。如确实证明变压器各侧断路器跳闸不是由于内部故障引起，而是由于过负荷、外部短路或保护装置二次回路误动造成的，则变压器可不经内部检查重新投入运行。

如果不能确认变压器跳闸是上述外部原因造成的，则应对变压器进行事故分析，如通过电气试验、油化分析等与以往数据进行比较分析。如经以上检查分析能判断变压器内部无故障，应重新将保护系统气体继电器投到跳闸位置，将变压器重新投入。整个操作过程应慎重行事。

如经检查判断为变压器内部故障，则需对变压器进行吊壳检查，直到查出故障并予以处理。

2. 变压器瓦斯保护动作后处理

瓦斯保护是变压器的主保护之一，它能反映变压器内部发生的各种故障。变压器运行中如发生局部过热，在很多情况下，当还没有表现为电气方面的异常时，首先表现出的是油气分解的异常，即油在局部高温下分解为气体，由于故障性质和危险程度的不同，产生气的速度和产气量多少不同，气体逐渐集聚在变压器顶盖上端及气体继电器内，引起瓦斯保护动作。

（1）轻瓦斯保护动作后处理。

轻瓦斯保护动作后，复归音响信号查看信号继电器，值班员应汇报调度和上级，并检查有无其他信号，观察气体继电器动作的次数，间隔时间的长短，检查气体的性质，以颜色、气味、可燃性以及变压器的外观等方面。分清是变压器本体轻瓦斯动作还是有载调压开关轻瓦斯动作。不要急于恢复继电器掉牌，然后查看变压器本体或有载调压开关油枕的油位是否正常，气体继电器内充气量多少，以判断动作原因。查明动作原因后复归信号继电器掉牌及光字牌。

1）非变压器故障的原因，且气体继电器内充满油无气体，则排除其他方面的故障，变压器可继续运行。

2）未发现变压器故障的现象，但气体继电器内有气体，经取气检查为无色、无味、不可燃，可能属进入空气。此时，应及时排气，监视并记录每次轻瓦斯信号发出的时间间隔。如时间间隔逐渐变长，说明变压器内部和密封无问题，空气会逐渐排完。如时间间隔不变，甚至变短，说明密封不严进入空气，应汇报调度和上级，并按其命令进行处理。

3) 发现变压器有故障现象，或经取气检查为有色、有味、可燃气体，则应将变压器停电检查。如仅为油面低所造成的，可设法处理漏油及带电加油（应先将重瓦斯改接于信号位置）。

4) 若不能确定动作原因为非变压器故障，也不能确定为外部原因，而且又未发现其他异常，则应将瓦斯保护投入跳闸回路，并加强对变压器的监视，认真观察其发展变化。

（2）重瓦斯保护动作后处理。运行中的变压器发生瓦斯保护动作跳闸，或轻瓦斯保护信号和轻瓦斯保护跳闸同时出现，则首先应想到该变压器有内部故障的可能，对变压器的这种处置应谨慎。

故障变压器内产生的气体，是由于变压器内不同部位、不同的过热形式甚至金属短路、放电造成的。因此判明气体继电器内气体的性质、气体集聚的数量及集聚速度，对判断变压器故障的性质及严重程度是至关重要的。

在未经检查处理和试验合格前，不允许将变压器投入运行，以免造成故障或事故扩大。

3. 定时限过流保护动作跳闸后处理

当变压器由于定时限过流保护动作跳闸时，应先复归事故音响，然后检查判断有无越级跳闸的可能，即检查各出线开关保护装置的动作情况，各信号继电器有无掉牌，各操作机构有无卡涩现象。如查明是因某一出线故障引起的越级跳闸，则应拉开故障出线的断路器，再将变压器投入运行，并恢复向其余各线路送电。如果查不出是否属越级跳闸，则应将所有出线的断路器全部拉开，并检查变压器其他侧母线及本体有无异常情况，若查不出明显故障时，则变压器可以在空载下试投送一次，试投正常后再逐条恢复线路送电。当在合某一路出线断路器时又出现越级跳变压器断路器时，则应将该出线停用，恢复变压器和其余出线的供电。若检查中发现某侧母线有明显故障征象或主变压器本体有明显的故障征象时，则不许可合闸送电，应进一步检查处理。

4. 变压器着火后处理

变压器着火时，不论何种原因，应首先拉开各侧断路器，切断电源，停用冷却装置，并迅速采取有效措施进行灭火。同时汇报调度及上级主管领导。若油溢在变压器顶盖上着火时，则应迅速开启下部阀门，将油位放至着火部位以下，同时用灭火设备以有效方法进行灭火。变压器因喷油引起着火燃烧时，应迅速用黄砂覆盖、隔离、控制火势蔓延，同时用灭火设备灭火。以上情况应及时通知消防部门协助处理，同时通知调度以便投入备用变压器供电或采取其他转移负荷措施。装有水喷淋灭火器装置的变压器，在变压器着火后，应先切断电源，再启动水喷淋系统。

5. 变压器紧急拉闸停用

变压器有下列情况之一时，应紧急拉闸停止运行，并迅速汇报调度：

（1）音响较正常时有明显增大，而且极不均匀或为沉重的异常声，内部有爆裂的放电声。

（2）在正常负荷和冷却条件下，非油温计故障引起的上层油温异常升高，且不断上升。

（3）严重漏油，确认油面已急剧下降至最低限值并无法堵漏，油位还在继续下降已低于油位标的指示限度。

（4）防爆管或压力释放阀起动喷油，或变压器冒烟、着火。

（5）套管发现有严重破损和放电现象。

（6）油色剧变，油内出现碳质等。

第三节　电气运行操作

一、电气操作的原则

（1）操作隔离开关时，断路器必须在断开位置。

（2）设备送电前必须将有关继电保护加用，没有继电保护或不能自动跳闸的断路器不准送电。

（3）不允许打开机械闭锁手动分合断路器。

（4）在操作过程中，发现操作误合隔离开关时，不允许将误合的隔离开关再拉开。发现误拉隔离开关时，不允许将误拉的隔离开关再重新合上。

二、电气操作基本方法

1. 高压断路器操作注意事项

（1）远方操作的断路器，不允许就地强制手动合闸，以免合入故障回路，使断路器损坏或引起爆炸。

（2）扳动控制开关，不得用力过猛或操作过快，以免操作失灵。

（3）断路器合闸送电或跳闸后试送时，其他人员尽量远离现场，避免因带故障合闸造成断路器损坏，发生意外。

（4）拒绝跳闸的断路器不得投入运行或列为备用。

（5）断路器分、合闸后，应立即检查有关信号和测量仪表的指示，同时应到现场检查其实际分合位置。

2. 隔离开关操作注意事项

（1）分、合隔离开关时，断路器必须在断开位置，并核对编号无误后，方可操作。

（2）远方操作的隔离开关，一般不得在带电情况下就地手动操作，以免失去电气闭锁。

（3）手动就地操作的隔离开关，合闸应迅速果断，但在合闸终了，不得用力过猛，以免损坏机械，当合入接地或短路回路或带负荷合闸时，严禁将隔离开关再次拉开。正常拉闸操作时，应慢而谨慎，特别是动、静触头分离时，如发现弧光应迅速推上，停止操作，查明原因。

（4）隔离开关拉开和推上后，应到现场检查实际位置，断口张开的角度或拉开的距离应符合要求。

（5）停电操作时，当断路器断开后，应先拉负荷侧隔离开关，后拉电源侧隔离开关。送电时的操作顺序相反。

3. 验电操作

（1）高压验电时，操作人员必须戴绝缘手套，穿绝缘鞋。

（2）验电时，必须使用电压等级相同，试验合格的验电器。

（3）雨天室外验电时，禁止使用普通（不防水）的验电器或绝缘杆，以免其受潮闪络或沿面放电，引起事故。

（4）验电前，先在有电的设备上检查验电器，应确认验电器良好。

（5）在停电设备的各侧（如断路器的两侧，变压器的高、中、低三侧等）以及需要短路接地的部位分相进行验电。

4. 挂（拆）接地线

（1）挂接地线前，必须验电，验明设备确无电压后，立即将停电设备接地并三相短路，操作时，先装接地端，后挂导体端。

（2）挂接地线时，操作人员必须戴绝缘手套，以免受感应电（或静电）电压的伤害。

（3）所挂地线应与带电设备保持足够的安全距离。

（4）必须使用合格接地线，其截面应满足要求。

三、电气操作步骤和注意事项

1. 电气操作步骤

（1）准备阶段：

1）接受命令票。

2）审查命令票。

3）填写操作票。

4）审查操作票。

5）向上级或调度汇报准备就绪。

（2）执行阶段：

1）接受操作命令。

2）模拟预演。

3）现场操作。

4）操作结束。

5）向上级或上级或调度汇报操作完毕。

2. 注意事项

1）操作前要了解当前系统运行方式。

2）送电前要检查接地线是否断开。

3）其他安全措施是否拆除。

4）送电前应检查送电设备继电保护是否投入。

四、变压器常见操作

1. 变压器停电、送电顺序

先分开低压侧断路器，再分开中压侧断路器，最后分开高压侧断路器。检查变压器各侧断路器确已分开后，再按照低、中、高的顺序拉开各侧隔离开关。变压器送电顺序，检查断路器在断开位置后，按照高、中、低的顺序推上各侧隔离开关。检查隔离开关确已合好后，合上高压侧断路器，再合上中压侧断路器，最后合上低压侧断路器。

2. 变压器投运前应检查保护运行

禁止在变压器生产厂家规定的负荷和电压水平以上进行主变压器分接头调整操作。在110kV 及以上中性点直接接地系统中，变压器停、送电及经变压器向母线充电时，在操作前必须将变压器中性点接地开关合上，操作完毕后根据系统方式的要求决定拉开与否。新投运或大修后的变压器应进行核相，确认无误后方可并列运行。强油循环风冷变压器投运前，应投入冷却装置。

3. 两台变压器并列运行前，要检查两台变压器有载调压电压分头指示一致

并列运行的变压器，其调压操作应轮流逐级或同步进行，不得在单台变压器上连续进行两个及以上分接头变换操作。变压器并列运行的条件，电压比相同、阻抗电压相同、接线组别相同。两台变压器并列运行时，如果一台变压器需要停电，在未分开这台变压器断路器之前，应检查总负荷情况，确保一台变压器停电后不会导致另一台变压器过负荷。变压器并列、解列前应检查负荷分配情况。并列运行中的变压器中性点接地开关需从一台变压器倒换至另一台变压器时，应先推上另一台变压器的中性点接地开关，再拉开原来的一台变压器中性点接地开关。

五、变压器操作实例

变压器因计划检修或变压器运行中发生异常时，需要进行停电操作，即将变压器由运行状态转为检修状态。当检修工作结束后，即将变压器由检修状态转为运行状态。

如图 8 - 1 所示为例，填写一份双绕组变压器送电的操作票，见倒闸操作票一。

变压器的停用操作步骤与上述相反。

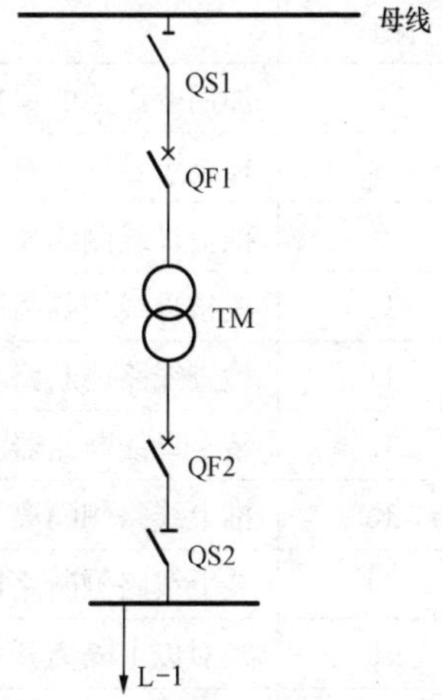

图 8 - 1　双绕组变压器接线图

对于三绕组变压器的运行和停用，其操作原则与双绕组变压器相同。例如，投入时，通常应先合电源侧断路器，后合负荷侧断路器。如三绕组升压变压器在送电时，应先合低、中、高压各侧隔离开关，再合低、中、高压各侧断路器；停电时则相反。

发电厂（变电所）倒闸操作票

单位_____　　　　　　编号_____

发令人		受令人		发令时间	年　月　日　时　分
操作开始时间： 年　月　日　时　分				操作结束时间： 年　月　日　时　分	
（　）监护下操作　　（　）单人操作　　（　）检修人员操作					
操作任务：1 号变压器送电投入运行					

顺序	操作项目	✓
1	收回检修工作票，拆除所有安全措施	
2	对变压器系统进行全面检查，测量绝缘电阻合格，了解修后试验情况	
3	在模拟图板上进行模拟操作	
4	投入变压器冷却装置	
5	装上 1 号变压器 TM 高压侧操作熔断器	
6	装上 1 号变压器 TM 低压侧操作熔断器	

续表

发令人		受令人		发令时间	年　月　日　时　分
操作开始时间： 　　　　　年　月　日　时　分				操作结束时间： 　　　　　年　月　日　时　分	

（　　）监护下操作　（　　）单人操作　（　　）检修人员操作

操作任务：1 号变压器送电投入运行

顺序	操作项目	√
7	加用变压器的保护	
8	检查 1 号变压器母线侧断路器 QF1 在断开位置	
9	推上母线侧隔离开关 QS1，并检查合好	
10	校核母线侧隔离开关 QS1 在合闸位置	
11	检查线路侧断路器 QF2 在断开位置	
12	装上母线断路器 QF2 合闸熔断器	
13	推上线路侧隔离开关 QS2，并检查合好	
14	装上线路侧断路器 QF2 合闸熔断器	
15	校对以上隔离开关位置指示器在合闸位置	
16	合上母线侧断路器 QF1	
17	经同期操作合上线路侧断路器 QF2	
18	检查和核对所操作的项目和设备	
19	报告发令人，操作完毕	

备注：

操作人：　　　　　监护人：　　　　　值班负责人（值长）：

复 习 思 考 题

（1）对运行的高压断路器及操动机构一般有哪些要求？

（2）简述变压器常见故障及处理方法。

（3）简述电气操作的原则。

（4）简述电气操作步骤和注意事项。

练 习 题

一、判断题

（1）电流的通路称为电路，直流电源构成的电路称直流电路。（   ）

（2）欧姆定律的内容是电阻中的电流与电压成反比，与电阻成正比。（   ）

（3）根据欧姆定律可得：导体的电阻与通过它的电流成反比。（   ）

（4）将电阻首尾依次相连，使电流只有一条通路的连接方式叫做电阻的串联。（   ）

（5）两个或两个以上电阻一端连在一起，另一端也连在一起，使每一电阻两端都承受同一电压的作用，电阻的这种连接方式叫做电阻的串联。（   ）

（6）基尔霍夫电流定律为流入节点的电流之和等于从节点流出的电流之和。（   ）

（7）基尔霍夫电压定律为在任何闭合回路中的电源电压及各分电压的代数和等于零。（   ）

（8）一段时间内，电路消耗（或电源提供）的电功率户称为该电路的电能。（   ）

（9）线圈右手螺旋定则是：四指表示电流方向，大拇指表示磁力线方向。（   ）

（10）电位高低是指该点对参考点之间的电位大小。（   ）

（11）电容 C 是由电容器的电压大小决定的。（   ）

（12）最大值是正弦交流电在变化过程中出现的最大瞬时值。（   ）

（13）由 $R = U/I$，可知其只与 U 成正比，与 I 成反比。（   ）

（14）由电阻欧姆定律 $R = Pl/S$ 可知，导体的电阻率可表示为 $\mu = RS/L$。因此，导体电阻率的大小和导体的长度及横截面积有关。（   ）

（15）通电导线（或线圈）周围磁场（磁力线）的方向可用安培定则（右手螺旋定则）来判断。（   ）

（16）由线圈中的感应电流所产生的磁通，其方向总是力图增强原有磁力线的变化。这个规律就称为楞次定律。（   ）

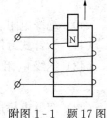

（17）在附图 1-1 中，当磁铁插入线圈中产生感应电动势的极性是线圈上端为负，下端为正；当磁铁拔出时线圈上端为正，下端为负。（   ）

附图 1-1   题 17 图

（18）电压、电流、电动势等的大小和方向均按正弦波形状周期性变化的叫做交流电。（   ）

（19）交流电就是指电流（或电压、电动势）的大小随时间作周期性变化，它是交流电流、交流电压、交流电动势的总称。（   ）

（20）单一电容电路的电流 i 比电压 u 滞后 90°。（   ）

（21）三相交流电源是由三个最大值相等、频率相同、相互的相位差为 120° 的电动势作为供电的体系。（   ）

（22）三相负载作星形连接时，不论负载对称与否，线电流必定等于相电流。（   ）

（23）三相电源采用三角形连接时，线电压等于相电压。（   ）

（24）电荷的定向运动形成电流。（   ）

（25）电流是在电源两端的电势差的推动下产生的，该两点的电位差称为这两点之间的

电压。（　　）

（26）工程上常选电气设备的外壳或大地作为参考点，则大地的电位为零。（　　）

（27）有良好导电性能的物体叫导体，几乎不导电的物体叫半导体。（　　）

（28）将电阻首尾依次相连，使电流只有一条通路的连接方式叫做电阻的并联。（　　）

（29）两个或两个以上电阻一端连在一起，另一端也连在一起，使每一电阻两端都承受同一电压的作用，电阻的这种连接方式叫做电阻的并联。（　　）

（30）在一个电路中，既有电阻的串联，又有电阻的并联，这种连接方式称为电阻的混联。（　　）

（31）电压、电流、电动势等的大小和方向均按正弦波形状周期性变化的叫做交流电。（　　）

（32）一个交流电通过一个电阻在一个周期内所产生的热量和某一直流电流通过同一电阻在相同的时间内产生的热量相等，这个直流电的量值就称为交流电的有效值。（　　）

（33）平均值是指交流电在半个周期内所有瞬间平均值的大小。（　　）

（34）单一电感电路中，电压 u_L 超前电流。（　　）

（35）将三个产生三相电压电源的一端作为公共端，再由另一端引出线与负载相连。公共点 N 称为中点，这种接法称为星形接法或 Y 接法。（　　）

（36）Y 形连接时线电压和相电压数量关系为 $U_l = \sqrt{3} U_{ph}$，线电流与相电流不相等。（　　）

（37）采用三角形连接时，线电压等于相电压，即 $U_l = U_{ph}$，线电流的大小为相电流的 $\sqrt{3}$ 倍，即 $I_{l\triangle} = \sqrt{3} I_{ph\triangle}$。（　　）

（38）电工仪表按工作原理不同可分为磁电式、电磁式、电动式、感应式、整流式、静电式、电子式等。（　　）

（39）仪表在正常工作条件下，由于结构、工艺等方面而产生的误差，称为仪表的基本误差。（　　）

（40）绝缘电阻表因采用比率表，故在不带电时，指针随意停留在任意位置。（　　）

（41）指针式万用表主要由指示部分、测量电路、转换装置三部分组成。（　　）

（42）绝缘电阻表由两大部分构成，一部分是手摇发电机，一部分是磁电式比率表。（　　）

（43）双臂电桥适用于测量 I_h 以下的小电阻。（　　）

（44）单臂电桥适用于测量 I_h 以下的小电阻。（　　）

（45）电击是指人体触及带电体并形成电流通路，造成对人体的伤害。（　　）

（46）人在有电位分布的故障区域内行走时，其两脚之间（一般为 0.8m 的距离）呈现出电位差，此电位差称为接触电压。（　　）

（47）接触电压是指人触及漏电设备的外壳时，加于人手与脚之间的电位差（脚距漏电设备 0.8m，手触及设备处距地面垂直距离 1.8m）。（　　）

（48）基本安全用具是指那些绝缘强度能长期承受设备的工作电压，并且在该电压等级产生内部过电压时能保证工作人员安全的工具。（　　）

（49）接地电阻包括接地体电阻和土壤散流电阻两部分。（　　）

（50）在任何场合中，36V 电压一定是安全电压。（　　）

（51）辅助安全用具的绝缘强度比较低，不能承受带电设备或线路的工作电压，只能加强基本安全用具的保护作用。（　　）

（52）安全色是表达安全信息含义的颜色，表示禁止、警告、指令、提示等。（　　）

（53）国家规定的安全色有红、蓝、黄、绿四种颜色。红色表示禁止、停止；蓝色表示指令、必须遵守的规定；黄色表示警告、注意；绿色表示指示、安全状态、通行。（　　）

（54）绝缘物在强电场的作用下被破坏，丧失绝缘性能，这种击穿现象叫做电击穿。（　　）

（55）屏护就是遮栏、护罩、护盖等将带电体隔离，控制不安全因素，防止人员无意识地触及或过分接近带电体的装置。（　　）

（56）检修间距指在检修中为了防止人体及其所携带的工具触及或接近带电体，而必须保持的最小距离。（　　）

（57）安全电压是指不会使人发生电击危险的电压。我国规定的安全电压有效值限值为工频交流50V，直流72V。（　　）

（58）剩余电流保护作为防止低压电击伤害事故的后备保护，广泛应用在低压配电系统中。（　　）

（59）接闪器是利用其高出被保护物的突出部位，把雷电引向自身，接受雷击放电。（　　）

（60）热继电器的动作电流整定为长期允许负荷电流的大小即可。（　　）

（61）电力线路的作用是供保护和测量的连接。（　　）

（62）保护接地是将一切正常时不带电而在绝缘损坏时可能带电的金属部分（如各种电气设备的金属外壳、配电装置的金属构架等）与独立的接地装置相连，从而防止工作人员触及时发生电击事故。（　　）

（63）工作票指将需要检修、试验的设备填写在具有固定格式的书面上，以作为进行工作的书面联系，这种印有电气工作固定格式的书页称为工作票。（　　）

（64）凡是可以用直接指示的仪器仪表读取被测量数值的测量方法称为直读法。凡是在测量过程中需要量度器的直接参与并通过比较仪器来确定被测量数值的方法称为比较法。（　　）

（65）由雷电引起的过电压叫做大气过电压或外部过电压；电力系统中内部操作或故障引起的过电压叫内部过电压。（　　）

（66）工作在安全电压下的电路必须与其他电气系统实行电气上的隔离。（　　）

（67）在室内配电装置上，由于硬母线上的油漆不影响挂接地线的效果，因此可以直接挂接地线。（　　）

（68）验电时，必须用电压等级相符合的验电器，在检修设备进出线两侧分别验电。（　　）

（69）低压带电作业应设专人监护，使用有绝缘柄的工具，工作时站在绝缘台或绝缘毯（垫）上，戴好安全帽和穿长袖裤就可以工作。（　　）

（70）在带电设备周围严禁使用钢卷尺、皮卷尺和夹有金属丝的线尺进行测量工作。（　　）

（71）电气设备产生的电弧、电火花是造成电气火灾及爆炸事故的原因之一。（　　）

（72）发生高处人身电击抢救时，在将伤员由高处送至地面后，应再口对口（鼻）吹气4次。（　　）

（73）如电击伤员神志不清，应使其就地仰面躺平，且确保气道通畅，并用5s时间呼叫伤员或摇动头部呼叫伤员，以判断伤员是否丧失意识。（　　）

（74）隔离开关是一种没有专门的灭弧装置的开关电器，不能用来切除负荷电流和短路电流。（　　）

（75）低压电器是指能自动或手动接通和开断电路，以及对低压电路或非电路现象能进行切换、控制、保护、检测、变换和调节的元件。（　　）

（76）低压成套装置是指由低压电器（如控制电器、保护电器、测量电器）及电气部件（如母线、载流导体）等按一定的要求和接线方式组合而成的成套设备。（　　）

（77）自动断路器的感觉元件通过传递元件使执行元件动作。（　　）

（78）自动断路器执行机构主要起电路的接通、分断、短路保护的作用。（　　）

（79）剩余电流动作保护器与一般自动断路器的结构基本相同。（　　）

（80）一台装有空气断路器的低压供电支路突然断电，当电源恢复时，该支路仍无电压。原因是空气断路器装有失压脱扣器而跳闸。（　　）

（81）低压断路器中热脱扣器的主要作用是短路保护。（　　）

（82）熔断器是作为过载和短路保护的电器。（　　）

（83）检修电容器时，应将电容器放电。（　　）

（84）电容器集中补偿是将电容器组安装在专用变压器或配电室低压母线上，并能方便地同电容器组的自动投切装置配套使用。（　　）

（85）低压隔离开关、铁壳开关、组合开关等的额定电流要大于实际电路电流。（　　）

（86）电动机星形—三角形换接起动是指：凡正常运行时三相定子绕组为三角形接法的电动机，在起动时将定子绕组按星形接法，起动完毕再转换为三角形。（　　）

（87）电力系统是指由发电厂、送变电线路、供配电所和用电单位组成的整体。（　　）

（88）IT系统是指变压器低压侧中性点直接接地，系统内所有受电设备的外露可导电部分用保护接地线（PE）接至电气上与电力系统的接地点无直接关联的接地极上。（　　）

（89）TN—C系统是指变压器低压侧中性点直接接地，整个系统的中性线（N）与保护线（PE）是合一的，系统内所有受电设备的外露可导电部分用保护线（PE）与保护中性线（PEN）相连接。（　　）

（90）TT系统是指变压器低压侧中性点不接地或经高阻抗接地，系统内所有受电设备的外露可导电部分用保护接地线（PE）单独地接至接地极上。（　　）

（91）变压器并列运行是将两台或多台变压器的一次侧和二次侧绕组分别接于公共的母线上，同时向负载供电。（　　）

（92）配电变压器低压侧的额定电压是指带额定负荷时两输出端间的电压。（　　）

（93）变压器只能传递能量，而不能产生能量。（　　）

（94）阀型避雷器的地线应和变压器外壳、低压侧中性点接在一起共同接地。（　　）

（95）高压跌落式熔断器是变压器的一种过电压保护装置。（　　）

（96）变压器的铁芯必须且只能有一点接地。（　　）

（97）高压断路器在高压电路中起控制作用，用于正常运行时接通或断开电路，故障情

况在继电保护装置的作用下迅速断开电路，特殊情况（如自动重合到故障线路上时）可靠地接通短路电流。（　　）

（98）测试电压时，一定要把电压表并联在回路中；测试电流时，一定要把电流表串联在电路中。（　　）

（99）用万用表测量电压时，表笔与被测电路串联；测量电流时，表笔与被测电路串联；测量电阻时，表笔与被测电阻的两端相连。（　　）

（100）用冲击钻在建筑结构上打孔时，工作性质选择开关应扳在"锤"位置。（　　）

（101）用试电笔在低压导线上测试，若氖管不亮后便可以用电工刀剥低压导线绝缘。（　　）

（102）剥线钳能剥任意导线的绝缘。（　　）

（103）将检修设备停电时，必须拉开隔离开关，使各方面至少有一个明显的断开点。（　　）

（104）隔离开关是用来开断或切换电路的，由于断开电路时不产生电弧，故没有专门的灭弧转置。（　　）

（105）使用万用表欧姆挡可以测量小电阻。（　　）

（106）测量直流电流时，除应将直流电流表与负载串联外，还应注意电流表的正端钮接到电路中电位较高的点。（　　）

（107）使用钳形电流表测量电流时，发现量程档位选择不合适，应立即在测量过程中切换量程档，使之满足要求。（　　）

（108）低压电器设备停电后，只要用验电器验电，氖泡不亮就肯定是无电。（　　）

（109）不可在设备带电情况下使用绝缘电阻表测量绝缘电阻。（　　）

（110）电压互感器二次线圈接地属于保护接地。（　　）

（111）目前大部分电容器内以绝缘油作为浸渍介质。（　　）

（112）测量接地电阻时，应先将接地装置与电源断开。（　　）

（113）使用万用表欧姆档时，无法达到欧姆位，表明电表内电池电压太高。（　　）

（114）在低压交流 TN—C 系统中，三眼插座的零线孔和地线孔可用导线并接。（　　）

（115）低压隔离开关应垂直安装，上端接电源，下端接负荷。（　　）

（116）手持式电动工具中经常采用的是交流异步电动机。（　　）

（117）仪表的准确度等级是指仪表的最大绝对误差与仪表最大量限比值的百分数。（　　）

（118）金属导体中电子运动所形成的实际方向，与电流方向相同。（　　）

（119）Ⅱ类工具属于双重绝缘工具，因此不需要采用保护接零（或接地）。（　　）

（120）感动系电能表主要由驱动元件、转动元件、计数器三大部分组成。（　　）

二、选择题

（1）电阻串联电路具有（　　）的特点。

　　A. 串联电路中各电阻流过的电流都相等

　　B. 电路两端的总电压等于各电阻两端电压之和

　　C. 串联电路的等效电阻（即总电阻）等于各串联电阻之和

　　D. 各电阻上分配的电压与各电阻值成正比

(2) 有 5 个 10Ω 的电阻并联，再和 10Ω 的电阻串联，总电阻是（　　）Ω。

    A. 8   B. 10   C. 12   D. 14

(3) 电阻并联电路具有（　　）特点。

    A. 并联电路中各电阻两端的电压相等

    B. 并联电路中的总电流等于各电阻中的电流之和

    C. 并联电路中的等效电阻（即总电阻）的倒数，等于各并联电阻的倒数之和

    D. 并联电路中，各支路分配的电流与各支路电阻值成反比

(4) 电阻的电压 u 与电流 i_R（　　）。

    A. 同相   B. 反相   C. 超前 900 D. 滞后 900

(5) 单一电感电路电压 u 超前电流 i_L（　　）。

    A. $300°$ B. $-300°$ C. $90°$ D. $-900°$

(6) 正弦交流电的幅值就是（　　）。

    A. 正弦交流电最大值的 2 倍   B. 正弦交流电的最大值

    C. 正弦交流电波形正负振幅之和   D. 正弦交流电最大值的一百倍

(7) 星形连接时三相电源的公共点叫（　　）。

    A. 三相电源的中性点   B. 三相电源的参考点

    C. 三相电源的零电位点   D. 三相电源的接地点

(8) 将三相电源的首、末端依次相连，再从三个连接点引出三根端线就是三相电源的（　　）。

    A. 星形连接

    B. 三角形连接

    C. 既不是星形连接也不是三角形连接

    D. 既是星形连接又是三角形连接

(9) 三相电路 Y 形连接时线电压 U_l 和相电压 U_{ph} 的大小关系为（　　）。

    A. $U_l = 2U_{ph}$ B. $U_l = \sqrt{3}U_{ph}$ C. $U_l = \sqrt{2}U_{ph}$ D. $U_l = 1/2U_{ph}$

(10) 三相电路 Y 形连接时线线电压超前对应的相电压（　　）。

    A. $10°$ B. $30°$ C. $60°$ D. $90°$

(11) 电工仪表按读数方式可分为（　　）。

    A. 指针式   B. 光标式   C 感应式   D. 数字式

(12) 电压的参考方向规定为（　　）。

    A. 从低电位指向高电位   B. 从高电位指向低电位

    C. 任意选定   D. 从高电位指向大地

(13) 线圈磁场方向的判断方法采用（　　）。

    A. 直导线右手定则   B. 螺旋管右手定则

    C. 左手定则   D. 右手定则

(14) 防止雷电侵入波引起过电压的措施有（　　）。

    A. 装设避雷针   B. 装设避雷线   C. 装设避雷器   D. 加装熔断器

(15) 额定交流电压为 1kV 及以下的中性点接地系统中的用电设备应采用（　　）。

    A. 保护接地   B. 工作接地   C. 保护接零   D. 重复接地

(16) 人体接触产生剩余电流设备金属外壳时，所承受的电压是（ 　　 ）。

  A. 跨步电压　　　　　　　　　　　　B. 外壳对地电压

  C. 接触电压　　　　　　　　　　　　D. 外壳对中性点电压

(17) 用万用表测量电阻时，以指针的偏转处于（ 　　 ）为最适宜。

  A. 刻度范围内　　　　　　　　　　　B. 靠近∞端的 1/3 范围内

  C. 靠近 0 端的 1/3 范围内　　　　　　D. 接近于中心刻度线（即欧姆中心值）

(18) 绝缘电阻表因采用（ 　　 ），故在不带电时，指针随机停留在任意位置。

  A. 功率表　　　　　B. 比率表　　　　　C. 有功表　　　　　D. 电压表

(19) 绝缘电阻表应根据被测电气设备的（ 　　 ）来选择。

  A. 额定功率　　　　B. 额定电压　　　　C. 额定电阻　　　　D. 额定电流

(20) 测量 380V 以下电气设备的绝缘电阻时，应选用（ 　　 ）V 的绝缘电阻表。

  A. 380　　　　　　B. 500　　　　　　C. 1000　　　　　　D. 2500

(21) 钳形电流表由（ 　　 ）等部分组成。

  A. 电流表　　　　　B. 电流互感器　　　C. 巴钳形手柄　　　D. 计数器

(22) 万用表由（ 　　 ）构成。

  A. 表头　　　　　　B. 测量电路　　　　C. 转换开关　　　　D. 转换电路

(23) 绝缘电阻表是专用仪表，用来测量电气设备供电线路的（ 　　 ）。

  A. 耐压　　　　　　B. 接地电阻　　　　C. 绝缘电阻　　　　D. 电流

(24) 确定电气安全距离，相关的电压形式有（ 　　 ）。

  A. 大气过电压　　　　　　　　　　　B. 内部过电压

  C. 长期的最大工作电压　　　　　　　D. 试验电压

(25) 接地电阻包括（ 　　 ）部分。

  A. 接地体电阻　　　B. 土壤泄漏电阻　　C. 土壤散流电阻　　D. 导体电阻

(26) 若电击者心跳停止，呼吸尚存，应立即对电击者施行（ 　　 ）急救。

  A. 仰卧压胸法　　　B. 仰卧压背法　　　C. 胸外心脏挤压法　D. 口对口呼吸法

(27) 停电作业在作业前必须完成（ 　　 ）等安全措施，以消除工作人员在工作中电击的可能。

  A. 停电及验电　　　B. 挂接地线　　　　C. 悬挂标示牌　　　D. 设置临时遮栏

(28) 登杆作业时，必须（ 　　 ）。

  A. 系安全带　　　　B. 使用脚扣　　　　C. 戴安全帽　　　　D. 戴手套

(29) 灭火的基本方法有（ 　　 ）。

  A. 隔离法　　　　　B. 窒息法　　　　　C. 冷却法　　　　　D. 水灭法

(30) 自动断路器主要由（ 　　 ）部分组成。

  A. 感觉元件　　　　B. 传递元件　　　　C. 执行元件　　　　D. 触头部分

(31) 自动断路器的感觉元件有（ 　　 ）。

  A. 过流脱扣器　　　B. 欠压脱扣器　　　C. 电磁脱扣器　　　D. 复式脱扣器

(32) 自动断路器的执行元件包括（ 　　 ）。

  A. 触头系统　　　　B. 灭弧系统　　　　C. 主轴

(33) 低压开启式负荷开关适用于（ 　　 ）及以下的电路中。

A. 频率 50Hz   B. 电压 380V   C. 电流 60A   D. 电流 100A

(34) 电磁式接触器除能通断主电路外，还具有（   ）等辅助功能。

A. 短路保护   B. 过载保护   C. 失压保护   D. 欠压保护

(35) 低压断路器灭弧性能好，而且具有（   ）特点。

A. 过载保护   B. 短路保护   C. 失压保护   D. 宜于频繁起动

(36) 以下（   ）光源是气体放电光源。

A. 荧光灯   B. 卤钨灯   C. 高压汞灯   D. 白炽灯

(37) 变压器的变比是指一、二次绕组的（   ）之比。

A. 功率   B. 电流   C. 匝数   D. 频率

(38) 配电系统的三点共同接地是指（   ）。

A. 变压器的中性点   B. 变压器的外壳

C. 避雷器的接地引下线   D. 用电设备的接地线

(39) 变配电站电气设备常用的巡视检查方法有（   ）。

A. 目测法   B. 耳听法   C. 鼻嗅法   D. 手触法

(40)（   ）不属电工通用工具。

A. 试电笔   B. 剥线钳   C. 螺丝刀   D. 电工钢丝钳

(41) 钢丝钳的用处很多，可以作为（   ）的工具。

A. 钳夹导线   B. 旋紧或旋松螺丝

C. 用作小锤   D. 剪切电线

(42) 电击事故发生最多的时间是每年的（   ）月份。

A. 1～3   B. 3～5   C. 6～9   D. 10～12

(43) 防止家用电器绝缘损坏的措施通常是采用（   ）。

A. 保护接零   B. 保护接地   C. 双重绝缘结构   D. 电气隔离

(44) 下列属于事故火花的是（   ）。

A. 开关开合时的火花   B. 绝缘损坏时出现的闪光

C. 直流电机电刷处的火花   D. 电源插头拔出时产生的火花

(45) 高压阀型避雷器中串联的火花间隙和阀片比低压阀型避雷器的（   ）。

A. 多   B. 少   C. 一样多   D. 不一定多

(46) 下列不能消除静电的方法是（   ）。

A. 接地   B. 增湿   C. 绝缘   D. 加抗静电添加

(47) 实际中，熔断器一般起（   ）作用。

A. 过载保护   B. 失压保护   C. 欠压保护   D. 短路保护

(48) 热继电器使用时要将（   ）。

A. 动合触点串联在主电路中   B. 动断触点串联在控制电路中

C. 动合触点串联在控制电路中   D. 动断触点并联在控制电路中

(49) 低压断路器的极限通断能力应（   ）电路最大短路电流。

A. 大   B. 小于   C. 等于   D. 远大于

(50) 对电工人员的体格检查每（   ）年进行一次。

A. 半   B. 一   C. 两   D. 三

(51) 当电气设备的绝缘老化变质后，可能会引起（　　）。

    A. 开路　　　　　　B. 短路　　　　　　C. 过载　　　　　　D. 过压

(52) 雷雨后的线路巡视属于（　　）。

    A. 特殊巡视　　B. 单独巡视　　　C. 定期巡视　　　D. 故障巡视

(53) 10kV 线路每季度巡视一次属于（　　）。

    A. 特殊巡视　　B. 单独巡视　　　C. 定期巡视　　　D. 故障巡视

(54) 交流弧焊机外壳应当（　　）。

    A. 接零　　　　　B. 涂漆　　　　　C. 与大地绝缘　　D. 屏蔽

(55) 具有双重绝缘结构的电气设备（　　）。

    A. 必须接零（或接地）　　　　　　B. 应使用安全电压

    C. 不必采用接零（或接地）　　　　D. 应使用隔离变压器

(56) 弧焊机一次侧熔断器熔体的额定电流（　　）弧焊机的额定电流。

    A. 大于　　　　　B. 远大于　　　　C. 略大于　　　　D. 小于

(57) 弧焊机二次侧导线长度不应超过（　　）m。

    A. 1　　　　　　　B. 2　　　　　　　C. 3　　　　　　　D. 20～30

(58) 一般照明是指（　　）。

    A. 整个场所照度基本上相同的照明　　B. 局限于工作部位的照明

    C. 移动的照明　　　　　　　　　　　D. 整个场所和局部混合的照明

(59) 对于工作位置密度很大而对光照方向无特殊要求的场所，要采用（　　）。

    A. 特殊照明　　B. 一般照明　　　C. 局部照明　　　D. 混合照明

(60) 对于移动照明，宜采用（　　）。

    A. 特殊照明　　B. 一般照明　　　C. 局部照明　　　D. 混合照明

(61) 一般场所应采用额定电压为（　　）V 的照明灯。

    A. 12　　　　　　　B. 36　　　　　　　C. 220　　　　　　　D. 380

(62) 插座接线时应按照（　　）的原则进行接线。

    A. 左相右零上接地　　　　　　　　B. 左零右相上接地

    C. 左地右零上接相　　　　　　　　D. 左相右上地接零

(63) 熔丝熔断可以造成（　　）故障。

    A. 短路　　　　　B. 漏电　　　　　C. 开路　　　　　D. 烧坏电器

(64) 变压器的铁芯应采用（　　）的材料。

    A. 导电性良好　　B. 导磁性良好　　C. 电阻率较大　　D. 电阻率较小

三、简答题

(1) 独立作业的电工必须具备哪些基本条件？

(2) 简述"安全第一，预防为主，综合治理"基本方针的主要内容。

(3) 电工作业中发生安全事故的基本原因有哪些？

(4) 对一般特种作业电工人员技术上有哪些要求？

(5) 什么是电位，什么是电压，它们之间有什么关系？

(6) 什么是电阻，什么是电阻率？

(7) 什么叫相序？

（8）现有两灯泡 A、B，$P_A=40W$，$P_B=60W$，它们的额定电压均是 110V，如果将它们串接在 220V 的电源上是否可以？为什么？

（9）对称三相电源的特点是什么？

（10）在正弦交流电路中，什么叫有功功率、无功功率和视在功率，它们的单位分别是什么？

（11）什么是相线，什么是中性线，什么是相电压、线电压？

（12）什么叫电工仪表？

（13）电压表与电流表有何区别？

（14）电工仪表的用途是什么？

（15）对电工仪表的基本要求有哪些？

（16）试述钳形电流表的基本工作原理。

（17）钳形电流表有什么用途？

（18）有哪些安全接地？

（19）什么是工作许可制度？

（20）什么是工作监护制度和现场看守制度？

（21）使用安全用具应注意哪些事项？

（22）用绝缘电阻表测量绝缘电阻时受哪些主要因素影响？

（23）使用绝缘电阻表测量绝缘电阻前应做什么准备工作？

（24）用绝缘电阻表测量绝缘电阻时受哪些主要因素影响？

（25）预防电击的措施主要有哪些？

（26）简述触电急救的具体要求。

（27）简述防止火灾的基本方法。

（28）影响电流伤害程度的因素有哪些？

（29）并联电容器在电力系统中的作用有哪些？

（30）熔断器的灭弧方式有几种？简述它们的灭弧原理。

（31）为什么一般熔断器都装在室内，而跌落式熔断器不宜装于室内？

（32）电容器运行中的异常现象有哪些？

（33）低压三相异步电动机起动时应注意哪些问题？

（34）什么是负荷开关，其特点和用途是什么？

（35）隔离开关的主要用途是什么？

（36）高压电器应满足哪些基本要求？

（37）变压器油有哪些作用？

（38）使用万用表时应注意哪些事项？

（39）使用钳形电流表时应注意什么问题？

（40）用冲击钻在砖石建筑物上钻孔时有哪些注意事项？

（41）使用射钉枪时有哪些注意事项？

（42）钳型电流表应如何使用？

（43）如何用万用表测量直流电阻？

（44）如何用万用表测量交流电压？

（45）如何用万用表测量直流电压？

（46）万用表使用有哪些注意事项？

（47）使用绝缘电阻表有哪些注意事项？

（48）如何用钳压法压接导线？

（49）为什么安装隔离开关时把手面板与开关底板之间的距离不能误差过大？

（50）熔体熔断有哪些原因？

（51）通电后接触器不能吸合是什么原因？

（52）电动机安装方式如何表示？

（53）插座安装应如何连线？

（54）在温度变化正常情况下，产生变压器假油位的原因有哪些？

（55）变压器套管闪络放电甚至爆炸常见的原因有哪些？

（56）变压器着火后应如何处理？

（57）高压断路器操作的注意事项有哪些？

（58）用万用表的欧姆挡测量电阻时为什么要"调零"，怎样调？

四、识图题

（1）写出附图1-2按钮连锁控制的电动机接线原理图的动作过程。

（2）写出附图1-3接触器辅助触点连锁的正、反转控制电路的动作过程。

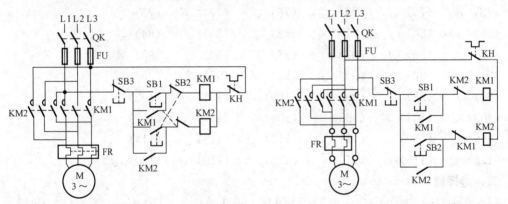

附图1-2 按钮连锁控制的电动机接线原理图   附图1-3 连锁电动机正、反转控制电路线路

（3）写出附图1-4成套配电装置组合方案中各电器符号表示的含义。

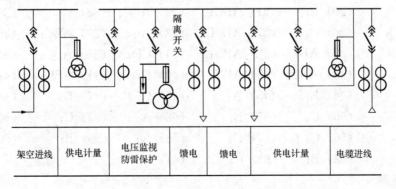

附图1-4 成套配电装置组合方案

练 习 题 参 考 答 案

一、判断题

(1) √　　(2) ×　　(3) √　　(4) √　　(5) ×　　(6) √

(7) √　　(8) √　　(9) √　　(10) √　　(11) ×　　(12) √

(13) √　　(14) ×　　(15) √　　(16) ×　　(17) ×　　(18) √

(19) ×　　(20) ×　　(21) √　　(22) √　　(23) √　　(24) √

(25) √　　(26) √　　(27) ×　　(28) ×　　(29) √　　(30) √

(31) √　　(32) √　　(33) √　　(34) √　　(35) √　　(36) ×

(37) √　　(38) √　　(39) √　　(40) √　　(41) √　　(42) √

(43) √　　(44) ×　　(45) √　　(46) ×　　(47) √　　(48) √

(49) √　　(50) ×　　(51) √　　(52) √　　(53) √　　(54) √

(55) √　　(56) √　　(57) √　　(58) ×　　(59) √　　(60) ×

(61) ×　　(62) √　　(63) √　　(64) √　　(65) √　　(66) √

(67) √　　(68) √　　(69) √　　(70) √　　(71) √　　(72) ×

(73) ×　　(74) √　　(75) √　　(76) √　　(77) √　　(78) √

(79) √　　(80) √　　(81) ×　　(82) √　　(83) √　　(84) √

(85) √　　(86) √　　(87) √　　(88) ×　　(89) √　　(90) ×

(91) √　　(92) ×　　(93) √　　(94) √　　(95) ×　　(96) √

(97) √　　(98) √　　(99) ×　　(100) √　　(101) ×　　(102) ×

(103) √　　(104) ×　　(105) ×　　(106) √　　(107) √　　(108) ×

(109) √　　(110) √　　(111) √　　(112) √　　(113) ×　　(114) ×

(115) √　　(116) √　　(117) √　　(118) ×　　(119) √　　(120) √

二、选择题

(1) ABCD；　(2) C；　　(3) ABCD；　(4) A；　　(5) C；　　(6) B；

(7) A；　　(8) B；　　(9) B；　　(10) B；　　(11) ABD；　(12) C；

(13) B；　　(14) C；　　(15) C；　　(16) C；　　(17) D；　　(18) B；

(19) B；　　(20) B；　　(21) ABC；　(22) ABC；　(23) C；　　(24) ABC；

(25) AC；　　(26) C；　　(27) ABCD；　(28) AC；　　(29) ABC；　(30) ABC；

(31) ABC；　(32) AB；　　(33) ABC；　(34) CD；　　(35) ABC；　(36) AC；

(37) C；　　(38) ABC；　(39) ABC；　(40) C；　　(41) ABD；　(42) C；

(43) C；　　(44) B；　　(45) A；　　(46) C；　　(47) D；　　(48) B；

(49) A；　　(50) C；　　(51) B；　　(52) A；　　(53) C；　　(54) A；

(55) C；　　(56) C；　　(57) D；　　(58) A；　　(59) B；　　(60) C；

(61) C；　　(62) B；　　(63) C；　　(64) B。

三、简答题

(1) 答：独立作业的电工必须具备：

1) 年龄满 18 周岁。

2）身体健康，无妨碍从事相应工种作业的疾病和生理缺陷。

3）初中（含初中）以上文化程度，具备相应工种的安全技术知识，参加国家规定的安全技术理论和实际操作考核并成绩合格。取得特种作业操作证后，方可上岗作业。

4）符合相应工种作业特点需要的其他条件。

（2）答：1）安全第一，就是在生产过程中把安全放在第一重要的位置上，切实保护劳动者的生命安全和身体健康。

2）预防为主，就是把安全生产工作的关口前移，超前防范，建立预教、预测、预想、预报、预警、预防的递进式、立体化事故隐患预防体系，改善安全状况，预防安全事故。

3）综合治理，是指适应我国安全生产形势的要求，自觉遵循安全生产规律，正视安全生产工作的长期性、艰巨性和复杂性，抓住安全生产工作中的主要矛盾和关键环节，综合运用经济、法律、行政等手段，人管、法治、技防多管齐下，并充分发挥社会、职工、舆论的监督作用，有效解决安全生产领域的问题。

（3）答：1）违章作业。

2）违章操作。

3）纪律松弛。

4）人员素质低。

5）安全意识淡薄，安全知识贫乏。

6）安全管理不严。

7）设备未定期检修或检修质量差。

8）设备存在隐患造成误动或拒动。

（4）答：1）熟练掌握现场触电急救方法和保证安全的技术措施、组织措施；熟练、正确使用常用电工仪器仪表；掌握安全用具的检查内容并正确使用；会正确选择和使用灭火器材。

2）应熟练掌握异步电动机的控制接线（单方向运行、可逆运行等）；熟练掌握异步电动机起动方法及接线（自耦减压起动、Yd 起动等）；能够安装使用剩余电流保护装置；熟练进行常用灯具的接线、安装和拆卸；能够正确选择导线截面、接线导线。

3）高压运行维修作业人员应熟练掌握变压器巡视检查内容和常见故障的分析方法；熟练掌握 10kV 断路器的巡视检查项目并能处理一般故障；能够进行仪用互感器运行要求、巡视检查和维护作业；能正确进行户外变压器安装作业；能安装、操作高压隔离开关和高压负荷开关，并能够进行巡视检查和一般故障处理；熟练掌握高压断路器的停、送电操作顺序；能分析与处理继电保护动作、继电器跳闸故障；能安装阀型避雷器并进行巡视检查；熟练掌握本岗位电力系统接线图、调度编号、运行方式；能正确填写倒闸操作票；能熟练执行停、送电倒闸操作。

（5）答：在电场力作用下，单位正电荷由电场中某一点移到参考点（参考点的电位规定为零）所做的功叫做该点的电位。

电场力把单位正电荷由高电位点移到低电位点所做的功叫做这两点之间的电压。

电路中任意两点间的电压，等于这两点电位的差，因此电压也称电位差。

（6）答：电流在导体中流动时，所受到的阻力称为电阻，用"R"或"r"表示。电阻率是长度为 1m、横截面积 1mm^2 的导线的电阻值，单位是 $\Omega \cdot mm^2/m$。电阻率与材料性质有关，通常取在 20℃时的电阻率。

(7) 答：相序是指三相交流电动势在某一确定的时间内到达最大值（或零值）的先后顺序。

(8) 答：不可以。因为

$$R_A = \frac{U^2}{P_A} = \frac{110^2}{40} = 303 \quad （\Omega）$$

$$R_B = \frac{U^2}{P_B} = \frac{110^2}{60} = 202 \quad （\Omega）$$

A、B 两灯泡串联在 220V 电源上，根据电阻串联分压公式，得

$$U_A = \frac{R_A}{R_A + R_B}U = \frac{303}{505} \times 220 = 130 \quad （V）$$

$$U_B = \frac{R_B}{R_A + R_B}U = \frac{202}{505} \times 220 = 88 \quad （V）$$

由计算可知，灯泡 A 所得电压大于灯泡的额定电压，即 130V＞110V；灯泡 B 却相反，即 88V＜110V。因此，不可以串接在 220V 电源上。若一旦接入，瞬间灯泡 A 会很亮，灯泡 B 亮度不足；一会儿，灯泡 A 灯丝被烧毁，电路断开。

(9) 答：对称三相电源有以下三大特点：

1）对称三相电动势最大值相等，角频率相同，彼此间相位相差 120°。

2）三相对称电动势的相量和等于零。

3）三相对称电动势在任一瞬间的代数和等于零。

(10) 答：在交流电路中，电阻消耗的功率叫有功功率，单位是 W。

在交流电路中，电感和电容本身不消耗功率，但它与电源之间有能量交换关系，能量交换的速率用无功功率来表示，单位是 var。

电路中的电压和总电流的乘积叫视在功率，单位是 VA。

(11) 答：从三相绕组的三个端头引出的三根导线叫做相线，而从星形接法的三相绕组的中性点 N 引出的导线叫做中性线。每相绕组两端的电压叫相电压，通常规定从始端指向末端为电压的正方向。相线与相线间的电压称为线电压。

(12) 答：测量电压、电流、功率、频率、电能、电阻、电容等电气量或电气参数的仪表称电工仪表。

(13) 答：电压表内阻很大，使用时与被测支路并联，可测出该支路的电压；电流表内阻很小，使用时与被测支路串联，用来测出该支路的电流。

(14) 答：电工仪表广泛用于工业生产、发电、供电、用电、电气试验及电器检修等领域，用以对电量及电参数进行测量。

(15) 答：1）有足够的准确度。

2）抗干扰能力强，其造成的误差应在允许的范围内。

3）仪表本身的功率损耗小。

4）仪器应有足够的绝缘强度，以保证仪表的正常和使用的安全。

5）仪表要便于读数，测量数值应能直接读出，表盘刻度应尽可能均匀。

6）使用维护方便，应有一定的机械强度。

(16) 答：钳形电流表由电流互感器和电流表组成，电流互感器的二次线圈与电流表串

联，互感器的铁芯做成钳形，测量时将被测电流导线夹入钳口，该导线相当于互感器一次线圈，从而可测出被测电流。

（17）答：钳形电流表可以在不停电的情况下进行电流测量。

（18）答：1）为防止电力设施或电气设置绝缘损坏，危及人身安全而设置的保护接地。

2）为消除生产过程中产生的静电积累，引起电击或爆炸而设的静电接地。

3）为防止电磁感应而对设备的金属外壳、屏蔽罩或屏蔽线外皮所进行的屏蔽接地。

（19）答：工作许可制度是指在电气设备上进行停电或不停电工作，事先都必须得到工作许可人的许可，并履行许可手续后方可工作的制度。

（20）答：工作监护制度和现场看守制度是指工作人员在工作过程中，工作监护人必须始终在工作现场，对工作人员的安全认真监护，及时纠正违反安全的行为和动作的制度。

（21）答：安全用具使用注意事项如下：

1）每次使用前必须认真检查，如检查安全用具表面有无损伤，绝缘手套、绝缘靴有无裂缝，绝缘垫有无破洞，安全用具上的瓷件有无裂纹等。

2）将安全用具擦拭干净并做检查，如验电器，以免使用中得出错误结论，造成事故。

3）使用完的安全用具要擦拭干净放到固定位置，不可随意乱扔乱放，也不准另作他用。安全用具应有专人负责妥善保管，防止受潮、脏污和损坏。如绝缘操作杆应放在固定的木架上，不得贴墙放置或横放在墙根。绝缘靴、绝缘手套应放在箱、柜内，避免在阳光下曝晒，或放在有酸、碱、油的地方，验电器应放在盒内，置于通风干燥处。

（22）答：受测量方法、表计选择及测量的环境温度等因素影响。

（23）答：1）正确选择绝缘电阻表的电压等级。

2）必须切断被测设备的电源，并使设备对地短路放电。

3）将被测物表面擦干净。

4）把绝缘电阻表安放平稳。

5）测量前对绝缘电阻表本身检查一次。

（24）答：受测量方法、表计选择及测量的环境温度等因素影响。

（25）答：预防电击的措施主要有：采用接地保护、剩余电流保护、绝缘防护、屏护、安全电压、安全标志、非导电场所、电气隔离、不接地的局部等电位连接，保持安全距离及设置障碍等。

（26）答：电击急救的具体要求应做到八字原则，即应遵循迅速（脱离电源）、就地（进行抢救）、准确（姿势）、坚持（抢救）。同时应根据伤情需要，迅速联系医疗部门救治。

（27）答：防止火灾的基本方法如下：①控制可燃物；②隔绝空气；③消除着火源；④阻止火势及爆炸波的蔓延。

（28）答：影响电流伤害程度的因素主要有电流大小、人体电阻、通电时间长短、电流频率、电压高低、电流途径、人体状况等。

（29）答：①补偿无功功率，提高功率因数；②提高设备出力；③降低功率损耗和电能损失；④改善电压质量。

（30）答：熔断器的灭弧方式分有填充料和无填充料两种。

有填充料灭弧方式是在管内充填石英砂，利用石英砂来吸收电弧的热量，使之冷却，迫使电弧熄灭。

无填充料灭弧方式是用纤维或硬绝缘材料制作熔断器管体，然后借熔管内壁在电弧的高热作用下而产生的高压气体将电弧熄灭。

（31）答：普通熔断器的熔体在熔断时，电弧及气体不会从熔断器里喷出，安全可靠。而跌落式熔断器的熔体熔断时，便有电弧从管子里喷出来，可能会伤害到人员和设备，以致发生故障或引起火灾，因此不宜装于室内。

（32）答：1）渗漏油。

2）外壳膨胀。

3）瓷绝缘表面闪络。

（33）答：应注意以下几个问题：

1）操作人员要熟悉操作规程，动作灵活迅速果断。接通电源后，若发现不转、声音异常、打火、冒烟以及焦煳味，应立即切断电源，找出原因，予以处理。

2）起动数台电机时，应按容量从大到小一台一台地起动，不得同时起动，以免出现故障和引起断路器跳闸。

3）电动机应避免频繁起动。规程规定电动机在冷态时可起动 2 次，每次间隔时间不少于 5min；在热态时起动 1 次；当处理事故时，起动时间不超过 25～35min 时，可再起动 1 次。

（34）答：负荷开关不能开断短路电流，可以切除负荷电流，它只有简单的灭弧装置。负荷开关结构比较简单，是一个隔离开关与简单灭弧装置的结合。它除有和隔离开关相同的明显的断开点外，还具有比隔离开关大得多的开断能力。负荷开关与高压熔断器串联组成的综合负荷开关除能开断负荷电流外，还可作过负荷与短路保护。

（35）答：隔离开关的主要用途是为设备或者线路检修时形成明显的断开点（即可见的空气绝缘间隔），以确保检修工作的安全。因隔离开关没有灭弧能力，所以一般不允许带负荷操作；但当回路中没有装设油断路器时，在一定的技术条件下（例如回路中的电压、电流、功率因数和电弧能否自灭等），隔离开关也可以带电操作。因此，操作隔离开关必须严格遵循规程中的有关规定并执行操作监护制度，防止带负荷拉、合而造成事故。

（36）答：高压电器应满足下列各项基本要求：

1）绝缘可靠。高压电器既要能承受工频最高工作电压的长期作用，又要能承受内部过电压和外部（大气）过电压的短期作用，因此它的绝缘要可靠。

2）在额定电流下长期运行时，其温度及温升应符合国家标准且要有一定的短时过载能力。

3）能承受短路电流的热效应和电动力效应而不致损坏。

4）开关电器应能安全可靠地关合和开断规定数值的电流，提供继电保护和测量信号的电器还应具有符合规定的测量精度。

5）高压电器应能承受一定自然条件的作用，在规定的使用环境条件下它们均应能安全可靠地运行。

（37）答：变压器油的作用如下：

1）绝缘作用，用于相间、层间和主绝缘。

2）作为冷却介质。

3）使设备与空气隔绝，防止发生氧化受潮，降低绝缘能力。

（38）答：使用万用表时应注意以下事项：

1）检查仪表零位。转动机械调零旋钮，可使指针对准刻度盘上的"0"位线。

2）根据被测量的种类和数值大小，选择量程切换开关的合适位置。

3）不允许带电测量电阻，以免烧坏表头。

4）测量电压、电流且必须带电测量时，应有人监护，并保持安全距离。

5）测量结束后，应将量程切换开关置于空挡或交流电压最大挡。

（39）答：1）选择好合适量程。

2）测量时将被测载流导线尽可能放在钳口内中心位置，并保持钳口结合面接触良好。

3）测量时钳口只夹一根载流导线。

4）每次测完，将量程开关放在最大挡位。

5）不准带电测量时切换挡位。

（40）答：用冲击钻在砖石建筑物上钻孔时要戴护目镜，防止眼睛溅入砂石、灰尘；钻孔时，要双手握电钻，身体保持略向前倾的姿势，确保电钻的电源线不被挤、压、砸、缠。

（41）答：在使用射钉枪时，必须与紧固件保持垂直位置，且紧靠基体，由操作人用力顶紧才能发射，这是使用射钉枪的共同要求。有的射钉枪装有保险装置，防止射钉打飞、落地起火；还有的射钉枪装有防护罩，没有防护罩的就不能打响，从而增强了使用射钉枪的安全性。

（42）答：使用钳型电流表时，将量程开关转到合适位置，手持胶木手柄，用食指勾紧铁芯开关，便可打开铁芯，将被测导线从铁芯缺口引入到铁芯中央。然后，放松勾紧铁芯开关的食指，铁芯就自动闭合，被测导线的电流就在铁芯中产生交变磁力线，表上便有感应电流，可直接读数。

（43）答：1）按估计的被测量数值，把转换开关转到标有"n"符号的适当量程位置上。将两表笔短接，此时表针将打到Ω栏"0"刻度上；若不在Ω栏"0"刻度点，则旋动电阻调零旋钮，使表针指在"0"刻度点。

2）选择挡位时，以示值尽可能在中间刻度的位置为最佳。先将两根表棒短接，旋转调零旋钮，使表针指在电阻刻度的"0"刻度上，然后用表棒测量电阻。

3）用两表笔分别连接被测电阻的两个端头，表针则指示出一个读数，若示值过小或过大，则应调换成更合适的挡位后再重新测量。

（44）答：1）测量交流电压时不分正负极，所需量程由被测量电压的高低来确定，如果被测电压的数值未知，可选用表的最高测量范围为500V，指针若偏转很小，再逐级调低到合适的测量范围，即指针指在标度尺1/3以上的位置。

2）用两表笔各接被测电压一端（如两个电源端）。注意防止触电，测试时应穿绝缘鞋或踩在与地绝缘的物体上，或戴绝缘手套。

3）按所选挡位的数值选择与其以10为倍数的刻度线，根据所选挡位和指针指示的ACV（或V—）的刻度，求得被测量的数值。

（45）答：测量直流电压时表笔正负极不能接错，"＋"插口的表棒接至被测电压的正极，"—"插口的表棒接至被测电压的负极。如果无法弄清被测电压的正负极，可选用较高的测量范围挡，用两根表棒很快地碰一下测量点，看清表针的指向，找出被测电压的正负极。

1）按估计被测值选择直流电压挡次。

2）确定被测电压的正、负极。

3）根据所选挡次和表针指示值得出被测电压值。

（46）答：1）转换开关位置应选择正确。

2）端钮或插孔选择要正确。

3）不能带电测量电阻。

4）测量电路连接正确。

5）根据测量对象观看标度尺读数。

（47）答：1）测量电器设备绝缘时，必须先断电，经放电后才能测量。

2）测量时绝缘电阻表应放水平位置，未接线前先转动绝缘电阻表作开路试验，看指针是否指在"∞"处，再把 L 和 E 短接，轻摇发电机看指针是否为"0"。若开路指"∞"，短路指"0"，则说明绝缘电阻表是好的。

3）绝缘电阻表接线柱的引线应采用绝缘良好的多股软线，同时各软线不能绞在一起。

4）绝缘电阻表测完后应立即使被测物放电，在绝缘电阻表摇把未停止转动和被测物未放电前，禁止触及被测物的测量部分或进行拆除导线，以防触电。

（48）答：将要连接的两根导线的端头穿入铝压接管中，导线端头露出管外部分不得小于 20mm，利用压钳的压力使铝管变形，把导线挤住。

压接时压坑深度要满足要求，压坑不能过浅。每压完一个坑后要持续压力 1min 后再松开，以保证压坑深度准确。钢芯铝绞线压接管中有铝嵌条填在两导线间，可增加接头握着力并使接触良好。

压接前应将导线用布蘸汽油清擦干净，涂上中性凡士林油后，再用钢丝刷清擦一遍，压接完毕应在压管两端涂红丹粉油。压后要进行检查，如压管弯曲，要用木锤调直；压管弯曲过大或有裂纹的，要重新压接。

（49）答：安装时若隔离开关把手面板与开关底板之间的距离误差过大，会使动触头不能全部插入到静触头中，达不到额定负荷电流，使触头过热。距离过小，动触头插入过深，同样影响接触面积，而且拉开时面板把手不能到达分闸位置。

（50）答：①小截面处熔断；②短路引起熔断；③熔断器熔体误熔断。

（51）答：当接触器不能吸合时，首先检查电磁线圈两端有无电压，如无电压说明故障发生在控制回路，可根据具体电路检查处理；如有电压但低于线圈额定电压，说明电磁线圈通电后产生的电磁力不足以克服弹簧的反作用力，这时应更换线圈或改接电路；如有额定电压，多数情况是线圈本身开路，用万用表测量线圈电阻，如接线螺丝松脱应连接紧固，线圈断线则更换线圈。

若接触器运动部分的机械机构及动触头卡住使接触器不能吸合，可对机械机构进行修整，调整灭弧罩与触头的位置，消除摩擦；转轴生锈、歪斜也会造成接触器通电后不吸合，应拆开检查，清洗转轴及支承杆，组装时要保证转轴转动灵活或更换配件。

（52）答：电动机的安装方式指它在机械系统中与构架或其他部件的连接方式。按照国际通用的安装方式代号，B 表示卧式，即电动机轴线水平；V 表示立式，限电动机轴线竖直；X 和 Y 各是 1~2 个数字，表示连接部位和方向。

（53）答：1）单相二孔插座，面对插座的右孔或上孔与相线相接，左孔或下孔与零线相接；单相三孔插座，面对插座的右孔与相线相接，左孔与零线相接。

2) 单相三孔、三相四孔及三相五孔插座的接地线或接零线均应在上孔。插座的接地端子不应与零线端子串接。

（54）答：如变压器温度变化正常，而变压器油标管内的油位不正常或不变化，则说明油枕油位是变压器的假油位，其原因有：

1) 呼吸器堵塞，所指示的油枕不能正常呼吸。

2) 防爆管通气孔堵塞。

3) 油标堵塞或油位表指针损坏、失灵。

4) 全密封油枕未按全密封方式加油，在胶袋与油面之间有空气（存在气压），造成假油位。

（55）答：套管闪络放电会造成发热，导致绝缘老化受损，甚至引起爆炸，常见的原因如下：

1) 套管表面脏污，如在阴雨天粉尘污秽等会引起套管表面绝缘强度降低，就容易发生闪络事故。

2) 高压套管制造中末屏接地焊接不良形成绝缘损坏，或末屏接地出线的绝缘子中心轴与接地螺套不同心，造成接触不良或末屏不接地，也有可能导致电位提高而逐步损坏。

3) 系统出现内部或外部过电压，套管制造有隐患而又未能查出（如套管干燥不足，运行一段时间后出现介质损上升），油分析异常等共同作用形成事故。

（56）答：变压器着火时，不论何种原因，应首先拉开各侧断路器，切断电源，停用冷却装置，并迅速采取有效措施进行灭火，同时汇报调度及上级主管领导。若油溢在变压器顶盖上着火，则应迅速开启下部阀门，将油位放至着火部位以下，同时用灭火设备以有效方法进行灭火。

变压器因喷油引起着火燃烧时，应迅速用黄砂覆盖、隔离、控制火势蔓延，同时用灭火设备灭火。发生以上情况应及时通知消防部门协助处理，同时通知调度以便投入备用变压器供电或采取其他转移负荷措施。装有水喷淋灭火器装置的变压器，在变压器着火后，应先切断电源，再起动水喷淋系统。

（57）答：1) 远方操作的断路器，不允许就地强制手动合闸，以免合入故障回路，使断路器损坏或引起爆炸。

2) 扳动控制开关，不得用力过猛或操作过快，以免操作失灵。

3) 断路器合闸送电或跳闸后试送时，其他人员尽量远离现场，避免因带故障合闸造成断路器损坏，发生意外。

4) 拒绝跳闸的断路器不得投入运行或列为备用。

5) 断路器分、合闸后，应立即检查有关信号和测量仪表的指示，同时应到现场检查其实际分合位置。

（58）答：在测量电阻前，选择适当的倍率挡后，首先将两表笔相碰，使指针在零位，如果指针不在零位，应先调节"调零"旋钮，使指针指在"零位"，以保证测量结果的准确性。若调整"调零"旋钮，指针仍不能指在"零位"，说明电池的电压太低，应更换新的电池后再使用。

四、识图题（略）

参 考 文 献

[1] 中华人民共和国电力工业部．电气装置安装工程施工及验收规范（GB 50254—1996、GB 50255—1996、GB 50256—1996、GB 50257—1996、GB 50258—1996、GB 50259—1996）．北京：中国电力出版社，2006.

[2] 中国电力企业联合会．750kV 架空送电线路施工及验收规范（GB 50389—2006）．北京：中国计划出版社，2007.

[3] 国家经济贸易委员会．农村低压电力技术规程（DL/T 499—2001）．北京：中国电力出版社，2002.

[4] 潘龙德．电业安全（发电厂和变电所电气部分）．北京：中国电力出版社，2002.

[5] 曾小春．安全用电．2 版．北京：中国电力出版社，2007.

[6] 乔新国．低压电气技能操作作业考核指导．北京：中国电力出版社，2005.

[7] 才家刚．三相电动机使用与维修技术．北京：中国电力出版社，2003.

[8] 电力安全工作规程（发电厂和变电站电气部分）（GB 26860—2011）．北京：中国标准出版社，2012.

[9] 电力安全工作规程（电力线路部分）（GB 26859—2011）．北京：中国标准出版社，2012.